Ethics of Science and Technology Assessment
Band 37

Schriftenreihe der Europäischen Akademie zur Erforschung
von Folgen wissenschaftlich-technischer Entwicklungen
Bad Neuenahr-Ahrweiler GmbH
herausgegeben von Carl Friedrich Gethmann

Michael Bölker · Mathias Gutmann · Wolfgang Hesse
(Hrsg.)

Information und Menschenbild

Reihenherausgeber
Professor Dr. Dr. h.c. Carl Friedrich Gethmann
Europäische Akademie GmbH
Wilhelmstraße 56, 53474 Bad Neuenahr-Ahrweiler

Herausgeber
Professor Dr. Michael Bölker
Philipps-Universität Marburg, FB Biologie/Genetik
Karl-von-Frisch-Straße 8, 35032 Marburg

Professor Dr. Dr. Mathias Gutmann
KIT – Karlsruhe Institute of Technology
Universität Karlsruhe TH, Institut für Philosophie
Kaiserstraße 12, 76131 Karlsruhe

Professor Dr. Wolfgang Hesse
Philipps-Universität Marburg, FB Mathematik und Informatik
Hans Meerwein-Straße, 35032 Marburg

Redaktion
Friederike Wütscher
Europäische Akademie GmbH
Wilhelmstraße 56, 53474 Bad Neuenahr-Ahrweiler

ISSN 1860-4803 e-ISSN 1860-4811
ISBN 978-3-642-04741-1 e-ISBN 978-3-642-04742-8
DOI 10.1007/978-3-642-04742-8
Springer Heidelberg Dordrecht London New York

Die Deutsche Nationalbibliothek verzeichnet diese Publikation in der Deutschen Nationalbibliografie; detaillierte bibliografische Daten sind im Internet über http://dnb.d-nb.de abrufbar.

Einbandentwurf: eStudio Calamar S.L.

Satz: Medienproduktion Höll, Swisttal

Gedruckt auf säurefreiem Papier

Springer ist Teil der Fachverlagsgruppe Springer Science+Business Media (www.springer.com)

EUROPÄISCHE AKADEMIE
zur Erforschung von Folgen wissenschaftlich-technischer Entwicklungen
Bad Neuenahr-Ahrweiler GmbH
Direktor: Professor Dr. Dr. h. c. Carl Friedrich Gethmann

Die Europäische Akademie

Die Europäische Akademie zur Erforschung von Folgen wissenschaftlich-technischer Entwicklungen Bad Neuenahr-Ahrweiler GmbH widmet sich der Untersuchung und Beurteilung wissenschaftlich-technischer Entwicklungen für das individuelle und soziale Leben des Menschen und seine natürliche Umwelt. Sie will zu einem rationalen Umgang der Gesellschaft mit den Folgen wissenschaftlich-technischer Entwicklungen beitragen. Diese Zielsetzung soll sich vor allem in konkreten Handlungsoptionen und -empfehlungen realisieren, die von ausgewiesenen Wissenschaftlern in interdisziplinären Projektgruppen erarbeitet und auf dem Stand der aktuellen fachlichen Debatten begründet werden. Die Ergebnisse richten sich an die Entscheidungsträger in der Politik, an die Wissenschaft und an die interessierte Öffentlichkeit.

Die Reihe

Die Reihe „Ethics of Science and Technology Assessment“ (Wissenschaftsethik und Technikfolgenbeurteilung) dient der Veröffentlichung von Ergebnissen aus der Arbeit der Europäischen Akademie und wird von ihrem Direktor herausgegeben. Neben den Schlussmemoranden der Projektgruppen werden darin auch Bände zu generellen Fragen der Wissenschaftsethik und Technikfolgenbeurteilung aufgenommen sowie andere monographische Studien publiziert.

Hinweis

Das Projekt „Die forschungsleitende Funktion informationswissenschaftlicher Metaphern und ihre Relevanz für die Transformation von Menschenbildern“ wurde vom Bundesministerium für Bildung und Forschung (Projektträger: Deutsches Zentrum für Luft und Raumfahrt, DLR e.V.) unter dem Förderkennzeichen 01GWS0 62/63 gefördert. Die Tagungen, aus denen der vorliegende Sammelband hervorging, wurden aus diesen Projektmitteln getragen.Die Verantwortung für den Inhalt dieser Veröffentlichung liegt bei den Autoren.

Geleitwort

Der Begriff der „Information“ hat seine semantische Basis in der zwischenmenschlichen Kommunikation; er bezeichnet dort das intensionale Substrat („Gehalt“) des kommunikativen Austauschs zweier selbständiger sprachlicher Akteure im Rahmen des Sprachspiels des Feststellens. Die modernen Lebenswissenschaften haben den Begriff der „Information“ auf bestimmte physikalisch-chemisch beschreibbare Wechselwirkungen zwischen biotischen Entitäten (Organen, Zellen, Genen u. a.) übertragen. Dadurch werden diese Entitäten in den Rang von Quasi-Akteuren versetzt. Ein solcher metaphorischer Gebrauch von Begriffen schlägt fast zwangsläufig auf den primären Verwendungskontext zurück. Insofern kann gefragt werden, ob sich durch den metaphorischen Gebrauch von „Information“ nicht nur das Verständnis von Wechselwirkung in den Lebenswissenschaften, sondern auch das in ihnen unterstellte „Menschenbild“ verändert.

Grundlage dieses Bandes ist ein Verbundprojekt mit den Verbundpartnern Europäische Akademie zur Erforschung von Folgen wissenschaftlich-technischer Entwicklungen GmbH und Phillips-Universität Marburg, das vom Bundesministerium für Bildung und Forschung im Rahmen seines Programms „Geisteswissenschaften im gesellschaftlichen Dialog“ in den Jahren 2006–2009 gefördert wurde. Thema dieses Forschungsprojekts war: „Die forschungsleitende Funktion informationswissenschaftlicher Metaphern und ihre Relevanz für die Transformation von Menschenbildern“. Es hatte die Aufgabe, die durch Metaphernbenutzung in die lebenswissenschaftliche Forschung eingebrachten anthropologischen Präsuppositionen sowie deren Konsequenzen kritisch zu analysieren und nach ihren Geltungsbedingungen zu hinterfragen, um zu einem dem jeweilig angestrebten Zweck angemessenen Verständnis vom Menschen zu gelangen. Dies betrifft Verwendungsweisen und -möglichkeiten des Informationsbegriffs sowie eine methodologisch und philosophisch gesicherte Rekonstruktion des Gebrauchs von Metaphern und Modellen in verschiedenen Forschungsbereichen, in denen mit einem impliziten Verständnis vom Menschen gearbeitet wird.

Der vorliegende Band enthält Vorträge, die anlässlich der Abschlusstagung des Projektes, die zugleich die Frühjahrstagung der Europäischen Akademie GmbH bildete, gehalten wurden. Die Autoren stammen aus der Informatik, Genetik, Biologie und der Philosophie.

Sie befassen sich mit der Bedeutung metaphorischer Ausdrücke – besonders dem der „Information" –, deren Verwendung in der neuesten biologisch-genetischen Forschung und ihrem Einfluss auf das Verständnis vom Menschen. Ein weiterer Aspekt ist ihre Bedeutung für zukünftige Lebensumstände der Menschen, zum Beispiel im „ambient computing" bzw. der Robotik. Diese wiederum generieren und transformieren Menschenbilder.

Der Band soll dazu beitragen, die Verwendung von Metaphern innerhalb der Wissenschaften bezüglich deren Geltungsbedingungen zu regulieren.

Bad Neuenahr-Ahrweiler
im März 2010

Carl Friedrich Gethmann

Autorenverzeichnis

Bereiter-Hahn, Jürgen, Professor Dr. phil. nat.; Studium der Biologie, Biochemie und Philosophie. 1966 Promotion (zelluläre Grundlagen der Epithelbildung), 1972 Habilitation für Zellbiologie an der Goethe-Universität Frankfurt am Main (Rolle von Intermediärfilamenten für die Struktur von Epidermiszellen). 1966–1972 Wissenschaftlicher Mitarbeiter am Institut für Kinematische Zellforschung in Frankfurt. 1972–2006 Professor für Zellbiologie an der Goethe-Universität Frankfurt. 1985/86 Dekan des Fachbereichs Biologie, 1993/94 Sprecher des Biozentrums, 2003–2006 Vizepräsident der Goethe-Universität, 2009 Koordinator des Loewe-Schwerpunktes PraeBionik, Vorsitzender der Stiftung zur Förderung der wissenschaftlichen Beziehungen der Goethe-Universität. Forschungsaufenthalte an der Johnson Foundation (Univ. of Pennsylvania, Philadelphia), Karolinska Institutet (Stockholm) und Papanicolaou Cancer Research Institute (Miami).

Forschungsschwerpunkte: Vergleichende Mikromorphologie des Integuments von Wirbeltieren, zytoplasmatische Motilität, Kraftwirkungen bei der Zellbewegung, Biomechanik von Zellen, Superstrukturen von Enzymen und Zytoskelett, Rolle gestörter Mitochondriendynamik beim Altern und degenerativen Erkrankungen, biologische Vorbedingungen zur Ermöglichung freier Willensentscheidungen.

Anschrift: Institut für Zellbiologie und Neurowissenschaften, Goethe-Universität Frankfurt, Biozentrum, Max von Laue Straße 9, 60438 Frankfurt am Main.

Bölker, Michael, Professor Dr. rer. nat.; Studium der Biochemie in Tübingen und Berlin. 1988 Diplom, 1991 Promotion, 1996 Habilitation für Genetik an der Ludwig-Maximilians-Universität München. Seit 1997 Professor für Genetik am Fachbereich Biologie der Philipps-Universität Marburg.

Arbeitsgebiete und Forschungsinteressen: Molekulargenetische Analyse der Zellteilung und der Morphogenese bei dem eukaryotischen Mikroorganismus Ustilago maydis, des weiteren: Epistemologische, ethische und historische Fragen der modernen Biologie.

Anschrift: Philipps-Universität Marburg, Fachbereich Biologie, Karl-von-Frisch-Str. 8, 35037 Marburg

Decker, Michael, Professor Dr. rer. nat., Dipl.-Phys.; Studium der Physik mit Nebenfach Wirtschaftswissenschaften an der Universität Heidelberg, 1992 Diplom, 1995 Promotion. 2006 Habilitation an der Universität Freiburg mit einer Arbeit zur angewandten interdisziplinären Forschung in der Technikfolgenabschätzung. Seit 2009 Professor für Technikfolgenabschätzung am Karlsruhe Institut für Technologie (KIT). Ab 1995 wissenschaftlicher Mitarbeiter beim Deutschen Zentrum für Luft- und Raumfahrt (DLR) in Stuttgart, ab 1997 wissenschaftlicher Mitarbeiter an der Europäischen Akademie zur Erforschung von Folgen wissenschaftlich-technischer Entwicklungen GmbH. Seit 2003 wissenschaftlicher Mitarbeiter im Institut für Technikfolgenabschätzung und Systemanalyse (ITAS), KIT. Seit 2004 stellvertretender Institutsleiter des ITAS.

Forschungsinteressen: Technikfolgenabschätzung der Robotik und Nanotechnologie, Methodik interdisziplinärer Forschung, Konzeptionen der Technikfolgenabschätzung.

Anschrift: Karlsruher Institut für Technologie (KIT), Institut für Technikfolgenabschätzung und Systemanalyse (ITAS), Hermann von Helmholtz-Platz 1, 76344 Eggenstein-Leopoldshafen

Gimmler, Antje, Dr. phil.; Studium der Philosophie, Germanistik, Geschichte und Soziologie an den Universitäten Freiburg, Freie Universität Berlin und Bamberg. Promotion 1996 zum Thema „Institution und Individuum. Zur Institutionentheorie von Max Weber und Jürgen Habermas“ an der Universität Bamberg. Von 1996 bis 2002 wissenschaftliche Assistentin für Philosophie an der Universität Marburg. Seit 2002 Associate Professor für Soziologie an der Universität Aalborg, Dänemark. Seit 2008 leitendes Mitglied des transdisziplinären Centre for Urban and Mobility Studies an der Universität Aalborg.

Hauptarbeitsgebiete: Klassische und moderne soziologische Theorie, Wissenschaftstheorie der Sozialwissenschaften, klassischer und moderner Pragmatismus, soziale Implikationen technologischer Entwicklungen.

Anschrift: Aalborg University, Kroghstraede 5, 9220 Aalborg, Denmark

Grunwald, Armin, Professor Dr. rer. nat.; Studium von Physik, Mathematik und Philosophie. Berufstätigkeiten in der Industrie (Software Engineering, 1987–1991), im Deutschen Zentrum für Luft- und Raumfahrt (1991–1995) und als stellvertretender Direktor der Europäischen Akademie zur Erforschung von Folgen wissenschaftlich-technischer Entwicklungen GmbH (1996–1999). Seit 1999 Leiter des Instituts für Technikfolgenabschätzung und Systemanalyse des Forschungszentrums Karlsruhe (ITAS). Seit 2002 auch Leiter des Büros für Technikfolgen-Abschätzung beim Deutschen Bundestag (TAB). 2007 Berufung an die Universität Karlsruhe unter Beibehaltung der Leitungsfunktionen von ITAS und TAB. Sprecher des KIT-Schwerpunkts „Mensch und Technik". Sprecher des Helmholtz-Programms „Technologie, Innovation und Gesellschaft".

Arbeitsgebiete: Theorie und Methodik der Technikfolgenabschätzung, Technikphilosophie, Technikethik, nachhaltige Entwicklung.

Anschrift: Karlsruher Institut für Technologie (KIT), Institut für Technikfolgenabschätzung und Systemanalyse (ITAS), Hermann von Helmholtz-Platz 1, 76344 Eggenstein-Leopoldshafen

Gutmann, Mathias, Professor Dr. phil. Dr. phil. nat.; Institut für Philosophie, Philipps-Universität Marburg. Studium der Philosophie und Biologie. 1995 Promotion in Philosophie an der Phillips-Universität Marburg, sowie 1998 in Biologie an der Johann Wolfgang Goethe-Universität Frankfurt; 2004 Habilitation für Philosophie an der Phillips-Universität Marburg. Wissenschaftlicher Mitarbeiter der SNG 1996 und der Europäischen Akademie Bad Neuenahr 1996–1999. 1999–2002 Hochschulassistent, 2003–2008 Juniorprofessur für Anthropologie zwischen Biowissenschaften und Kulturforschung. Seit 2008 Professur für Technikphilosophie an der Universität Karlsruhe (TH) bzw. KIT.

Hauptarbeitsgebiete: Technikphilosophie, Anthropologie, Wissenschaftstheorie.

Anschrift: Universität Karlsruhe, Institut für Philosophie, Kaiserstraße 12, 76131 Karlsruhe

Hesse, Wolfgang, Dr. rer. nat., Dipl.-Math.; Studium der Mathematik mit Diplom an der LMU München, 1976 Promotion zum Dr. rer. nat. im Fach Informatik über Vollständige formale Beschreibung (Syntax und Semantik) von Programmiersprachen. 1979–1988 Senior- und Chefberater bei der Fa. Softlab in München, zuständig für Methodenentwicklung, betriebliche Weiterbildung und Technologie-Beratungsprojekte. 1988–2008 Hochschullehrer für Softwaretechnik am Fachbereich Mathematik und Informatik der Universität Marburg. Mitglied der Gesellschaft für Informatik (GI), des Forums InformatikerInnen für Frieden und gesellschaftliche Verantwortung (FIFF) and der IFIP Working group 8.1.

Forschungsschwerpunkte: Software-Prozessmodellierung, Analyse und konzeptuelle Modellierung von Informationssystemen, Terminologie der Softwaretechnik, Ontologien und interdisziplinäre Bezüge der Informatik, Anwendungen der Softwaretechnik im Bereich Planungssysteme für den Öffentlichen Verkehr.

Anschrift: Philipps-Universität Marburg, Fachbereich Mathematik und Informatik, Arbeitsgruppe Softwaretechnik, Hans Meerwein-Straße, 35032 Marburg an der Lahn

Keil, Geert, Universitätsprofessor Dr. phil.; Studium der Philosophie, Germanistik und Erziehungswissenschaft an den Universitäten Bochum und Hamburg, 1988 bis 1991 Wissenschaftlicher Mitarbeiter an der Universität Hamburg, 1991 Promotion mit einer Arbeit zum philosophischen Naturalismus („Kritik des Naturalismus", Berlin/New York 1993). 1992 bis 1999 Wissenschaftlicher Assistent an der Humboldt-Universität Berlin, 1999 Habilitation („Handeln und Verursachen", Frankfurt am Main 2000). 2000 bis 2005 Heisenberg-Stipendiat der DFG, Forschungs- und Lehraufenthalte an den Universitäten Trondheim, Stanford und Basel. 2005 bis 2009 Professor für Theoretische Philosophie an der RWTH Aachen, Arbeiten zum Willensfreiheitsproblem („Willensfreiheit", Berlin/New York 2007). Seit 2010 Professor für Philosophische Anthropologie an der Humboldt-Universität Berlin.

Arbeitsgebiete: Sprachphilosophie, Philosophie des Geistes, Handlungstheorie, Anthropologie, Erkenntnistheorie, Metaphysik.

Anschrift: Humboldt-Universität Berlin, Institut für Philosophie, Unter den Linden 6, 10099 Berlin

Müller, Dirk, Dr.-Ing., Dipl.-Inf.; 1995 Abitur mit mathematisch-naturwissenschaftlicher Ausbildung am Johannes Kepler-Gymnasium Chemnitz; Studium der Medizinischen Informatik an den Universitäten Leipzig und Sundsvall, 2006 Promotion zum Thema „Subpixel-Filterung für eine autostereoskopische Multiperspektiven-3-D-Darstellung hoher Qualität" in der Informatik an der Universität Kassel. 2006 bis 2008 Wissenschaftlicher Mitarbeiter an der Philipps-Universität Marburg mit den Themen Menschenbild und Informationstechnik sowie modellgetriebene Softwareentwicklung. Im WS 2007/08 Dozent an der Hochschule Fulda zum Thema „Formal Methods of Software Engineering". Seit 2008 Akademischer Rat an der TU Chemnitz, Professur Betriebssysteme.

Arbeitsgebiete: Echtzeitsysteme, eingebettete Systeme, Scheduling auf einem und auf mehreren Prozessoren.

Anschrift: TU Chemnitz, Professur Betriebssysteme, Fakultät für Informatik, Str. der Nationen 62, 09111 Chemnitz

Rathgeber, Benjamin, M.A.; Studium der Philosophie und Informatik an der Philipps-Universität Marburg. 2010 Promotion zum Thema „Modellbildung in den Kognitionswissenschaften" am Karlsruher Institut für Technologie (KIT). Von 2006–2008 wissenschaftlicher Mitarbeiter beim interdisziplinären Forschungsprojekt „Die forschungsleitende Funktion informationswissenschaftlicher Metaphern und ihre Relevanz für die Transformation von Menschenbildern" (gefördert vom BMBF). Seit 2008 wissenschaftlicher Mitarbeiter in der New Field Group (NFG) „Autonome Systeme" am Karlsruher Institut für Technologie.

Hauptarbeitsgebiete: Wissenschaftstheorie – insbesondere der Kognitionswissenschaften –, Handlungstheorie, Erkenntnistheorie und Sprachphilosophie.

Anschrift: Karlsruher Institut für Technologie (KIT), Institut für Philosophie, Kaiserstraße 12, 76131 Karlsruhe

Ruß, Aaron, Dipl.-Inf.; Studium der Informatik mit Nebenfach Psychologie an der Philipps-Universität Marburg; 2007 Wissenschaftlicher Mitarbeiter an der Philipps-Universität Marburg im Rahmen eines interdisziplinären Forschungsprojekts zu Menschenbildern in der Informationsgesellschaft (MebIT); seit 2009 Researcher beim Deutschen Forschungszentrum für Künstliche Intelligenz (DFKI GmbH) im Forschungsbereich Intelligente Benutzerschnittstellen (IUI); arbeitet zur Zeit im Rahmen des SmartSenior-Projekts an Lösungen zu halbautomatischen Usability-Evaluationen von Benutzerschnittstellen.

Arbeitsgebiete: Intelligente Benutzerschnittstellen; Simulation von Benutzern; Metamodellierung; Informatik und Gesellschaft.

Anschrift: Deutsches Forschungszentrum für Künstliche Intelligenz (DFKI) GmbH, Projektbüro Berlin, Alt-Moabit 91c, 10559 Berlin

Spiekermann, Sarah, Universitätsprofessor Dr. rer. nat.; lehrt und forscht an der Wirtschaftsuniversität Wien (WU), wo sie dem Institut für Betriebswirtschaft und Wirtschaftsinformatik vorsteht. 2003–2008 Habilitation an der Humboldt-Universität zu Berlin, Gastprofessuren an der European Business School (EBS) und an der Carnegie Mellon Universität (USA). 2004–2008 Leitung des Berliner Forschungszentrums Internetökonomie (InterVal). Vor der akademischen Laufbahn Beraterin bei der Firma A.T.Kearney und Leiterin der europäischen Business Intelligence eines amerikanischen Softwarehauses (Openwave).

Arbeitsschwerpunkte: Datenschutz/Privacy, Nutzerkontrolle, E-Marketing, Aufmerksamkeitsökonomie, Ubiquitous Computing, RFID.

Anschrift: Wirtschaftsuniversität Wien, Institut für BWL und WI, Augasse 2–6, 1090 Wien, Österreich

Syed, Tareq, Dr. phil. nat., Dipl. Biol.; Studium der Biologie an der Goethe-Universität Frankfurt. Diplom 1999. 2000–2002 FAZIT-Stipendiat, 2001 als DAAD-Stipendiat an der Bermuda Biological Station for Research (BBSR), Promotion 2006. Von 2006–2009 wissenschaftlicher Mitarbeiter beim interdisziplinären Forschungsprojekt „Die forschungsleitende Funktion informationswissenschaftlicher Metaphern und ihre Relevanz für die Transformation von Menschenbildern" (gefördert vom BMBF). Seit 2009 in der New Field Group (NFG) „Autonome technische Systeme" am Karlsruher Institut für Technologie (KIT).

Arbeitsgebiete: Organismische Autonomie und evolutive Transformation organismischer Konstruktionen, Wissenschaftstheorie von Evolutionsbiologie und Bionik.

Anschrift: Karlsruher Institut für Technologie (KIT), Institut für Philosophie, Kaiserstraße 12, 76131 Karlsruhe.

Inhaltsverzeichnis

Information revisited

Mathias Gutmann, Benjamin Rathgeber, Tareq Syed

1 Einleitung

Der Ausdruck *Information* spielt mittlerweile in nahezu allen Wissenschaften eine zentrale Rolle: dies reicht von Beschreibungen thermodynamischer Systeme über die moderne Molekularbiologie (als Informationsfluss von Genen) bis hin zu evolutionären Darstellungen der Entstehung und Weitergabe komplexer Strukturen. Selbst in den geistes-, sozial- und kulturwissenschaftlichen Debatten tauchen informationswissenschaftliche und informatische Verwendungsformen auf, welche z. B. für die Konzeptualisierung des Menschen als informationsverarbeitendes Wesen genutzt werden. Dies verwundert solange nicht, als zugestanden würde, dass „Information" regelmäßig metaphorisch fungiert, womit zugleich konzediert wäre, dass sich explizite, sozusagen eigentliche Gebrauchsformen ausmachen lassen.[1]

Daran knüpft sich natürlich die Frage, welcher Standard für eine explizite und eigentliche Gebrauchsform des Ausdrucks *Information* zugrunde gelegt wird. Wählt man – wie dies üblicherweise getan wird (vgl. z. B. Lyre 2002) – den Shannonschen Informationsbegriff, dann ergeben sich für den Gebrauch dieses Ausdrucks in kultur- und sozialwissenschaftlichen Debatten mindestens zwei Probleme: Erstens muss gezeigt werden, *wie* eine sinnvolle Übertragung *adäquat* möglich ist; d. h. *ob* informationswissenschaftliche Beschreibungen überhaupt als probate Mittel für andere Zwecke und andere wissenschaftliche Disziplinen eingesetzt werden können. Kann diese Frage bejaht werden, stellt sich aber zweitens das Problem, *wie* die Übertragung jeweils *sinnvoll* durchführbar und nutzbar ist (dazu Abschnitt 2.2).

Grundsätzlich naheliegender wäre jedoch die These, den Ausdruck *Information* zunächst weniger dem informationswissenschaftlichen Bereich zuzuordnen, als vielmehr ihn aus kommunikationstheoretischer Perspektive zu beleuchten. Diese These bestätigt sich allein schon dadurch, dass sich im alltäglichen Gebrauch die Ausdrücke *Information* und *Informations-*

[1] Hiermit sind solche Gebrauchsformen gemeint, für die übliche wissenschaftliche Standards gelten, wie etwa transsubjektive Geltung. Diese transsubjektive Geltung folgt beispielsweise aus personen- und situationeninvarianter Darstellung eines Sachverhaltes.

M. Bölker et al. (Hrsg.), *Information und Menschenbild,* DOI 10.1007/978-3-642-04742-8_1,

gehalt z. B. einer Nachricht von den jeweiligen kommunikativen Prozessen ableiten lassen. Zentral für das Verständnis ist hier, dass es sich um bedeutungstragende (d. h. semantische) Prozesse handelt, die *an* und *in* der Kommunikation (d. h. in der Praxis) kontrollierbar sind. Dementsprechend liegen hier also jeweils spezifische (sprachliche) Handlungen vor. Um keine Missverständnisse zu erzeugen, sollte deshalb weniger von einer substantivischen Form[2] – d. h. von *der* „Information" – als vielmehr von den jeweiligen verbalen Handlungen – d. h. von „informieren" – ausgegangen werden. Kontrolliert wird diese verbale Handlung und deren Informationsgehalt jetzt dadurch, dass z. B. bei einer Aufforderung erkannt wird, ob das Handlungsschema – d. h. in diesem Fall die Aufforderungen des Adressanten an den Adressat – verstanden wird und der Adressat beispielsweise der Aufforderung folgt oder sich ihr verweigert. So heißt es bei Janich: „Von *Erfolg und Misserfolg einer Aufforderung* wird man sprechen, wenn diese befolgt bzw. nicht befolgt wird" (Janich 2006:156). Es bedarf also nicht nur des *Verstehens,* sondern auch des *Anerkennens* der Aufforderung *als* Aufforderung, damit der Kommunikationsprozess erfolgreich ist. Dadurch ergibt sich eine Wechselseitigkeit des gegenseitigen In-Kenntnis-Setzens als *Auffordern, Verstehen, Anerkennen* und *Befolgen* von Adressat und Adressant. Gelingendes und erfolgreiches Kommunizieren kann also erst durch das ständige Wechseln beider Akteure im Kommunikationsprozess selber und dessen jeweiligen Folgen beurteilt werden.[3] Wenn diese wechselseitige Praxis des Kommunizierens und Kooperierens etabliert ist, kann sinnvoll von *Informieren* geredet werden.

Der Übergang des *Informierens* zur *Information* gelingt nun dadurch, dass für ersteres jeweils bestimmte Invarianzen ausgezeichnet werden, die für den Prozess des Kommunizierens keine Rolle spielen soll:

> Ob ein Sprecher Mundart spricht oder sich umständlich ausdrückt, ob ein Hörer schnell oder langsam versteht, nachfragen muss usw., soll für die schließlich gegebene und erhaltene Information keine Rolle spielen. Informationen sollen sprecher-, hörer- und darstellungsinvariant sein. (Janich 2006:158)

Das Spezifikum von *Information* (im Unterschied zum *Informieren)* liegt darin, dass der jeweilige „Inhalt" erhalten bleibt – und dies unabhängig sowohl davon, *wer* jeweils spricht und hört, als auch *wie* etwas jeweils dargestellt wird.[4] Lassen sich dementsprechend diese Invarianzen für den Kommunikationsprozess etablieren, kann sinnvoll von *Information* ge-

---

2 Diese substantivische Form suggeriert nämlich, dass es sich hier um eine dingliche Sache handeln würde.

3 So heißt es bei Janich: „Unverzichtbar ist dabei, dass nur im permanenten Rollenwechsel von Sprecher und Hörer von den Beteiligten jeweils das Gelingen und der Erfolg festgestellt werden können." (Janich 2006:157)

4 Janich vergleicht dabei die Darstellungsinvarianz mit dem Umschütten des Inhaltes von einem Weinglas in ein anderes: Immer soll der Inhalt jeweils derselbe bleiben, ohne dass etwas verschüttet wird (vgl. Janich 2006:158).

sprochen werden. Zugleich werden dadurch aber weitere Restriktionen des Kommunikationsprozesses möglich, die beispielsweise der Implementierung automatischer Spracherkennung (z. B. als biometrisches Verfahren zur Personenidentifikation) dienen. Ferner lassen sich weitere Invarianten auszeichnen, um die komplexen und komplizierten Kommunikationsprozesse jeweils für bestimmte Zwecke technischer Reglementierung und Automatisierung zu verkürzen, diese dadurch aber überhaupt erst technisch verfügbar zu machen.

Systematisch entscheidend ist hier, dass die Rekonstruktion des Ausdrucks *Information* über die Bestimmung an menschlichen Kommunikationsprozessen eine Möglichkeit bietet, einen methodischen Anfang für weitere spezifische, aber dadurch restriktive Ableitungen zu gewinnen: allerdings nur *eine* Möglichkeit. Dementsprechend soll im folgenden Abschnitt untersucht werden, inwiefern es sinnvoll sein kann, beispielsweise *Information* als Naturgegenstand zu begreifen. Dadurch werden dann die Mittel etabliert, um im dritten Abschnitt kurz die wesentlichen Aspekte des vom BMBF geförderten, interdisziplinären Forschungsprojektes („Die forschungsleitende Funktion informationswissenschaftlicher Metaphern") vorzustellen, in dessen Rahmen am 26. und 27. März 2009 die Frühjahrstagung der Europäischen Akademie (zum Thema „Transformation von Menschenbildern im Informationszeitalter") in Bad Neuenahr-Ahrweiler stattfand; auf der Grundlage der dort präsentierten Vorträge sind die hier versammelten Aufsätze entstanden.

2 *Information als Naturgegenstand?*

Die bisherige Darstellung orientierte sich wesentlich an der Semantik des Ausdruckes *Information*. Dabei konnte die methodologische Abhängigkeit der Einführung von „Information" von gelingender Kommunikation identifiziert werden. Eine Alternative bestünde in der These, dass Information eine eigenständige Grundgröße ist, nicht sosehr nur negativ (im Sinne von: weder Energie noch Materie), sondern positiv als eine, letztlich beschreibungsinvariante Tatsache:

> Eine Informationsmenge ist offenbar weder eine Materiemenge noch eine Energiemenge; andernfalls könnten winzige Chips im Computer wohl nicht Träger sehr großer Information sein. Information ist aber auch nicht einfach das, was wir subjektiv wissen. Die Chips im Computer, die DNS im Chromosom enthalten ihre Information objektiv, einerlei, was ein Mensch gerade davon weiß. Im Rahmen des in der Naturwissenschaft verbreiteten cartesischen Dualismus fragte man, ob Information Materie oder Bewusstsein sei, und erhielt die zutreffende Antwort: keines von beiden. Manche Autoren bezeichneten sie dann als „eine dritte Art der Realität". (Weizsäcker 1985:166f)

Weizsäcker kann durch diese Ontologisierung eine Unterscheidung vollziehen, welche – aller konstruktiven Ansätze der Logikbegründung zum Trotz

(s. Weizsäcker 1985:53ff) – Wissenschaften letztlich die Funktion der Erkenntnis einer zwar immerhin *zu erkennenden*, aber dennoch *an sich bestehenden* Naturordnung zuweist:

> Wir werden die positive Antwort wählen: Information ist das Maß einer Menge von Form. Wir werden auch sagen: Information ist ein Maß der Gestaltenfülle. Form „ist" weder Materie noch Bewusstsein, aber sie ist eine Eigenschaft von materiellen Körpern, und sie ist für das Bewusstsein wißbar. Wir können sagen: Materie hat Form, Bewußtsein kennt Form. (Weizsäcker 1985:167)

Ist diese Definition – auf deren methodologische und erkenntnistheoretische Probleme wir noch zu kommen haben – akzeptiert, dann kann z. B. auch Evolution bestimmt werden als ein Vorgang der Entstehung (potentieller) Information. Die Durchführung im Einzelnen sei hier beiseite gesetzt. Methodologisch von Bedeutung sind die Abhängigkeiten, welche sich aus der Vermutung ergeben, Information sei beschreibungsinvariant vorhanden. Diese Abhängigkeiten werden hier in der Form eines „Kreisganges" beschrieben, welcher – wohl dem hermeneutischen ähnlich – jedenfalls kein vitiöser Zirkel sein soll:

> Die methodische Figur dieser Reflexion ist der Kreisgang: die zeitliche Logik ist Grundlage der Physik, die Physik Grundlage der Biologie, und die aus der Biologie hervorgehende Verhaltensforschung lehrt uns Strukturen tierischen und menschlichen Verhaltens sehen, welche schließlich die Logik selbst als System von Verhaltensregeln zu interpretieren gestatten. (Weizsäcker 1985:207)

Diese These stützt sich allerdings auf ein Wissen, das seinerseits als gültig ausgewiesen sein muss. Es wird also alles davon abhängen, wie die Rede von der Interpretation von Logik als System von Verhaltensregeln zu verstehen sei. Ist damit gemeint, dass es sich um eine nachträgliche Beschreibung eines schon begründeten Systems formalen Sprechens handelt (wobei ethnologische oder – im gegebenen Fall – spieltheoretische Mittel zum Einsatz kommen), so ist dies möglicherweise wahr: es handelte sich aber dann nicht um eine zirkuläre Figur. Soll aber darunter die These verstanden werden, dass Logik durch das System von Verhaltensregeln hervorgebracht oder gar erklärt wird, so hätten wir es hier mit einer zirkulären These zu tun, welche ihrerseits wieder auf zwei Weisen verstanden werden kann:

1. Es könnte damit einerseits gemeint sein, dass die durch ethnologische Beobachtung und evolutionäre Rekonstruktion identifizierten Verhaltensformen Logik begründeten.
2. Andererseits kann damit die These gemeint sein, dass Evolution die Erkenntnis der (für die Verteidigung der geltungsmäßigen) Abhängigkeiten der genannten Disziplinen insofern hervorgebracht hat, als diese Dependenz die tatsächliche Struktur der Natur wiedergeben.

Da die erste These direkt mit der Abhängigkeitsvermutung konfligiert, ist die zweite vorzuziehen, und in der Tat vertritt Weizsäcker – mit Lorenz und Popper – eine Theorie der Erkenntnisförmigkeit von Evolution:

> Daß die Evolution erkenntnisförmig („gnoseomorph") sei, können wir formal aus den vorangegangenen Abschnitten herleiten. Evolution ist Wachstum der Information; dasselbe kann man von der Erkenntnis sagen. (Weizsäcker 1985:208)

Um nicht in einen vitiösen Zirkel zu gelangen, der sich dann einstellte, wenn Evolutionstheorie selber zur Bedingung des Betreibens von Informationstheorie und Thermodynamik (oder allgemeiner Physik) würde – denn die Ableitung erfolgte auf eben dieser Grundlage – muss zwischen objektiver und subjektiver Information unterschieden werden. Da aber zugleich gelten soll, dass es Information nur „für Menschen" gibt und zugleich an der Objektivität der Informationssteigerung (Evolution) festgehalten werden soll, bleibt nur die Möglichkeit einer Entsprechung zwischen dem „Für-uns" und dem „An-sich". Diese Entsprechung findet Weizsäcker in der – mit Popper geteilten – These der Analogie von Organ und Begriff:

> Information gibt es zunächst für Menschen. Aus der Theorie telegraphischer Kommunikation ist der Informationsbegriff hervorgegangen. Das Maß der Information ist aber damit bereits intersubjektiv (nämlich kommunikativ!) gemeint, und es läßt sich objektivieren, indem man Organ oder Apparate als Sender und Empfänger betrachtet. Information gibt es dann für ein Paar Sender-Empfänger. (Weizsäcker 1985:209)

Objektivieren lässt sich das Wissen über die Welt genau dann, wenn sicher gestellt werden kann, dass die Organfunktion ihrerseits nicht gestört ist. Dies aber wird durch den glücklichen Sachverhalt sichergestellt, dass Lebewesen – und mithin auch Menschen – an ihre Umgebung wohlangepasst sind:

> Wahrheit wird traditionell definiert als „adaequatio rei et intellectus". Nun übersetze ich „adaequatio" umdeutend durch Anpassung. Für richtiges Verhalten von Tieren kann man sagen: „Richtigkeit ist Angepaßtheit des Verhaltens an die Umstände". „Stilisierend" gebrauche ich den Terminus Wahrheit schon für die Richtigkeit tierischen Verhaltens. (Weizsäcker 1985:211f)

Nur unter dieser Prämisse kann es sinnvoll sein zu behaupten, dass etwa die Zweiwertigkeit der Logik mit einfachsten Verhaltensregungen (wie Aversion und Attraktion) in Verbindung stünde (dazu auch Tugendhat 2003). Dann nämlich, wenn die Analogie von Organ und Begriff als echte Struktureigenschaft der (biologischen) Organisation des Menschen ausgewiesen werden kann, lässt sich leicht eine Anpassungsfunktion fingieren, welche einen Nutzen eben dieser Zweiwertigkeit anzugeben gestattet:

> Die Zweiwertigkeit der Logik ist nicht selbstverständlich. Sie ist eine Forderung. Der pathetische Nutzen dieser Forderung liegt auf der Hand. Negierte Aussagen gestatten unbegrenzt akkumulierbares, abrufbares Wissen, also Macht. (Weizsäcker 1985:214)

Die Objektivität wird also letztlich durch die selektionistische Bewährung menschlichen (in der Fortsetzung tierlichen) Verhaltens gesehen, wobei die Identität der „Orientiertheit in der Umwelt" Mensch und Tier gemeinsam wäre. Diese Aussage muss allerdings jederzeit als empirische gelten – es sei denn, Weizsäcker wollte Evolutionstheorie einen apriorischen Status zuerkennen. Gegen diese Vermutung spricht nicht nur seine Referenz auf die Poppersche These von der Theoriegeladenheit der Erfahrung: Viel bedeutsamer ist vielmehr der Bezug auf Lorenz und die von diesem vertretene evolutionäre Erkenntnistheorie. Eine eingehende Kritik derselben ist an anderem Orte vorgenommen worden (s. Weingarten 1993, Gutmann 1996, Gutmann 2004), sodass wir uns zusammenfassend auf die nun notwendig folgenden Widersprüche zu der von Weizsäcker vermuteten Geltungsabhängigkeit beschränken können:

1. Lorenz vertritt durchaus die These, dass es sich bei den – von ihm so benannten – Kantischen Apriori um Resultate der Evolution selber handelt; individuelles Apriori würde danach zum phylogenetischen Aposteriori. Die Folge dieser These ist allerdings für das Weizsäckersche Wissenschaftskonzept grundlegend, denn nun geraten selbst mathematische Wissensbestände in eine geltungsmäßige Abhängigkeit von evolutionsbiologischen Vermutungen:

   > Der Wissensgewinn, den das Genom durch sein Probieren und Beibehalten des am besten Passenden erzielt, hat die (...) Folge, daß im lebenden System eine Abbildung der realen Außenwelt entsteht. Donald MacKay hat für diese Art des „Wissens" den Terminus „abbildende Information" geprägt. (Lorenz 1973:39)

   Die Beurteilung dieser Abbildung kann nun ihrerseits nicht noch einmal mit Verweis auf evolutionsbiologische Beschreibungen beurteilt werden, da der Zirkel sonst unmittelbar aufträte. Es stellt sich vielmehr ganz grundsätzlich die Frage, ob der Bezug auf den Simpsonschen Affen[5] nicht wesentlich auf Wissensformen zurückgreift, welche das zu Begründende schon voraussetzten. Wir hätten es also geltungstheoretisch mit zwei sich gegenseitig ausschließenden Thesen zu tun, wobei die von Lorenz vertretene eine erhebliche Beweislast zu tragen hat (immerhin ist zu zeigen, wie Evolutionsbiologie ohne Verfügbarkeit von Mathematik, Physik und Chemie überhaupt möglich sein soll).

2. Doch ergibt sich noch eine ganz andere Problematik, welche mit der Form evolutionsbiologischen Wissens selber zu tun hat. Zum einen wäre nämlich zu begründen, welche Evolutionstheorie als einschlägig anzunehmen ist, um die geforderte Begründung zu erbringen – eine Frage, die zu einem echten Auswahlproblem führt und deren Grundsätzlichkeit mit Verweis auf nicht- und antidarwinistische Evolutionstheorien zu betonen ist (dazu Gutmann 2005 sowie Levit, Meister und Hoßfeld

[5] Vgl. Simpson (1963).

2008). Es kommt aber noch eine Schwierigkeit hinzu, welche sich aus der von Lorenz selber vertretenen Evolutionstheorie ergibt: diese zeigt nämlich, pikanterweise, *ihrerseits* Elemente nicht-darwinistischer Begründungsstrukturen (was sich insbesondere mit Bezug auf die Theorie der Passungsverhältnisse von Organismus und Umwelt darstellen lässt, vgl. dazu Weingarten 1993, sowie zum gesamten angesprochenen Theorietyp Gutmann 1996).

Akzeptiert man das Scheitern der von Weizsäcker vorgeschlagenen Begründungsstrategie[6], so bliebe mindestens eine weitere Option bestehen, die sich aus der These einer Existenz von Sender-Empfänger-Strukturen „in der Natur" ergäbe.

2.1 Sender und Empfänger als naturale Einheiten

Die Objektivität von Information als solche *von* etwas – wiewohl eben nicht notwendigerweise *für* jemanden – hängt nach Weizsäckers Darstellung wesentlich am Vorliegen von Sender-Empfänger-Paaren. Da ferner Evolution als Steigerung von Information gelten kann, liegt die Vermutung nahe, dass solche Paare „in der Natur" zu finden seien. In der Tat wird regelmäßig genau dies angenommen, wobei eine Reihe von Kandidaten als „Informationsträger" angesprochen werden, welche diese Funktion für etwas einnehmen. So kann etwa das bekannte Phänomen der Aggregation von Einzelamöben von *Dictyostelium* zu Fruchtkörpern und deren Differenzierung in Sporenträger- und Sporenzellen als Beispiel eines ganz allgemeinen – schon bei Weizsäcker vermuteten – Prinzips der Formentstehung gedeutet werden:

> Das hier vorliegende Geschehen kann mit Hilfe des Informationsbegriffes erläutert werden. Die Aussendung einzelner cAMP-Moleküle bedeutet die Aussendung einzelner Signale, d. h. elementarer Information. Schließlich werden aber diese Signale verstärkt und am Schluß bildet sich ein Konzentrationsfeld aus, das als Ordnungsparameter wirkt und dem gesamten System seine Struktur aufprägt. Dieses Konzentrationsfeld wirkt dann als Informator, indem es die einzelnen Zellen informiert, wohin sie sich zu bewegen haben. Es hat also eine Bedeutung erlangt, indem es als Leitfeld für die einzelnen Zellen dient und so schließlich dem Überleben des Individuums. Es ist wohl eine mehr philosophische Frage, von welchem Stadium der Informationserzeugung und -verarbeitung an wir von einer Information mit Bedeutung sprechen können. (Haken 1989:102)

In diesem Fall wäre das zu Informierende und schließlich Informierte ein Kollektiv einzelner Zellen, das Informierende zunächst das cAmp-Konzentrationsfeld und in letzter Konsequenz die für dessen – regulierte!

---

6 Diese Situation würde sich auch dann nicht ändern, nutzte man nun zusätzlich noch eine der zahlreichen Varianten evolutionärer Erkenntnistheorien (etwa Voland 2009 und Vollmer 2002); zur methodologischen Kritik solcher Ansätze s. Janich (1987).

– Produktion notwendige DNA. Die Informationsverarbeitung wäre dann genau in dem von Weizsäcker angegebenen Sinne möglich, indem Empfängersysteme durch Sendersysteme instruiert werden, wobei die Botschaft insofern mit Bedeutung versehen ist, als den einzelnen Zellen ihre Rolle im zukünftigen Verband und ihr Ort in dem sich ausformierenden Gebilde bestimmt ist. Auch bei komplexen Organismen wäre genau diese Beschreibung möglich, wie das – hinsichtlich des Organisationsgrades weiterführende – Beispiel von *Hydra* zeigt, welche bekanntermaßen eine ganz erstaunliche Regenerationsfähigkeit aufweist (welche sie im Übrigen mit vielen Coelenteraten und sehr vielen „niederen" Metazoen teilt). So regenerieren diese Tiere etwa das gesamte Stoma mitsamt Tentakeln nach deren Abtrennung. Beschrieben werden kann dies als „Instruktion" über lagespezifische Informationen hinsichtlich der zur Entwicklung der verbliebenen Zellverbände:

> Wir müssen vielmehr annehmen, dass erst durch die relative Lage der Zellen zum alten Kopf bzw. zum alten Fuß die Zellen eine Information erhalten, wozu sie sich nun zu differenzieren haben. Man spricht daher von einer Lageinformation. (Haken 1989:103)

Eine solche Regenerationsleistung ist denkbar genau dann, wenn den Einzelzellen eines zunächst homogenen Zellverbandes ihr relativer Ort innerhalb des späteren – d. h. aus eben diesem homogenen Gebilde zu regenerierenden – Verbandes „mitgeteilt" wird. Ein typisches Modell dafür wäre die Konstitution eines Gradienten:

> Nimmt man einen solchen Entstehungsvorgang (des Gradienten, d. A.) an, so wird es Stellen geben, wo die Aktivatorkonzentration hoch ist. Des weiteren wird dann angenommen, dass an derartigen Stellen Gene angeschaltet werden können, die dann zur Differenzierung von Zellen, z. B. zu Kopf- bzw. Fußzellen, führen. (Haken 1989:104)

Solche Gradientensysteme können auch für höhere Metazoen in Anschlag gebracht werden, immerhin lassen sich selbst regenerative Phänomene bei Amphibien oder gar Vögeln auf diese Weise „erklären"[7]. Doch selbst der eifrigste Verfechter biosemiotischer Konzepte wird die Verwendung des Ausdruckes der Information in solchen Fällen eben nicht umstandslos mit dem – auch bei Weizsäcker als grundlegend genutzten – syntaktischen Informationsbegriff gleichsetzen. Es gilt hier vielmehr ein Caveat, welches die Frage nach dem methodischen Status *des investierten Verständnisses von Information* umso dringlicher erscheinen lässt, als an dem Vorliegen von Sender-Empfänger-Systemen in der (hier: belebten) Natur durchaus nicht gezweifelt werden soll:

---

[7] Inwieweit es sich dabei tatsächlich um eine – der Form nach korrekte – wissenschaftliche Erklärung handelt, kann hier dahingestellt bleiben (dazu Gutmann und Rathgeber (2008)).

> Tatsächlich erscheint die direkte Übertragung des technischen Informationsbegriffs auf biologische Systeme problematisch. Eine der wesentlichen impliziten Voraussetzungen dieses Begriffes ist, daß es bzgl. der Interpretation eines Signals eine vollständige Übereinkunft von Sender und Empfänger gibt; erst dann kann der Empfänger als „Wieder-Entdecker" der Information angesehen werden, die vom Sender emittiert wurde. Doch eben diese Voraussetzung ist bei biologischen Systemen i. a. nicht erfüllt: Ein bestimmtes Signal, etwa ein Transmitter oder ein Hormon, bewirkt je nach Entwicklungszustand des Systems unterschiedliche Veränderungen. Im Gegensatz zu technischen Systemen existieren dabei beim sendenden System i. a. fast keine Annahmen über den Zustand des Empfängers. Auch werden bestimmte Perzeptionszustände beim Empfänger nicht explizit (...) herbeigeführt. (Kolo 1999:22)

Die Frage, in welchem Sinne in technischen Systemen – die unstrittig zunächst (und möglicherweise überhaupt nur) mit syntaktischen[8] Informationen arbeiten (können) – tatsächlich „Annahmen" über den Zustand des Empfängers auf der Seite des Sender vorliegen, kann hier ebenfalls noch dahingestellt bleiben. Es ist nur von Entscheidung, dass „Information" in irgend einem Sinne „Bedeutung" zu implizieren scheint, und sei es nur im Sinne eines schwachen biologischen Funktionalismus, welcher (letztlich evolutionäre) Annahmen über die biologische Rolle der informationstragenden oder -interpretierenden Strukturen macht.[9] Ganz gleich aber, ob man sich dazu entscheidet, einen besonderen biologischen Informationsbegriff anzunehmen oder an engeren „technischen" Zusatzannahmen der Semantisierung syntaktischer Informationen festhält, so wird jedoch an dem Vorliegen von Sender-Empfänger-Systemen in der Natur nicht gezweifelt:

> Deshalb müssen biologische Systeme eher als „information-erzeugende", denn als bloße „informations-verarbeitende" Systeme angesehen werden. Allerdings erscheint der technische Begriff der Information hierbei ebenfalls nicht hinreichend: *Biologische Systeme „reden" über Bedeutungen, nicht über Informationen.* D. h. der Informationsgehalt einer Signalfolge kann nur anhand der Wirkung dieser Signalfolge in einem bestimmten Kontext interpretiert werden. (Kolo 1999:22)

---

8 Es hängt dann freilich wieder alles von der Verwendung des Ausdruckes „Syntax" ab. Für den Bau und die Funktion einer Maschine kann aber, wie im Falle von Information, auf gelingende Kommunikation zurückgegriffen werden. Es lässt sich nun von „sprechen" zu aspektuellen Bestimmungen von „Sprache" übergehen, die wir als „syntaktische", „semantische" und „pragmatische" bezeichnen können (je nach angezeigten Invarianten). Entscheidend ist nur, dass Sprache weder aus diesen drei Aspekten (daher die Benennung) besteht noch gar aus ihnen aufgebaut ist. Das also, was eine „informationsverarbeitende" Maschine vollbringt, kann zwar als „syntaktisch" verstanden werden (wiewohl es sich dann eher um Datenverarbeitung handelte), es ist dies gleichwohl nur dann sinnvolle Rede, wenn die – am Sprechen zu vollziehende – Unterscheidung der genannten Aspekte eben schon verfügbar ist; in letzter Konsequenz werden übrigens alle drei benötigt, um die Funktionsfähigkeit der Maschine selber beurteilen zu können.

9 Dass dieser Funktionalismus damit gerade nicht schwach ist, sei hier ebenfalls nur angedeutet. Es ergibt sich aus der naiven Investition eines letztlich dem *panglossian paradigm* verpflichteten Evolutionismus in jedem Fall das oben schon angedeutete Auswahlproblem (dazu weiterführend Gutmann 1996).

Die nun doch schon recht umfänglich genutzten Anführungen sprechen jedenfalls dafür, dass sowohl mit einer durchaus metaphorischen Verwendung nicht nur hinsichtlich der Sprachfähigkeit biologischer Systeme gerechnet wird, sondern auch mit Informationsverarbeitungsfähigkeit solcher Systeme. Die Kontextualität von Information ist hier jedenfalls auf das biologische System selber bezogen, sodass immerhin einer – eher in das *Intelligent Design* gehörenden – These bezüglich der Informationserzeugung *von* und *in* biologischen Systemen nicht das Wort geredet werden muss. Die Frage aber, woher die Geltung der Aussage eigentlich stammt, dass biologische Systeme – wenn schon nicht informationserzeugend, dann doch immerhin – informationsverarbeitend sind, wird mit dem Verweis auf einen recht einfachen Sachverhalt beantwortet:

> Erfreulicherweise scheint es in der Tat ein grundlegendes Merkmal biologischer Informationsverarbeitung zu sein, daß solche universalen Prinzipien existieren. Diese Prinzipien finden sich bei den unterschiedlichsten Spezies realisiert, sie treten auf allen Organisationsstufen auf – in hochkomplexen Organismen wie dem Menschen genauso wie in primitiven Einzellern – und sie lassen sich selbst bei Pflanzen beobachten, die ebenfalls mit Hilfe elementarer ‚Sinnessysteme' auf Umweltparameter, Schädlinge oder Nachbarpflanzen reagieren können. (Kolo et al. 1999:36)

Mit dieser Aussage wäre in der Tat eine Klasse von Gegenständen etabliert, deren eine Teilklasse Lebewesen umfasste. Die Vergleichbarkeit als informationsverarbeitende Systeme wäre zugleich gegeben und eine eigentliche Verwendung des Informationsbegriffs für beide Gegenstandsbereiche sichergestellt. Alles dies wäre also zuzugestehen, *sobald geklärt ist, woher wir eigentlich wissen*, dass Lebewesen als Manifestationen der genannten allgemeinen Prinzipien angesprochen werden können. Um dies zu explizieren scheint es hilfreich, zunächst den Ursprung der Rede von Information genau dort aufzusuchen, wo bisher deren syntaktischer Charakter unstrittig akzeptiert zu sein scheint – nämlich in der Grundlegung der Informationstheorie bei Shannon selber.

2.2 Information als Aspekt menschlicher Kommunikation

Shannon führt den Begriff unter Darstellung einer Relation ein, die zwischen einer Source und einer Sink besteht. Dabei wird Information in der Source eingespeist – etwa durch Codierung – und an der Sink entnommen, um möglicherweise durch Decodierung in eine explizite Botschaft verwandelt zu werden. Die Verbindung selbst gilt als Kanal, durch welchen sich Information bewegt – oder besser fließt, um in der hier gewählten Beschreibungssprache zu bleiben. Das gesamte „Informationssystem" besteht zunächst aus den bekannten Elementen:

> By a communication system we will mean a system (...) [which] consists of essentially five parts:

> 1. An *information source* which produces a message or sequence of messages to be communicated to the receiving terminal. The message may be of various types: e.g. (a) A sequence of letters as in a telegraph of teletype system; (b) A single function of time $f(t)$ as in radio or telephony; (c) A function of time and other variables as in black and white television – here the message may be thought of as a function $f(x, y, t)$ of two space coordinates and time, the light intensity at point $(x, y)$and time t on a pickup tube plate; (d) Two or more functions of time, say $f(t)$, $g(t)$, $h(t)$ – this is the case in "three- dimensional" sound transmission or if the system is intended to service several individual channels in multiplex; (e) Several functions of several variables — in color television the message consists of three functions $f(x, y, t)$, $g(x, y, t)$,$h(x, y, t)$ defined in a three-dimensional continuum — we may also think of these three functions as components of a vector field defined in the region – similarly, several black and white television sources would produce "messages" consisting of a number of functions of three variables; (f) Various combinations also occur, for example in television with an associated audio channel.
> 2. A *transmitter* which operates on the message in some way to produce a signal suitable for transmission over the channel. In telephony this operation consists merely of changing sound pressure into a proportional electrical current. In telegraphy we have an encoding operation which produces a sequence of dots, dashes and spaces on the channel corresponding to the message. In a multiplex PCM system the different speech functions must be sampled, compressed, quantized and encoded, and finally interleaved properly to construct the signal. Vocoder systems, television and frequency modulation are other examples of complex operations applied to the message to obtain the signal.
> 3. The *channel* is merely the medium used to transmit the signal from transmitter to receiver. It may be a pair of wires, a coaxial cable, a band of radio frequencies, a beam of light, etc.
> 4. The *receiver* ordinarily performs the inverse operation of that done by the transmitter, reconstructing the message from the signal.
> 5. The *destination* is the person (or thing) for whom the message is intended. (Shannon 1948:380f)

Allerdings ist schon an dieser Beschreibung auffällig, dass sie zwar Artefakte zum ausgezeichneten Gegenstand hat, dass aber der *Funktions*bestimmung eben dieser Artefakte menschliches Handeln zugrunde liegt. Es sind zunächst Menschen, welche im Rahmen kommunikativer Vorgänge als Quelle oder Zielort fungieren – obzwar diese als Zielort der Information nur neben Dingen zur Rede kommen. Das eigentlich technische System (bestehend aus Transmitter, Kanal, Empfänger) – gleichwohl auch diese letztlich an menschlichem Handeln gewonnene Beschreibungssprachstücke – ist also selbst in dieser reduzierten Form in kommunikative Verhältnisse einbezogen.[10] Der *Informationsgehalt* einer Nachricht wird dann als der Aufwand gemessen, der zur Klassifizierung der gesendeten Zeichen erforderlich ist. Die Klassifizierung wird hierbei über Binärentscheidungen abgedeckt.

---

10 Dass der Erfolg des Einsatzes solcher Artefakte überhaupt nur in Bezug auf eben dieses kommunikative Handeln bestimmt werden kann, versteht sich eigentlich von selbst. Blendet man dies aus, erhält die zwanghafte Suche nach der Natürlichkeit von Information eine gewisse Plausibilität. Unter völligem Verzicht auf den Erfolg einer solchen Suche zeigt – wie gleich zu besprechen – Janich (2006) eine konstruktive Alternative auf.

So beträgt beispielsweise der Informationsgehalt *I* einer Zeichenkette mit 4 Zeichen nur 2-bit (natürlich vorausgesetzt, dass die Zerlegung des jeweiligen Zeichenvorrates gleichwahrscheinlich ist). Betrachtet man hierbei das *x*-te Zeichen nach *k*(*x*) Binärentscheidungen, so ist die Wahrscheinlichkeit *p* für das Auftreten dieses Zeichens $p(x) = (½)^{k(x)}$. Unter Nutzung der Umkehrfunktion $\log_a$ (wobei *a* die Anzahl möglicher Zustände einer Nachrichtenquelle bestimmt) ist dann allgemein der Informationsgehalt *I* eines Zeichens syntaktisch wie folgend definiert:

$$I(p(x)) = \log_a(\frac{1}{p(x)}) = -\log_a(p(x))$$

Shannon ist es damit gelungen, eine explizite und operational bestimmte Definition für die syntaktische Übermittlung von Informationen anzugeben. Der für diese mathematische Beschreibung zugrundeliegende menschliche Kommunikationsprozess ist hier syntaktisch *eingedeutet:* Indem nun menschliche Kommunikation (im Sinne eines binären Informationsgehaltes) so beschrieben wird, *als ob* sie eine rein syntaktische und einseitige Übermittlung von Zeichenketten sei, deren Teile jeweils mit einer bestimmten Wahrscheinlichkeit auftreten, gelingt eine wissenschaftliche Definition. Dadurch wird die anfänglich metaphorische Bestimmung zu einer eindeutig modellierenden Beschreibung verschärft: Als Modell *ist* dann *Kommunikation* und *Information* nichts anderes als eine syntaktische Übermittlung von Zeichenketten. Das Modell gibt also die Rahmenbedingungen an, bezüglich dessen wissenschaftliche Identitätsaussagen (z. B. „Information ist die syntaktische Übertragung von Zeichen") ermöglicht werden.[11] Allerdings liegt hier nur *eine* mögliche modellierende Beschreibung vor. Beliebig andere Bestimmungen können in Betracht kommen: Information *als* wechselseitiger Prozess,[12] *als* pragmatisches Mittel (z. B. im Sinne eines Sprechaktes) mit politischen, sozialen oder literarischen Funktionen und Auswirkungen etc.

Doch zeigt sich bei Shannon sogleich auch eine Verwendung von Sprachstücken, die uns sowohl in metaphern- wie modelltheoretischer Perspektive zu interessieren hat:

1. Spezifisch menschliche Leistungen – wie etwa gelingende Kommunikation und Kooperation – werden funktionell strukturiert.

---

[11] Das Modell kann dann auch zum Gegenstand wissenschaftlicher Diskurse werden. So lassen sich z. B. Kriterien angeben, bezüglich derer die im Rahmen des Modells formulierten Identitätsaussagen als *wahr* oder *falsch* ausgewiesen werden können. Dies wird erst durch das Modell möglich. Die metaphorische Bestimmung kann vielleicht als mehr oder weniger adäquat bestimmt werden, jedoch nicht – aufgrund fehlender (propositionaler) Identitätsaussagen – einfachhin als *wahr* oder *falsch*.

[12] So müsste beispielsweise die von der Quelle-Senke-Metapher *(source-sink)* vorgegebene Unidirektionalität des Kommunikationsprozesses nicht als ein einseitiger Vorgang verstanden werden, sondern als ein wechselseitiger. Genau dies liegt auch einem Kommunikationsprozess zweier Kommunikationsteilnehmer durchaus näher.

2. Im Gegenzug wird die Funktion technischer Artefakte selber in Form metaphorischer Beschreibung bestimmt, d. h. so, als ob es sich um menschliche Akteure und ihre Leistungen handele: die „Messages“ einer Televisionsource stünden hier also zu Recht in Anführung.
3. Es handelt sich – aller technischen Artefakte zum Trotz – um adressierte Vorgänge (Botschaften etc.) für welche hier nur eine (allerdings nach Fragestellung etwa bezüglich Kanalkapazitäten etc. relevante) Modellierung angegeben wird.

Es gibt also – außerhalb des durch die Fragestellung gesetzten pragmatischen Rahmens – keinen „natürlichen Grund“ dafür, auf genau diese Modellierung zurückzugreifen. Diese Einsicht kann zu einer erheblich weiteren Modellierung von „Information“ genutzt werden, bei welcher es insbesondere Zeichenprozesse sind, die das Modelans abgeben (s. Hesse et al. 2008); zwischen Metaphern und ihrer modellierenden Auflösung besteht also sicher kein eineindeutiges Verhältnis (dazu im Detail Gutmann und Rathgeber 2008). Mit der „anthropomorphisierenden“ Beschreibung technischer Funktionen ist allerdings eine – methodologisch unerlässliche – Form des Zugriffes verknüpft, welche in das Konzept „notwendiger Metaphern“ weitergeführt werden kann (s. Gutmann und Rathgeber in diesem Band). Doch lässt sich im Text noch ein vierter Aspekt auszeichnen, der für die hier zu skizzierende Sicht auf Information relevant ist, ein Aspekt, der – mit dem dritten methodologisch verbunden – am besten mit der Iterierbarkeit von Modellierungen beschrieben werden kann:

> The following theorem gives a direct intuitive interpretation of the equivocation and also serves to justify it as the unique appropriate measure. We consider a communication system and an observer (or auxiliary device) who can see both what is sent and what is recovered (with errors due to noise). This observer notes the errors in the recovered message and transmits data to the receiving point over a “correction channel” to enable the receiver to correct the errors. (Shannon 1948:20)

Der Ausbau des ursprünglichen Sender-Empfänger-Modells ist hier nicht wegen der damit verbundenen (im engeren Sinne informationstheoretischen) Implikationen von Interesse, sondern aufgrund der Tatsache, dass Shannon damit den anfänglichen Modellschritt erweitert, eine Erweiterung, welche etwa kybernetische Beschreibungen der in Rede stehenden Artefakte erlaubt.[13]

Diese Iteration ist möglich, gerade weil eine Unterscheidung von Receiver und Destination vorgenommen wird, denn diese Unterscheidung erlaubt es, die Zweckbestimmung als einer höheren Sprachstufe zugehörig zu identifizieren, sodass die kybernetische Schleife – die an die Stelle des Beobachters tritt – sich auf

[13] Er erlaubt dies innerhalb des ursprünglichen metaphorischen Zugriffes auf Artefakte, welche aufgefasst werden, „als seien sie“ Menschen (womit die Möglichkeit besteht, Leistungen menschlicher Akteure so zu beschreiben, als seien sie Artefakte).

den ursprünglichen Kommunikationsvorgang bezieht. Von diesem Beobachter wird – methodologisch zu Recht – gefordert, dass er den gesamten Vorgang überblickt, d. h. nur er kann letztlich den Austausch zwischen Sender und Empfänger als auf einen Ursprung und ein Ziel bezogenen Austausch von Information auffassen. Dies ist selbstverständlich nicht die letzte Stufe der Iteration, denn es lässt sich keine Regel denken, nach welcher die mögliche Zweckbestimmung solcher Systeme abschließend gegeben werden könnte. Die Iteration bedeutete dann aber keine ominöse Bildung von Beobachtern immer höherer Stufen[14], als vielmehr die Einbeziehung weiterer Zwecke in das ursprüngliche System, eine Einbeziehung, die sich formal allerdings als Konstruktion höherstufiger Elemente darstellen lässt. Dies bedeutet aber nicht, dass Kommunikation ein solches System wäre, oder durch ein solches faktisch repräsentiert würde; gleichwohl kann sie so beschrieben werden, als ob dies der Fall wäre.

Versteht man also die Shannonschen Überlegungen modelltheoretisch (im konstruktiven Sinne), dann ist ihr rein syntaktischer Status eine Folge der Modellierungszwecke; diese sind – um nur auf der Ebene des ersten Beobachters zu bleiben – nicht etwa diesem Beobachter selber zugänglich; eine solche Beschreibung nivellierte nämlich die hier eingeforderte Differenz von *Modelans* und *Modelandum*. Vielmehr ist auch die iterierte Modellierung rein syntaktischer Natur, welche aber in ihrer Anwendung pragmatisch kontrolliert wird (etwa unter Nutzung semantischer Kriterien). Auch ein weiterer Beobachter änderte an dem syntaktischen Status nichts.

Die Folgen für das Verständnis von „Information" sind weitreichend; denn damit ist Information kein Gegenstand, dem eine Referenz sortal zugesprochen werden könnte. Sein methodischer Status (wohlgemerkt schon innerhalb des allerdings wohlwollend modelltheoretisch gelesenen Shannonschen Ansatzes selber) ähnelt vielmehr dem eines Reflexionsgegenstandes, sodass die von Janich vorgeschlagene Einführung über den methodischen Anfang des „In-Kennt-

---

[14] Diese Lesart führt zu den bekannten Antinomien von Beobachtern erster, zweiter und höherer Stufe, die sowohl systemtheoretisch als auch autopoiesetheoretisch interpretiert werden können. Luhmann gibt, da er ein rein pragmatisches, etwa auf Erkenntniszwecke gerichtetes Verständnis von Systemen ablehnt, solchen Konstruktionen eine explizit ontische Deutung:

„Die folgenden Überlegungen gehen davon aus, daß es Systeme gibt. Sie beginnen also nicht mit einem erkenntnistheoretischen Zweifel. Sie beziehen auch nicht die Rückzugsposition einer „lediglich analytischen Relevanz" der Systemtheorie. Erst recht soll die Engstinterpretation der Systemtheorie als eine bloße Methode der Wirklichkeitsanalyse vermieden werden. Selbstverständlich darf man Aussagen nicht mit ihren eigenen Gegenständen verwechseln; man muß sich bewusst sei, daß Aussagen nur Aussagen und wissenschaftliche Aussagen nur wissenschaftliche Aussagen sind. Aber sie beziehen sich, jedenfalls im Falle der Systemtheorie, auf die wirkliche Welt. Der Systembegriff bezeichnet also etwas, was wirklich ein System ist, und läßt sich damit auf eine Verantwortung für Bewährung seiner Aussagen an der Wirklichkeit ein." (Luhmann 1994:30)

Unsere Rekonstruktion zeigt nun allerdings eine konstruktive Alternative an, die solche Vermutungen überflüssig werden lässt.

nis-Setzens" folgerichtig ist. Bezüglich bestimmter Invarianzen (Darstellungs-, Rollen- und Mittelinvarianz) kann „Information" im letzten Schritt als Abstraktor eingeführt werden und verliert mithin seine ontische Schwere.

In unserer Darstellung ist die modellierende Verwendung dann *eine mögliche Form* des Umganges, wobei der Ausdruck jeweils metaphorischen Charakter gewinnt und je unterschiedliche, den Verwendungszwecken angemessene Modellierungen zulässt. Erst die Nivellierung von Modell und Metapher erzeugt den Schein einer einsinnigen Bedeutung, und erst dies legt die Naturalisierung nahe.

2.3 Von der Metapher zum Modell

Der hier vorgeschlagene Weg besteht wesentlich in der Ausnutzung eben der Tatsache, welche bei der Ontologisierung und Naturalisierung von Information – wie gesehen – zum Problem wird: der rein syntaktische Charakter des Shannonschen Ansatzes. Diese ausschließlich syntaktische Rede ermöglicht es nämlich in kontrollierter Form die Verwendungen so zu kontextualisieren, dass von sonst metaphorischer zu modellierender Rede übergegangen werden kann. Ebensolche Kontextualisierungen wurden faktisch in vielen Disziplinen vorgenommen, für welche exemplarisch die Lebenswissenschaften stehen mögen. So lässt sich z. B. eindeutig zeigen, dass die Genetik erst durch die Einführung des Informationsbegriffes bei F. Crick ab Ende der 1950er Jahre wesentliche Impulse erhielt, um die Transformationsprozesse von DNA über die RNA zum Protein durch Transkription und Translation eindeutig zu identifizieren und zu explizieren (vgl. Rheinberger 2006; Syed, Bölker und Gutmann 2008). Dieser Transformationsprozess als „Informationsfluss" ging dann als *Zentrales Dogma der Molekularbiologie* in die Geschichte der Genetik ein.

Methodologisch relevant ist hier, dass das Shannonsche Konzept der statistischen Informationsübertragung erfolgreich auf wissenschaftliche Heuristiken anderer Disziplinen angewendet werden kann. Allerdings nicht als *Modell,* sondern wieder als *Metapher:* Unzweifelbar ist nämlich, dass z. B. der Informationsfluss in der Molekularbiologie weder binär bestimmt ist, noch dass es hier um die Wahrscheinlichkeit der Auswahl aus einer gegebenen Nachrichtenmenge geht, die statistisch berechnet werden soll. Vielmehr handelt es sich hier z. B. um die Übertragung der Abfolge von Basen in einer Nukleinsäure, die – ohne Funktionsverlust – auf die Abfolge der Aminosäuren in einem Protein übersetzt werden soll.[15] Gemeinsam ist demzufolge

[15] In aktuellen Ansätzen wird dabei das *Zentrale Dogma der Molekularbiologie* aufgebrochen, indem die eindeutige Unidirektionalität des Informationsflusses aufgehoben ist, sodass epigenetische Faktoren (d. h. Rückwirkungen vom Protein zur DNA) relevant werden. Hierin zeigt sich auch schon die Grenze in der Übertragung des Shannonschen Informationsbegriffs, der immer nur als ein unidirektionaler Prozess von der Quelle zur Senke läuft und keine Rückwirkungen erlaubt.

sowohl der Shannonschen als auch der genetischen Verwendungsweise des Informationsbegriffs, dass in beiden Ansätzen jeweils ein Bereich in einen anderen *ohne Verlust der Funktion* überführt werden soll.

Wird also der Shannonsche Informationsbegriff sinnvoll auf die Genetik angewendet, dann nicht dadurch, dass der gesamte Rahmen des Modells übernommen wird, sondern weil bestimmte, für die jeweiligen Zwecke spezifizierte Aspekte übertragen werden. Genau diese Aspekte lassen sich durch die Metapher bereitstellen: D. h. der Transformationsfluss von DNA über die RNA zum Protein wird beispielsweise so beschrieben, *als ob* er ein Informationsfluss sei. Wie jetzt dieser Informationsfluss in der jeweiligen Disziplin gelingend und erfolgreich ausgeführt werden kann, hängt dann von den jeweiligen Funktionen der Disziplinen selber ab: Entscheidend ist nur, dass die genutzte sinnvolle Metapher selber wiederum modellierend verschärft wird, um daran die spezifisch wissenschaftliche Aussagen der jeweiligen Disziplin auszeichnen zu können.

Zusammenfassend lässt sich somit konstatieren, dass die Ausdrücke *Metapher* und *Modell* keine statischen Ausdrücke sind, die unabdingbar festliegen, sondern dass sie maßgeblich von den jeweiligen Zwecken der Verwendung abhängen: Je nach dem, ob diese Ausdrücke als heuristisches Mittel oder als wissenschaftlicher Zweck, ob sie zur Erschließung bzw. Strukturierung eines neuen Bereiches oder zur wissenschaftlichen Konsolidierung eines etablierten Feldes genutzt werden, entscheidet sich, ob sinnvoll von *Metapher* oder *Modell* die Rede ist. Indem also das Modell immer wieder *selber* zur Metapher werden kann – insofern es als Mittel auf neue Zwecke angewendet wird, um sodann modellierend verschärft zu werden – vollzieht sich darin die Struktur wissenschaftlichen Fortschritts.

3 Interdisziplinäre Studie und Abschlusstagung

Genau diese Struktur wissenschaftlichen Fortschritts sollte auch im Rahmen der vom Bundesministerium für Bildung und Forschung geförderten Studie gezeigt werden: Exemplarisch und paradigmatisch wurde hier in drei Disziplinen – der Informatik, der Molekulargenetik und der Anthropologie – gezeigt, wie jeweils Übertragungen wissenschaftlicher Modelle in andere Bereiche zu bestimmten Metaphorisierungen führen, die einen wesentlichen Einfluss auf die Forschungspraxis der jeweiligen Disziplinen ausüben können. Leitend war hierbei neben heuristischen Problemen die Fragestellung, inwiefern dieser metaphorische Übertragungsprozess jeweils Auswirkungen auf die Transformation von Menschenbildern hat.

Dementsprechend war die Tagung so zugeschnitten, dass sie – von den drei Einzeldisziplinen ausgehend – jeweils nach den wissenschaftlichen und öffentlichkeitswirksamen Konsequenzen fragte. Dies wurde in drei aufeinanderfolgenden Sektionen entwickelt, deren erste sich mit *naturwissenschaftlichen Metaphern und Menschenbildern auseinandersetzte*, deren zweite der Frage nach *Menschenbildern als Spiegel von Technologie und Wissen* nachging und deren abschließende Sektion *philosophischen Perspektiven* gewidmet war.

Ein wesentliches Fazit der Tagung wurde hierbei deutlich: Die systematische Rekonstruktion der z. T. äußerst komplexen Transfers und Retransfers von Ausdrücken aus einem wissenschaftlichen Kontext in einen anderen kann nur interdisziplinär geschehen. Denn nicht nur muss sichergestellt werden, dass für die Explikation von Begriffen das jeweils einschlägige wissenschaftliche *Know-how* verfügbar ist; es muss vielmehr die Fragestellung auch soweit präzisiert sein, dass mit einiger Erfolgsaussicht die jeweiligen gegenseitigen Begründungsansprüche identifiziert und so rekonstruiert werden können. Die Identifizierung und Explizierung von wissenschaftlichen Metaphern ist somit nicht nur wissenschaftsintern von entscheidender Relevanz, sondern zeigt auch wissenschaftsextern die Notwendigkeit auf, dass die komplexen Vernetzungen moderner disziplinärer Spezialisierung nur interdisziplinär zu lösen sind.

Auf der Grundlage der Vorträge ist nun der vorliegende Band entstanden; auch hier bilden die Lebenswissenschaften den Anfang, von welchem ausgehend sowohl sozialwissenschaftliche als auch metaphorologische und methodologische Probleme des Metapherngebrauches in Wissenschaften unterschiedlichen Wissenstypus thematisiert werden. An Überlegungen Jürgen Bereiter-Hahns zum Menschenbild in der Biologie anschließend, werden ebensolche von Michael Decker in einem gleichsam anverwandten Bereich – jenem der Robotik, die sich sowohl aus technischer Biologie wie aus Bionik als Wissensquellen speist – angestellt. Erweiterungen im Scopus nimmt Sarah Spiekermann vor, nun der Frage der Relevanz von Menschenbildern unter den Bedingungen „allgegenwärtiger Technik"nachgehend. Es handelt sich um hier um Technikformen, deren Ambivalenz im Rahmen von pervasive computing auch den Gegenstand der Rekonstruktion „virtueller Kommunikation" von Armin Grunwald bildet.

Die am stärksten auf das Moment des Umganges mit noch zu implementierenden Techniken abhebenden Überlegungen von Aaron Ruß, Wolfgang Hesse und Dirk Müller stellen sich dem Problem der Bestimmbarkeit technischer Zukünfte, wobei – unabhängig von der Bewertung solcher Technisierungsprozesse – der Focus auf den Mitteln der Prognose (nämlich den zu erstellenden Szenarien) liegt. Benjamin Rathgeber und Mathias Gutmann tragen eine methodologische Rekonstruktion „kognitiver Ausdrücke" bei, welche – wie etwa im Falle von ambient intelligence – sogar namensgebend, und für die Beschreibungen der jeweiligen Techniken ebenso unverzichtbar sind, wie für das Verständnis der zugrundeliegenden menschlichen Handlungen. Den Abschluss der an fachwissenschaftlichen Gegenständen orientierten

Erwägungen bildet der Aufsatz von Antje Gimmler, welcher – am Beispiel der Mobilität – grundsätzlich der Frage nach Reichweite und Grenzen des Gebrauches von Metaphern in den Sozialwissenschaften nachgeht.

Mit der Verbindung von Naturalismuskritik und Metaphorologie wird diese methodologische Thematisierung von Geert Keil aufgenommen, sprachkritisch systematisch weitergeführt und zugleich jenes Feld philosophischer Rekonstruktion eröffnet, das neben üblichen Formen technikbegleitender Reflexion in der fachöffentlichen Debatte gleichwohl wenig präsent ist. Den Abschluss bilden die hermeneutischen und methodologischen Vorschläge von Mathias Gutmann und Benjamin Rathgeber zum systematisch gerechtfertigten Umgang mit uneigentlichen Sprachstücken.

Literaturverzeichnis

Gutmann M (1996) Die Evolutionstheorie und ihr Gegenstand – Beitrag der Methodischen Philosophie zu einer konstruktiven Theorie der Evolution. VWB, Berlin

Gutmann M (2005) Begründungsstrukturen von Evolutionstheorien. In: Krohs U, Toepfer G (Hrsg) Philosophie der Biologie. Suhrkamp, Frankfurt, S. 249–266

Gutmann M, Rathgeber B (2008) Information as metaphorical and allegorical construction: some methodological preludes.Poiesis & Praxis 5(3-4):11–232

Haken H, Haken-Krell M (1989) Entstehung von biologischer Information und Ordnung. Wissenschaftliche Buchgesellschaft, Darmstadt

Hesse W, Müller D, Ruß A (2008) Information, information systems, information society: interpretations and implications. Poiesis & Praxis 5(3-4):159-185

Janich P (1987) Evolution der Erkenntnis oder Erkenntnis der Evolution? In: Lütterfelds W (Hrsg) Transzendentale oder evolutionäre Erkenntnistheorie? Wissenschaftliche Buchgesellschaft, Darmstadt, S. 210–226

Janich P (2006) Was ist Information? Kritik einer Legende. Suhrkamp, Frankfurt a. M.

Kolo C, Christaller T (1999) Bioinformation. Problemlösungen für die Wissensgesellschaft. Physica-Verlag, Heidelberg

Levit G, Meister K, Hoßfeld U (2008) Alternative evolutionary theories: A historical survey. Journal of Bioeconomics 10(1):71–96

Lorenz K (1973) Die Rückseite des Spiegels. Versuch einer Naturgeschichte des menschlichen Erkennens. Piper Verlag, München & Zürich

Luhmann N (1994) Soziale Systeme. Frankfurt, Suhrkamp

Lyre H (2002) Informationstheorie. Eine philosophisch-naturwissenschaftliche Einführung. UTB, Stuttgart

Rheinberger H-J (2006) Epistemologie des Konkreten. Studien zur Geschichte der modernen Biologie. Suhrkamp, Frankfurt a. M.

Shannon C (1948) A mathematical theory of communication. The Bell System Technical Journal XXVII(3):379–423

Simpson G G (1963) Biology and the Nature of Science 139(3550):81–139

Syed T, Bölker M, Gutmann M (2008) Genetic "information" or the indomitability of a persisting scientific metaphor. Poesis & Praxis 5 (3–4):193–211

Tugendhat E (2003) Egozentrizität und Mystik. Verlag Beck, München

Voland E (2009) Soziobiologie: Zur Evolution von Kooperation und Konkurrenz. Spektrum Akademischer Verlag, Heidelberg & Berlin

Vollmer G (2002) Evolutionäre Erkenntnistheorie: Angeborene Erkenntnisstrukturen im Kontext von Biologie, Psychologie, Linguistik, Philosophie und Wissenschaftstheorie. Verlag Hirzel, Stuttgart

Weingarten M (1993) Organismen – Objekte oder Subjekte der Evolution? Wissenschaftliche Buchgesellschaft, Darmstadt

Weizsäcker C F (1985) Aufbau der Physik. Hanser, München

Das Menschenbild in der Biologie

Informationstheoretische Metaphern vom Molekül zur Gesellschaft

Jürgen Bereiter-Hahn

Fragestellung

Letztlich ist alle Wissenschaft auf den Menschen bezogen, sei es, dass sie ihm zu besserem Weltverständnis, Nutzbarmachung von Ressourcen oder zum besseren Selbstverständnis diene. Mit fortschreitenden wissenschaftlichen Erkenntnissen, dem Wandel der Gesellschaft und dem Wandel der technischen Beherrschbarkeit von Welt (ich spreche hier von „Welt", da die Raumfahrt einbezogen werden muss) wandelt sich auch unser Selbstbild.

Die Sprache der Vermittlung unserer Auffassungen der uns umgebenden Realitäten verrät vielfach diese Beziehung in Form von anthropozentrischen Begriffen, die über Assoziationen nicht nur das Verständnis erleichtern sollen sondern häufig, wenigstens unterschwellig, ontologischen Charakter tragen[1]. Viele Begriffe der Evolutionsbiologie sind in dieser Hinsicht zumindest zweideutig. Solche Begriffe sind der der Anpassung[2], der Konkurrenz oder der Information, letzterer in der Biologie meist in Hinsicht auf genetische Information gebraucht. Inwieweit es sich bei „Information" um eine anthropozentrische Projektion handelt oder ob dieser Begriff eine angemessene Beschreibung für Vorgänge bei Organismen darstellt, ist Gegenstand dieses Beitrages. Die Beantwortung dieser Frage beginnt mit einer naiven Übernahme des Informationsbegriffes und seiner Anwendung auf biologische Sachverhalte, wie dies in der biologischen Literatur akzeptiert ist. Dies soll einem Verständnis dessen dienen, was in

---

1 Im Bereich der Physik hat Kanitscheider ausführlich auf diese Problematik aufmerksam gemacht (Kanitscheider 1991).
Das begriffliche Wechselspiel zwischen Physik und populärwissenschaftlicher Philosophie behandelt Hans-Dieter Mutschler sehr kritisch (Mutschler 2002).

2 Der Begriff Anpassung hat zwei Wurzeln: ein Werkstück an ein anderes passend machen, oder auch aus dem menschlichen Verhalten, „sich anpassen" an bestimmte Verhältnisse oder Anforderungen. Beides sind bewusste Prozesse. Inwieweit „Anpassung" im Laufe evolutiver Vorgänge vom betroffenen Organismus aus gesehen etwas Aktives sein könnte, bleibt von Fall zu Fall zu untersuchen (s. epigenetische Änderungen, die in die folgenden Generationen wirken).
Konkurrenz ist aus dem Wirtschaftsleben bzw. menschlichem Sozialverhalten entlehnt, beruht dort meist, jedoch nicht unbedingt, auf einem Akt bewussten Handelns.

M. Bölker et al. (Hrsg.), *Information und Menschenbild,* DOI 10.1007/978-3-642-04742-8_2,

den Biowissenschaften unter Information verstanden wird. Erst dann kann der Begriff kritisch hinterfragt werden.

Beispiele für Trägermaterialien biologischer Information

Genetische Information

Gurdon (1968) und King u. Briggs (1956) entnahmen den Kern einer Darmepithelzelle des Krallenfrosches und injizierten ihn in eine unbesamte Eizelle eines anderen Krallenfrosches. Eine solche Eizelle war in der Lage, eine vollständige Kaulquappe zu bilden, die sich dann in einen Frosch weiterentwickelte. Mit diesem Experiment war ein entscheidender Durchbruch zur Lösung der Frage gelungen, ob jeder Zellkern eines Wirbeltierkörpers die „volle Information" für den Aufbau des gesamten Organismus enthielt. Die genetische Information ist in der Biologie die Information schlechthin. Sie muss zugleich stabil und wandelbar sein. Stabil und speicherbar, um als Information Sinn zu haben, wandelbar um Änderungen für die Evolution zu ermöglichen. Die molekulare Basis hierfür ist die DNA. Die *Basensequenz* einer DNA ist zwar im weitesten Sinne Information, ihre Funktion erhellt sich jedoch erst im Rahmen eines Umsetzungsprozesses in Proteine, dadurch erhält die Basensequenz Bedeutung. Durch chemische Änderungen an den Purin- und Pyrimidinbasen kann das genetische Programm auch individuell als Antwort auf externe Einwirkungen geändert werden. Dieser Vorgang ist für die differenzierte Betrachtung von Anpassungsvorgängen wichtig, nicht hingegen für das Verständnis dessen, was genetische Information überhaupt ist.

Strukturen

Neben der genetischen Information gibt es noch andere Formen der Informationsübertragung. Dies sind die Strukturen, die als Matrize für Weiterentwicklung dienen können. Beispiele hierfür sind hoch komplexe Maschinen wie etwa die ATP-Synthase in Mitochondrien und Chloroplasten oder eine große Anzahl von Assoziationen verschiedener strukturbildender Moleküle, wie sie z. B. die Kollagenlagen in Fischschuppen und der Haut zahlreicher Tiere darstellen. Hierbei wirkt jede Lage von parallel angeordneten Kollagenfasern ordnend auf die Ablagerung der darauf folgenden Schicht ein (Bereiter-Hahn, Zylberberg 1993, Bereiter-Hahn 1994).

Innerhalb von Aggregaten haben viele Enzyme ganz andere Eigenschaften als im gelösten Zustand, biochemische Prozesse können so auf einen engen Raum konzentriert werden ohne dass dieser durch Membranen abgeschlossen sein müsste. Die Bildung dieser Aggregate beruht auf der wechselseitigen Bindungsfähigkeit der Bestandteile, wodurch auch Enzyme zu Strukturbildnern werden können oder bei Bindung an Strukturen (z. B. des Zytoskeletts die Dynamik dieser Strukturen verändern) (Wagner et al. 1999).

Ein anderes Beispiel sind die als Zytoskelett bezeichneten fädigen Elemente in Zellen, deren Anordnung über Polarität von Transportprozessen oder der Bewegung von Zellen bestimmt. Dies wird an einem weitgehend spiegelbildlichen Bewegungsmuster von Schwesterzellen nach einer Zellteilung deutlich (Albrecht-Bühler 1977). Solche Bewegungsvorgänge beruhen u. a. auch auf dem geordneten Anbau und Abbau der fädigen Elemente, also auf Polymerisations- und Depolymerisationsprozessen. Diese finden stets an vorgegebenen Strukturen statt und sind damit nicht nur von den Molekülen, die angelagert werden, und deren sie codierende DNA-Sequenz bestimmt, sondern von der Matrixstruktur, in die diese Moleküle eingeordnet werden.

In diesem Sinne gewinnt der Satz von Virchow „omnis cellula e cellula" neue Bedeutung. Es besteht also eine gewisse Kontinuität zwischen Zellen durch ein „Fortschreiben" vorhandener Strukturen. Zellen bilden nicht nur ihre inneren Strukturen fort, sondern reagieren auch auf externe Strukturen und Molekülanordnungen, so schmiegen sich Zellen in der Kultur an Riefen in einem Deckglas und strecken sich dabei sehr in die Länge, ja sogar quadratische Formen mit den entsprechenden Anordnungen der versteifenden Faserstrukturen können Zellen durch die Anordnung von Anheftungsstellen aufgezwungen werden (Karp 2005:Kap. 7).

Auch innerhalb eines kompliziert gebauten Moleküls, etwa eines Enzyms, kann die Faltung oder die Struktur bestimmend für die Funktion sein, gleich über welche Aminosäurenabfolge diese Struktur erreicht wird.

Zusammenspiel von genetischer Information und Strukturen am Beispiel der Entwicklung eines Organismus

Wenn beide, genetische Information und strukturbasierte Information, Einfluss auf die Entwicklung eines Organismus nehmen können, so muss sich dies auch experimentell belegen lassen. Ein gutes Beispiel hierfür bietet die Rolle mechanischer Kräfte bei der Embryonalentwicklung von Organismen und Differenzierung von Zellen. Eine ausführliche Darstellung solcher Wechselwirkungen wurde von Beloussov (1998) gegeben. Dies kann an einem klassischen Beispiel in der Auseinandersetzung um eine theoretische Fundierung der Biologie dargelegt werden, nämlich den Experimenten von Hans Driesch zur Entwicklung eine Seeigel-Eies. In den frühen Entwicklungsstadien teilt sich ein solches zunächst in zwei, dann in vier, dann in acht Furchungszellen u. s. w. Hans Driesch trennte nun solche Keime aus zwei, vier oder acht Furchungszellen und beobachtete, dass sich zumindest bis zum 4-Zellstadium jede der vier Furchungszellen zu einer vollständigen (wenn auch kleineren) Pluteuslarve (die Larvenform der Seeigel) entwickeln kann. Er schloss daraus auf die Existenz eines Ganzheit schaffenden, immateriellen Prinzips. Dieser Lösungsversuch des Neovitalismus widerspricht den Prinzipien naturwissenschaftlicher Erklärungen über physikalisch-chemische Reaktionen. Die durch die Versuche aufgeworfenen Fragen sind jedoch richtig gestellt und bedeutsam. Sie bedürfen einer Antwort im Rahmen des Kontextes naturwissenschaftlicher Erklärungsprinzipien: Die Entwicklung zur Seeigellarve verläuft über eine Hohlkugel, die Blastula. Die Zellen bilden die Wandung der Kugel, sie sind über spezielle Kontakte dicht miteinander verbunden und in der Lage, Ionen in den Hohlraum der Blastula zu pumpen, denen dann Wasser folgt das den Hohlraum ausfüllt, die Kugel „aufbläst". Man versuche dieses nun mit einer „Halbkugel", das ist mechanisch unmöglich. Da aber stets die durch Teilung auseinander hervorgegangenen Furchungszellen eng zusammen liegen, können sie sich zu einem abgrenzenden Epithel zusammenschließen, der Flüssigkeitstransport in den von den Zellen umhüllten Raum kann nach jeder Teilungsrunde direkt beobachtet werden. Das Ganzheit schaffende Prinzip ist also mechanischer Natur, ein komplexer Vorgang, an dem die Expression von Genen für die abdichtenden Membranproteine, deren ortsgerechter Einbau in die Plasmamembran, der Zusammenschluss der Zellen und der Flüssigkeitstransport, beteiligt sind. Von der Form einer Blastula ausgehend, erfolgen dann die weiteren Entwicklungsprozesse. Solange eine genügende Anzahl von Zellen zur Bildung der Blastula und der nachfolgenden Differenzierungprozesse vorhanden ist, kann ein ganzer Organismus aus Zellen entstehen, deren Rolle im Rahmen der ungestörten Entwicklung sehr viel beschränkter gewesen wäre.

Tradition

Genetisches Material und Strukturen stellen materielle Träger für die Speicherung und Vermittlung von Informationen in biologischen Systemen dar. Alle Subsysteme wie Nervensystem, Hormone und das Immunsystem wirken auf der Basis solcher Trägermaterialien. Bei der dritten Form von Informationsvermittlung, der Tradition, erfolgt die Weitergabe nur indirekt substratgebunden, Zeichen oder Laute sind die Trägermaterialien. Es ist dies die schnellste Form von Informationstransfer und typisch für jegliche Formen von Kulturleistungen. Tradition ist damit typisch für Gesellschaften (nicht notwendig nur menschliche) innerhalb derer sich Wissen als Gemeingut oder in Form von Herrschaftswissen fortpflanzt.

Verbreitung und Änderungen all dieser Informationen lassen sich mathematisch wie Diffusionsprozesse behandeln. Das wurde z. B. an der Ausbreitung von genetischen Mutationen wie auch für kulturelle Errungenschaften aufgezeigt. Eine solche Beschreibung sagt uns jedoch weder etwas über den Informationsbegriff selbst noch über dessen Wirkungen.

Was bedeutet Information in biologischen Systemen? Evolution „biologischer Informationssysteme"

Das Verständnis biologischer Vorgänge muss stets den Aspekt des Gewordenseins im Rahmen der Evolution mit berücksichtigen. Lebewesen lassen sich danach in einer Gesamtheit aus der Kontinuität von Lebensprozessen verstehen. Dies zeigt sich in der weitgehenden Übereinstimmung des genetischen Codes zwischen verschiedenen Organismengruppen, der Verwendung von einander sehr ähnlichen Enzymen und Steuervorgängen. Dieser Einsicht folgend, können Vorgänge auf organisatorisch niedrigerem Niveau Organisationsprinzipien „höherer" Organismen erhellen. Daher sollen auch hier Informationsübertragungsvorgänge bei Organismen weit geringerer Komplexität als bei menschlicher Kommunikation zur Erläuterung des Informationsbegriffes in seiner Anwendung auf biologische Sachverhalte untersucht werden. Die Frage, die es hier zu beantworten gilt, ist die, inwieweit es sich bei den biologischen Vorgängen wirklich um *Informations*übertragungsprozesse handelt oder ob dieser Begriff hier lediglich metaphorisch gebraucht ist.

Zunächst haben wir es bei Informationsübertragungsprozessen mit Signalen zu tun. Die einfachste Form des Informationsbegriffes ist die von Claude Shannon (1998), wonach alles Information ist, was über dem Rauschen liegt, eine Definition aus der Nachrichtentechnik, die im strengen Sinne den Begriff des Signals beschreibt, nicht den der Information. Erst durch einen Bedeutungszusammenhang wird ein Signal wirklich zur Information. Im Rahmen natürlicher Vorgänge, d. h. nicht humaner Artefakte, scheint dies erstmalig auf dem Komplexitätsniveau biologischer Systeme der Fall zu sein. Organismen empfangen Signale, sei es aus ihrer Umgebung, sei es aus ihren eigenen Untereinheiten, diese Signale werden verarbeitet und können sich im Rahmen solcher Verarbeitungsprozesse als Informationen entpuppen.[3] D. h. sie erhalten im Rahmen der Signalverarbeitungsprozesse „Bedeutung". Darüber steuern Signale Reaktionen, sei es die Synthese von Eiweißen, die Aktivierung oder Hemmung der Zellvermehrung, die Aktivierung von Nerven oder den Zelltod. Anthropomorph ausgedrückt, werden Signale durch die Transduktions- (Verarbeitungs-)prozesse im Organismus „interpretiert" und dabei in eine Reaktion des Organismus umgesetzt. Im Rahmen dieses Prozesses entsteht das was wir als Information interpretieren. Dieses Sprachspiel ist insofern gefährlich, als es zu einer Art Ping-Pong-Effekt führt. Zunächst wird ein Begriff aus dem Bereich menschlicher Kommunikation auf Organismen übertragen, erhält dort bei Anwendung auf Signaltransduktionsvorgänge eine Biologie-relevante Bedeutung, diese lässt sich dann zur Interpretation menschlicher Kommunikationsvorgänge verwenden. Das Ergebnis ist die Gleichsetzung von Information bzw. Informationsverarbeitung im Kontext menschlichen Verhaltens mit Signalen und Signalverarbeitung, also eine biologistische Inter-

---

[3] Solche Signale können sehr vielfältig sein und reichen etwa von der messenger RNA, die die in der Basensequenz der DNA gespeicherte Kodierung für eine Abfolge von Aminosäuren im Zytoplasma einer Umsetzung in ein Protein zugänglich macht. Andere Beispiele sind die vielfältigen Wechselwirkungen zwischen Rezeptoren und ihren Liganden, also z. B. verschiedenen Hormonen und deren Bindung an zellgebundene Eiweiße, die zahlreichen Moleküle zur Steuerung der Nervenzellaktivitäten (Neurotransmitter) wirken über Bindung an Rezeptoren an der Zellmembran und setzen dadurch eine Serie physiko-chemischer Reaktionen in Gang, die letztlich die Funktion der Zelle ausmachen.

pretation menschlicher Verhaltensweisen.[4] Inwieweit diese Gleichsetzung gerechtfertigt ist, kann erst nach Kenntnis und Analyse der verschiedenen Vorgänge von „Informationsverarbeitung" geklärt werden.

Ich wähle hier bewusst Beispiele, die systemübergreifende Prozesse betreffen, einmal den Übergang von der Einzelligkeit zur Mehrzelligkeit bei einem Schleimpilz (Kasten 1) und zum anderen eine Hypothese zur Er-

Kasten 1

Aggregation von Schleimpilzamöben

Schleimpilze sind Organismen, die sowohl als Einzelzellen vorkommen können als auch die Fähigkeit besitzen, vielzellige Körper zu bilden. Dadurch lässt sich eine Vielzahl auch philosophisch relevanter Fragen der Biologie an dieser Organismengruppe bearbeiten.

Schleimzell-Amöben, also die einzelligen Formen, schlüpfen bei günstigen Umgebungsbedingungen aus Sporen (Dauerformen). Sie ernähren sich dann auf fauligem Substrat und fressen Bakterien, die sich von diesem Substrat ernähren und intensiv vermehren. Solange genügend Bakterien vorhanden sind, vermehren sich diese Amöben. Ist der Vorrat an organischem Substrat, das die Bakterien abbauen können, erschöpft, so tritt Resourcenmangel auf, d. h. die Nahrung wird begrenzend für die weitere Vermehrung der Schleimpilzamöben. Dieser latente Hungerzustand löst die Veränderung des genetischen Programms der Zellen aus, Gene werden aktiviert, die vorher nicht aktiv waren, andere Genexpressionen werden heruntergefahren. Damit entsteht ein neuer physiologischer Zustand der Amöben: Sie beginnen nun mit der Synthese und Freisetzung von zyklischem Adenosinmonophosphat (cAMP), einem kleinen Signalmolekül. Gleichzeitig bilden sie Rezeptoren (Eiweiße) in der Zellmembran aus, die in der Lage sind, cAMP zu binden. Die Bindung des Liganden cAMP setzt eine ganze Reihe von Reaktionen in Gang, die zur Polarisierung der Zellen und deren Bewegung in Richtung der höchsten cAMP-Konzentration in der Umgebung führen. Zudem wird ein Enzym ausgeschieden, das das cAMP abbaut und somit den Konzentrationsgradienten des cAMP in der Umgebung steiler gestaltet und die Rezeptoren wieder von ihren Liganden befreit und damit für den cAMP-Gradienten empfindlich macht. Seitens der Einzelzelle sieht die Reaktion so aus, dass die Rezeptoren an der Membran in der Richtung besonders stark aktiviert werden, in der die höchste Konzentration des Gradienten vorliegt. Die Zellen wandern dann in diese Richtung. Wenn die meisten Rezeptoren cAMP gebunden haben, runden sich die Zellen ab, setzen nun

4 Diese Problematik wurde sehr klar und ausführlich von Peter Janich (2009) behandelt.

selbst cAMP frei und tragen so zur Entstehung des cAMP-Gradienten bei, der von Nachbarzellen wahrgenommen wird. Dann scheiden sie das abbauende Enzym aus und werden damit wieder empfindlich für den Gradienten u. s. w. Diese Abläufe funktionieren nur, wenn die Amöben in großer Zelldichte leben, also sich vorher sehr intensiv an einem Ort vermehrt haben. Amöben, die als erste mit der Sekretion von cAMP begonnen haben, stellen Aggregationszentren dar. Nahe beieinander liegende Aggregationszentren können dann um den Zustrom der weiteren Amöben konkurrieren und ggfs. miteinander verschmelzen. Nur solche Aggregate, die eine hinreichend große Anzahl von Zellen auf sich vereinigen konnten, sind in der Lage, die weitere Entwicklung zu einem vielzelligen Sporophor zu durchlaufen. Im Zuge dieses recht komplexen Differenzierungsprozesses ändert sich das Genexpressionsmuster der Zellen grundlegend und je nach der Position der Zellen innerhalb des Aggregates auch sehr unterschiedlich. So richtet sich das Aggregat über einen Stiel auf, dadurch entstehen drei Körperabschnitte, ein verankernder, ein Stielabschnitt, dessen Zellen absterben und feste Wände ausbilden, und darauf ein Sporophor, ebenfalls mit einer umhüllenden Schicht von absterbenden Zellen, die den Sporophor durch Bildung von Wandstrukturen schützend verfestigen. Im Inneren des Sporophors entstehen zahlreiche Sporen, nur diese Zellen haben die Möglichkeit einer weiteren Vermehrung bei Auftreten von günstigen Umweltbedingungen für die Vermehrung daraus ausschlüpfender Amöben (s. o.).

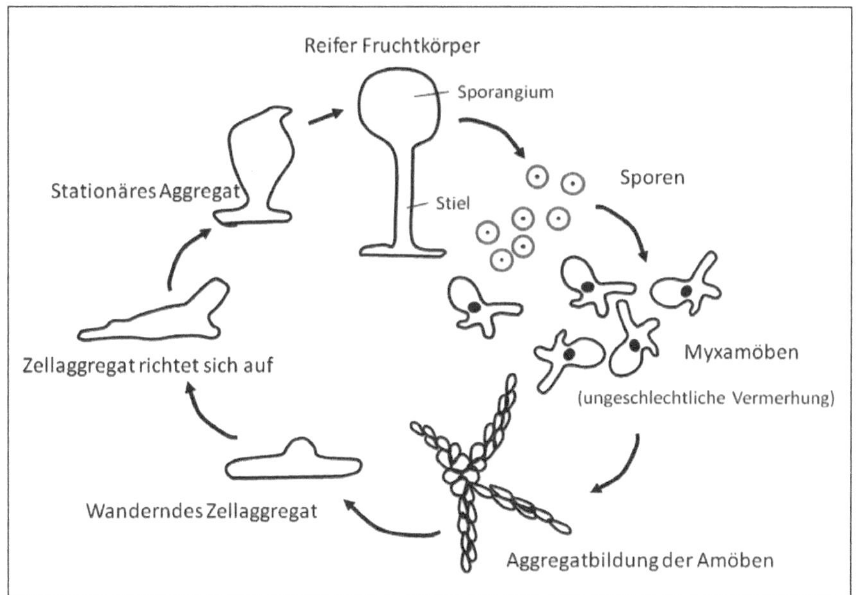

Abb. 1: Schema des Lebenszyklus von Schleimpilzen *(Dictyostelium)*

Welche Zellen mit der Sekretion des cAMP beginnen ist ein stochastischer Prozess, ebenfalls welche Amöben zu welchem Aggregationszentrum wandern und welches Schicksal sie innerhalb dieses Zentrums erfahren. Zwangsläufig ist jedoch jeder Teilschritt, die Reaktion auf den cAMP-Gradienten mit der Integration in ein Aggregationszentrum und dann die zeit- und lage-abhängige Differenzierung in einen der zur Bildung des Sporophors erforderlichen Zelltypen.

klärung wie in der Frühphase der Evolution genetischer Code und durch diesen kodierte Aminosäuren zusammengekommen sein könnten. Das erste Beispiel ist in sehr vielen Details hervorragend untersucht, beim zweiten Beispiel wirkt Hypothesenbildung mit chemischen Untersuchungen zur Assoziation der verschiedenen Moleküle zusammen. Es geht davon aus, dass bei abiotischem Ursprung von Peptiden (Zusammenschlüsse einiger Aminosäuren) und einfachen Nukleinsäuren (Oligonukleotide) die Oligopeptide wie auch die Oligonukleotide der ständigen Gefahr des Zerfalls durch Hydrolyse ausgesetzt waren. Aus den dadurch wieder frei werdenden Einzelbausteinen könnten dann erneut kurze Polymere aufgebaut werden. Nur die stabilsten Peptide und Oligonukleotide „überleben" und haben somit die Chance, weiter an der Evolution teilhaftig zu werden. Stabilität ist damit auf dieser Stufe der Entstehung von Lebewesen ein zentraler Selektionsvorteil. Wie dieser erreicht werden kann, erläutert die Theorie des molekularen Erkennens („molecular recognition theory"), die in Kasten 2 kurz zusammengefasst wird.

Kasten 2

Protein-Protein und RNA-Assoziationen

Die „Molecular recognition theory" von Blalock (Blalock 1995, Root-Bernstein 1993, Root-Bernstein, Holsworth 1998, Baranyi et al. 1995) ist ein Versuch, das Zustandekommen des genetischen Codes zu erklären. Es geht dabei um die Frage, welche Beziehungen zwischen den Code-Wörtern (den Code-Tripletts) und den Aminosäuren, die sie kodieren, bestehen. Dieses Modell basiert zum einen auf Experimenten über die Assoziation von Polypeptiden aus einzelnen Aminosäuren (also z. B. Polylysin oder Polytyrosin) mit Oligonucleotiden immer wiederkehrender Sequenzen, sowie der Fähigkeit von Peptidketten, mit Ketten anderer Peptide Assoziationen einzugehen.

Die Grundlage bietet ein Charakteristikum des genetischen Codes, der zweite „Buchstabe" (Base) in einem Triplett Codewort bestimmt, ob die codierte Aminosäure hydrophil oder hydrophob ist („binärer Code"), wobei A an der zweiten Stelle hydrophile Aminosäuren und U hydrophobe Aminosäuren codiert. Die ersten beiden Basen legen die jeweilige Aminosäure fest.

Wird also ein und dasselbe Codewort einmal vorwärts und einmal rückwärts gelesen, so bleibt der Grundcharakter (hydrophob oder hydrophil) erhalten, wenngleich zwei verschiedene Aminosäuren codiert werden. In beiden Leserichtungen einer RNA entstehen also zwei unterschiedliche Peptide, jedoch mit demselben Muster an polaren und unpolaren Aminosäuren und damit ähnlicher Faltungsstruktur. Komplementäre Faltungsstrukturen, d. h. mit komplementärer Anordnung von polaren und apolaren Aminosäuren, werden durch die jeweiligen Anticodons (RNA 2) kodiert. Solche korrespondierenden Muster liegen manchen Rezeptor-Liganden-Wechselwirkungen zugrunde und sind für die Struktur eines Proteins von größerer Bedeutung als die exakte Abfolge der einzelnen Aminosäuren, solche Muster wurden als "antisense homology box" beschrieben (Blalock 1990). Nukleinsäuren, in der Frühzeit der Entstehung von Lebewesen war dies die RNA, vermögen einander über die Assoziation der Basen (Codon/Anticodon) zu stabilisieren, die durch sie kodierten Peptide (gelbes und blaues Symbol in der Tabelle) sind ebenfalls in der Lage, miteinander Komplexe zu bilden und in einigen Fällen auch Komplexe mit den Nukleinsäuren. Wenn all diese Wechselwirkungen auftreten, entstehen molekulare Komplexe, die weitaus stabiler gegen hydrolytischen Zerfall sind als die Einzelelemente in Lösung, die Kooperativität stellt also ein striktes Selektionskriterium dar. Man kann daher davon ausgehen, dass diese oder ähnliche Prinzipien maßgebend für die Entstehung des genetischen Codes waren.

	„Molecular recognition"-Theorie				
Peptid 1					
Moderner Code	Phenylalanin	Tyrosin	Valin	Isoleucin	Asparagin
Binärer Code	+	-	+	+	-
	Leserichtung ⟶				
RNA 1	UUU	UAC	GUC	AUG	GAC
	⟵ Leserichtung				
Binärer Code (umgekehrte Leserichtung)	+	-	+	+	-
	Phenylalanin	Histidin	Prolin	Valin	Glutamin
RNA 2 (Anticodon)	AAA	AUG	CAG	UAC	CUG
Binärer Code (Anticodon)	-	+	-	-	+
Moderner Code	Lysin	Isoleucin	Glutamin	Tyrosin	Leucin
Peptid 2 (nach Anticodon)					

nach Blalock 1995

Was bedeuten die Beispiele zu Signalverarbeitung und molekularer Kooperation für den Informationsbegriff?

Beides sind Beispiele für Kooperation zwischen verschiedenen Partnern, als deren Ergebnis etwas Neues entsteht. Das Beispiel der molekularen Interaktion beinhaltet eine Hypothese zur Entstehung des genetischen Codes, das Beispiel der aggregierenden Schleimpilzamöben beleuchtet einen möglichen Vorgang zur Bildung mehrzelliger Organismen aus Einzellern. Beides sind Prozesse, die die Evolution von Organismen grundlegend geprägt haben.

Kooperation als Evolutionsfaktor

Die Evolutionstheorie ist Ausgangstheorie allen Verständnisses von Lebewesen (Lebewesen sind nur aus deren evolutiven Ursprung heraus zu begreifen). Das „Wie" der Evolution, also ihre Ursachen und Erklärungen, wirkt unmittelbar auf unser Menschenbild. Das wird etwa daran deutlich, dass erst durch die Evolutionstheorie klar wurde, dass auch der Mensch Teil dessen ist, was wir als Natur bezeichnen und eine Auffassung von Mensch hier und Natur dort zwar unser reales Handeln angemessen beschreiben mag, nicht jedoch unserer evolutiven Vernetzung gemäß ist.

Nach klassischer, darwinistischer Auffassung bestimmen kleine genetische Differenzen, Nachkommenüberschuss, Konkurrenz, Ressourcenmangel und die daraus resultierende Selektion der „best-angepassten" Organismen den Lauf der Evolution. Dies ist eine in mehrerer Hinsicht sehr verkürzte Beschreibung der Ursachen evolutiver Prozesse. Wie unzureichend diese Beschreibung ist, betont z. B. Gerhard Vollmer, der in der Evolutionstheorie keine voll ausgearbeitete Theorie sieht, sondern eher ein Forschungsprogramm (Vollmer 2003). Dies wird deutlich bei der Beantwortung der Frage, worin sich eigentlich Selektionsvorteile ausdrücken (der Fortpflanzungserfolg ist keine Erklärung eines Selektionsvorteils, sondern dessen Ergebnis).

Ein Selektionsvorteil misst sich an der Fähigkeit zur Kooperation

Kooperation ist die treibende Kraft für die Entstehung von Neuem und kommt deutlich vor der Konkurrenz. Nur die Fähigkeit zur Kooperation ermöglicht die Entwicklung immer komplexerer Systeme, sie ist die Grundlage für Vielzelligkeit, für die so genannte Höherentwicklung von Organismen wie auch der Bildung sozialer Verbände.

Auf diesem Hintergrund ist auch das Beispiel der Kooperation zwischen Molekülen zu lesen: erst über die Fähigkeit zum Zusammenwirken entstehen Gebilde, die miteinander in Konkurrenz treten können. In der Fähigkeit zum Zusammenwirken liegt die Grundlage zur Ausbildung von Individuen – eben unteilbaren Einheiten, die, wenn sie aufgeteilt werden, zentrale Eigenschaften verlieren. Durch die reziproke Bindung von Aminosäuren (Oligopeptide) an RNA-Motive und dieser an deren komplementäre Motive und gleichzeitig an Aminosäuren, die an die Aminosäuren mit Affinität zum ersten Strang binden können, sind komplexe Einheiten entstanden und die Grundlagen für die Entstehung genetischer Kodierung, oder eben „Information" gegeben (s. Kasten 2).

Nun spielt sich nicht alles rein auf molekularer oder Einzelzellebene ab. Mit der Bildung mehrzelliger Organismen verliert die einzelne Zelle ihre Autonomie, sie wird versklavt für den Preis des Schutzes, der Ernährung und Vermehrung im Rahmen des Gesamtorganismus. Dabei bringen die zu einem vielzelligen Gebilde vereinigten Zellen ihre jeweiligen Fähigkeiten zur Signalaufnahme und Verarbeitung mit. Die Signale werden internalisiert, es tritt ein Funktionswandel ein. Was in einem evolutiv früheren Stadium zur Wahrnehmung der Umwelt diente, ist jetzt in den Dienst der Kommunikation zwischen den verschiedenen Organen gestellt. Auch hier gilt, Signale werden produziert, gelangen an einen Zielort, der durch das Vorhandensein entsprechender Transduktions- und Antwortmaschinerien gekennzeichnet ist – dort wird das Signal zur „Information", was aber nur daran erkannt werden kann, dass eine bestimmte Antwort erfolgt. Im Falle der Schleimpilzamöben kann man unmittelbar beobachten, wie ein Signal zur Information wird, auf der Basis eines sehr komplizierten Weges und eines strukturierten Plasmas, ja die Strukturänderung selbst ist die Reaktion, die Antwort auf die Information, die aus dem Signal cAMP und seinem Konzentrationsgefälle gezogen wird. In der Folge geben die Einzelzellen ihre Autonomie auf, wenn sie zu Stielzellen werden, sterben sie ab, wenn sie Sporen bilden, dienen sie der Fortpflanzung des Schleimpilzes und nur dessen genetisches Material wird weitergegeben.[5]

In allen komplexen Systemen kann es auch Teile geben, die sich nicht dem Gesamtsystem unterordnen, d. h. sie reagieren auf Signale aus dem übergeordneten System nicht so wie systemimmanent „erwartet", und stören es dadurch. Im Falle vielzelliger Organismen sind Tumore und Autoimmunkrankheiten sehr gute Beispiele für das Entziehen von Einzelteilen aus dem Kontrollmechanismus des Ganzen, für einen Verlust der Kooperativität, wodurch die Existenz des Gesamtsystems gefährdet wird. In menschlichen Gesellschaften übernehmen Revolutionäre und „Verbrecher" diesen Part.

---

[5] Im Sinne der Vorstellung des „egoistischen Gens" ist ein solcher Vorgang nur dann sinnvoll, wenn die Zellen untereinander eng verwandt sind, sie also von einer Ausgangszelle abstammen, einen Klon darstellen. Dies mag auch häufig der Fall sein, dennoch hat jede der einzelnen Amöben zahlreiche Teilungszyklen durchlaufen und hierbei immer wieder ihre DNA reproduziert. Dabei sind zwangsläufig Fehler aufgetreten, Mutationen, die genetische Unterschiede zwischen den aggregierenden Zellen bedingen. Solange die Funktionsfähigkeit zur Aggregation und Differenzierung in den Zelltyp gegeben ist, der jeweils ortsspezifisch in dem mehrzelligen Gebilde erforderlich ist, spielen diese genetischen Differenzen keine Rolle, sie sind also nicht Grundlage für irgendeine Konkurrenz und bleiben selektionsunwirksam.

Signal-induzierte Reaktion versus Information

Viele Signalverarbeitungsprozesse bei einzelligen wie mehrzelligen Organismen sind an bestimmte physiologische Voraussetzungen gebunden. In der Entwicklungsbiologie sprechen wir von raum-zeitlichen Mustern. Auch das ist sehr schön am Beispiel der Aggregation von Schleimpilzamöben zu sehen. Das cAMP stellt nur dann ein Signal mit „Information" dar, wenn ein Rezeptor dafür vorhanden ist. Dieser Rezeptor wird erst unter Nahrungsmangel gebildet. Nur für solche Zellen hat cAMP Bedeutung, die zur Bindung über einen Rezeptor befähigt sind, und an den eine lückenlose Signaltransduktionskaskade angeschlossen ist. In diesem Fall hat die Amöbe keine andere Wahl, als dem Konzentrationsgradienten an cAMP zu folgen, ihr Verhalten ist strikt determiniert. Das weitere Schicksal der Einzelzelle hingegen ist ein zufälliger Prozess und wird erst durch die Lage innerhalb des Zellaggregates determiniert.

Andererseits kann selbst bei Vorhandensein von Rezeptoren und aller für die Signalverarbeitung erforderlichen Strukturen die Reaktion im Einzelfall stochastisch verlaufen, d. h. sie ist nicht determiniert im Sinne eindeutiger Vorhersagbarkeit des Einzelschicksals. Dies ist dann der Fall, wenn mehrere Signalverarbeitungsketten miteinander vernetzt sind, sie sich also wechselseitig beeinflussen. So kann etwa der programmierte Zelltod, die Apoptose, auf wenigstens drei verschiedenen Wegen ausgelöst werden, dies schließt aber auch die Möglichkeit ein, den Zelltod trotz eines auslösenden Signals zu umgehen, wenn ein konkurrierendes Signal vorliegt (s. Kasten 3). Unbeschadet dieser nur statistisch gegebenen Determiniertheit ist auch dies kein Beispiel, wonach die Signalverarbeitung einen autonomen Prozess darstellte, der seiner Zwangsläufigkeit entzogen wäre. All diese Beispiele sind daher mit dem Begriff „signal-induzierte Reaktion" angemessen charakterisiert.

Bei Tieren wird im Rahmen evolutionärer Entwicklung die Wechselwirkung mit der Umwelt von der Einzelzelle zunehmend (z. B. von Quallen oder Schwämmen zu Säugern oder Insekten) auf dafür spezialisierte Sinnesorgane verlagert. Dies schafft ein hochspezialisiertes System von qualitativ differenzierten Signalaufnahmen, mit dem sich ein noch komplexeres System der Signalverarbeitung entwickelt, das Gehirn. Damit ist die Voraussetzung für völlig neue Phänomene entstanden, für Bewusstsein und Denken. Sie sind unmittelbare Folge entsprechend komplexer Gehirnstrukturen und Prozesse, also Emergenzen[6].

---

[6] Der Emergenzcharakter von Denken, Fühlen, Bewusstsein wird heute kaum noch bezweifelt. Daher kann auf eine Diskussion der dualistischen und monistischen Positionen zum Geist und Körper (-Gehirn)-Verhältnis hier verzichtet werden. Diese Themen wurden in der Vergangenheit von vielen Wissenschaftlern intensiv und kontrovers abgehandelt.

Kasten 3

Interagierende Signalwege: Beispiel zellulärer Suizid (Apoptose)

Aktivierung eines Todesrezeptors oder Schädigungen des Erbmaterials (DNA) können einen programmierten Zelltod, die Apoptose, auslösen. Von der Aktivierung der Rezeptoren oder dem Auftreten der DNA-Schäden bis zum Zelltod sind zahlreiche Einzelschritte zu durchlaufen, von denen in der Abbildung nur wenige dargestellt sind und mit den üblichen Abkürzungen gekennzeichnet wurden, deren Verständnis jedoch hier nicht erforderlich ist. Die Auslösung des programmierten Zelltodes kann über die Aktivierung von Todesrezeptoren an der Zellmembran, über Schädigung der DNA und über Schädigung der Mitochondrien ausgelöst werden. Andere Rezeptoren in der Zellmembran (z. B. Wachstumsfaktor-Rezeptoren) wirken als Gegenspieler und fördern das Überleben der Zellen.

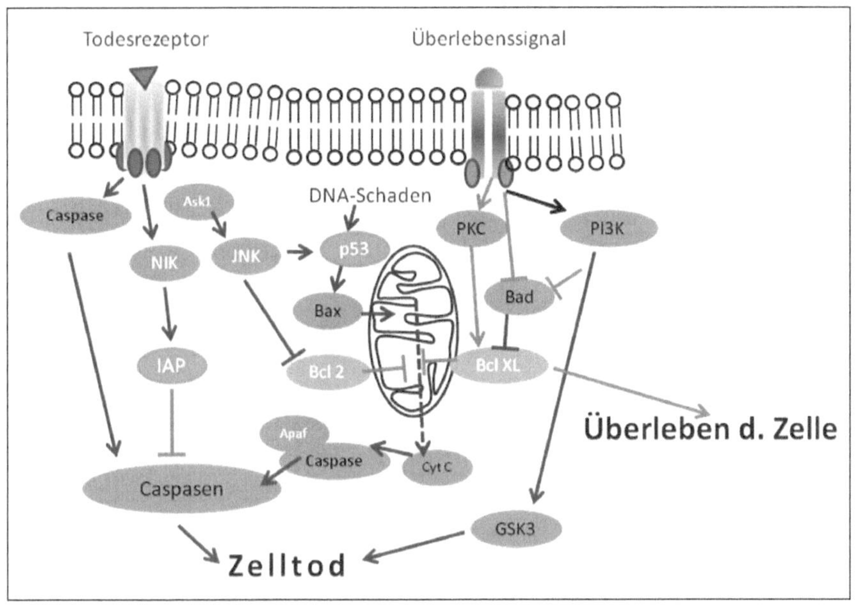

Vereinfachtes Schema der Wechselwirkung von Signaltransduktionsvorgängen bei der Auslösung des Zelltodes. In der Plasmamembran von Zellen können sowohl Todesrezeptoren (graue Markierung des Rezeptors und der Folgereaktionen) sitzen als auch solche, deren Aktivierung das Überleben einer Zelle fördern (weiße Markierungen). Der Todesrezeptor ist im Bild durch Bindung eines Liganden (schwarz) aktiviert. Bindung z. B. eines Wachstumsfaktor an einen anderen Rezeptor kann als Überlebenssignal dienen. Als dritter Spieler ist in der Zellmitte ein Mitochondrium dargestellt. Die Aktivierungsverläufe, die den Zelltod fördern, wurden grau dargestellt, wobei Pfeile für Aktivierung stehen, hemmende Reaktionen sind durch einen Querstrich gekennzeichnet. Es wirken also hemmende und fördernde Vorgänge zusammen. Die Vorgänge, die zu einer Verschiebung der Reaktionen in Richtung Überleben der Zellen führen, wurden durch unterbrochene Pfeile markiert. Der Verlust des Cytochrom c (Cyt c) aus den Mitochondrien (punktierte Linie) ist eine wichtige Voraussetzung für das Eintreten der Apoptose. Wird er gehemmt (z. B. über Bcl-Proteine) überleben die Zellen. Die Bcl-Proteine unterliegen aber ihrerseits wieder regulatorischen Einflüssen. Die Buchstaben sind Abkürzungen für die beteiligten Proteine, die weiße Schrift kennzeichnet Proteine, die an der Genregulation beteiligt sind. Manche Proteine, wie z. B. die PI3K wirkt sowohl fördernd auf des Überleben durch Hemmung von Bad als auch Zelltod-aktivierend über die Aktivierung von GSK3. Das Schema soll die Vernetzung verschiedener Reaktionswege von einem Rezeptor aus sowie die Wechselwirkungen zwischen Signalen verschiedener Rezeptoren veranschaulichen.

Exkurs: Emergenzen

Ausgehend von der Vorstellung, das Ganze sei mehr als die Summe der Teile, werden Begriffe wie Leben und Bewusstsein häufig als Emergenzen aufgefasst. Damit stellt sich die Frage nach der Bedeutung dieses Beschreibungsmodus und inwieweit Emergenzen sich auf Organismen beschränken. Eine Klärung dieser Frage erfordert zunächst eine Definition des Begriffs Emergenz. *Emergenzen sind Eigenschaften, die von den ihnen zugrunde liegenden Strukturen und Prozessen kategorial verschieden sind.* Sie entziehen sich damit grundsätzlich reduktionistischen Erklärungsmustern. Sie stellen so etwas wie die Inkarnation des Satzes dar, dass das Ganze mehr sei als die Summe seiner Teile, d. h. diese Definition ist bereits die Vorwegnahme der Richtigkeit dieses Satzes. Solch allgemeine Aussagen können nicht auf eine Gruppe von Erscheinungen, wie z.B. Lebewesen, beschränkt sein. Emergenzen treten auf allen Organisationsebenen auf: Zwei aufeinanderschlagende Steine, die einen Ton oder ein Geräusch erzeugen, stellen bereits ein emergentes System dar, wobei der erzeugte Ton (Schallwellen) etwas kategorial anderes ist als die Steine (Masse). Letztlich hat jede zusammengesetzte Struktur emergente Eigenschaften. In biologischen Systemen sind die Emergenzen weniger leicht durchschaubar und häufig auch nicht so klar mathematisch beschreibbar wie in Physik oder Chemie, aber bereits H_2O ist etwas anderes als H_2 und ½ O_2. Erst durch den molekularen Zusammenschluss ergeben sich Eigenschaften, die einer Mischung der beiden Elemente nicht zukommt. Niemand würde hier auf die Idee einer vitalistischen Erklärung kommen, da die Interaktion der Elektronenfelder inzwischen (vollständig) verstanden ist und die Eigenschaften von Wasser als Wechselwirkung von Elektronenfeldern abgeleitet werden können. Vergleichbar präzise Darstellungen von einfachen Lebensprozessen (z.B. Etablierung eines genetischen Codes) fehlen, zeichnen sich jedoch derzeit ab. Von einem auch nur annähernden Verständnis von Bewusstsein und Denken als emergente Eigenschaften der Struktur und der vielfältigen dynamischen Prozesse des Gehirns sind wir noch weit entfernt.

Es geht bei dieser Betrachtung nicht darum, ein derzeit durch reduktionistische Forschung noch nicht hinreichend klar beschriebenes Phänomen in die prinzipielle Unerklärbarkeit zu entrücken, sondern deutlich zu machen, dass die Fähigkeiten, die Eigenschaften, von verschiedenen komplexen Systemen nur dann angemessen beschrieben werden können, wenn den kategorialen Differenzen zwischen den emergenten Eigenschaften und den zugrundeliegenden Strukturen und Prozessen auch bei der wissenschaftlichen Bearbeitung Rechnung getragen wird, die Erklärungen also systemtheoretisch erfolgen.

In den vorhergehenden Abschnitten wurde aufgezeigt, dass in einfachen biologischen Systemen der Begriff Information einer Signal-induzierten Reaktion gleichzusetzen ist, worin nur unser analysierender Verstand den Informationscharakter zu entdecken vermag. Erst mit dem Erwerb der Denkfähigkeit ist der Begriff der Information im strengen Sinne anwendbar. In dieser Vermischung von „quasi Information" und echtem, d. h. auf kognitiver Ebene erfolgendem Informationsfluss, liegt einer der Gründe für die Annahme der Determiniertheit aller geistigen Äußerungen, wie sie von vielen Neurobiologen vertreten wird. Die Bedingtheit kognitiver Prozesse durch neuronale Vorgänge ist hierbei nicht relevant. Ein Gedanke resultiert zwar aus neuronalen Vorgängen im Sinne einer Emergenz, ist aber als kategorial unterschieden mit diesen nicht identisch[7].

Auch mit der Entwicklung komplexer Sinnesorgane und Gehirne bleiben die bedingten Reaktionen erhalten und bestimmen über weite Bereiche Wahr-

---

[7] An dieser Begrifflichkeit scheiden sich die Geister. Der Begriff der Emergenz wird in der Literatur im Sinne einer Identität zwischen Gehirn und Geist gebraucht und der Vorstellung geistiger Prozesse als Epiphänomenen neuronaler Vorgänge gegenüber gestellt. Folgt man jedoch der hier vertretenen Definition von Emergenz als systemisch bedingter, kategorial neuer Eigenschaft, fällt die logische Differenz zum Epiphänomen. Ein vergleichbares Phänomen liegt beim Begriff „Leben" vor, es resultiert aus einer komplexen, dynamischen Struktur, ist aber nicht mit dieser identisch. Lebendigkeit ist nichts von einer Zelle unabhängiges, sie existiert nur im Rahmen eines voll funktionstüchtigen Organismus, ist diesem nicht als Epiphänomen übergestülpt und trotzdem nicht denselben Beschreibungsmodalitäten zugänglich wie die Struktur eines Organismus.

nehmung und Gehirnaktivitäten. Sie sind dafür verantwortlich, dass wir nur einen kleinen Ausschnitt von Wirklichkeit erkennen können und diesen oft noch falsch, wie an den zahlreichen Beispielen optischer und akustischer Täuschungsmöglichkeit demonstriert werden kann. Zur Information werden Signale aus der Umwelt, also Sinneseindrücke wie auch von Kommunikationsmedien menschlichen Ursprungs erst durch ihre Interpretation, also durch einen Denkvorgang. Der Unterschied zur Signalverarbeitung in Zellen und Geweben liegt nicht in der Möglichkeit zu unterschiedlichen Interpretationen, dies ist auf Einzelzellebene auch bereits zu finden, sondern er liegt darin, dass es sich um einen mentalen Prozess handelt, einen Prozess des Bewusstseins. „Ich" beziehe das Signal auf mich. Solche Selbstreflektivität ist bei einer einfachen Rezeptor-Liganden Wechselwirkung nicht gegeben. Die Konsequenz zeigt sich in der Verarbeitung der Information. Nehmen wir eine rote Verkehrsampel als Beispiel. Ich sehe, die Ampel ist rot, d. h. mein Sensorium ist vorhanden, ich kann diese Information auch in ihrer Bedeutung deuten, aber ich muss nicht notwendig dem Signal folgen, sondern kann trotz der roten Ampel mit meinem Auto weiterfahren. Diese Chance des Verweigerns der Reaktion hat eine Schleimpilzamöbe nicht, wenn Sie einem cAMP Gradienten ausgesetzt ist.

Die Möglichkeit, eine Information nicht als Maßgabe meines Handelns zu akzeptieren, also eine Willensentscheidung zu treffen[8], bleibt unbeeinflusst von der Unvollkommenheit unseres sensorischen Apparates. Auch ein Denkakt auf Grund falscher, irrtümlicher Sinneseindrücke bleibt ein Denkakt. Die Einsicht in die Begrenztheit unseres Wahrnehmungsvermögens ist so neu nicht. Sie durchzieht die Philosophie gleich ob bei Augustinus, Spinoza oder Nikolai Hartmann. Letzterer hat dafür den sehr treffenden Ausdruck des transobjektiven Seins geprägt, also von Sein das noch nicht zum Gegenstand gemacht ist, vielleicht auch nicht dazu gemacht werden kann, den unser Erkennen sich noch nicht erarbeitet hat. Aber was bedeutet das für das Menschenbild? Das werden wir nur erfahren, wenn wir versuchen, den Ursprüngen und damit den Grenzen unseres Erkenntnisvermögens auf den Grund zu kommen. Dies ist das Feld der evolutionären Erkenntnistheorie (Vollmer 1980).

Auch das Phänomen Leben ist eine emergente Eigenschaft, die ab einem gewissen Komplexitätsgrad von Systemen auftreten kann. Das Erreichen der erforderlichen Komplexität setzt eine Mindestgröße voraus, d. h. für das Phänomen Lebendigkeit genügt nicht die Skala etwa einzelner Atome oder der Quantenphysik. Damit wird nicht bestritten, dass Quantenvorgänge bei Lebensprozessen eine wesentliche Rolle spielen. Nur das Gesamtsystem, gehört einer anderen Größenordnung an. Nach oben hin ist die Größe von Lebewesen auch begrenzt, da Leben ein kohärenter Vorgang ist, der Inter-

[8] Auch hier liegt ein Dilemma vor, eine Handlung ist in aller Regel motiviert, dies schränkt die Freiheit in der Entscheidung dafür oder dagegen ein. – Siehe hierzu Bieri 2007.

aktion der Bestandteile innerhalb eines Systems voraussetzt.[9] Damit entfällt auch die planetare oder stellare Skala für Lebewesen.

Das „Zurechtfinden" von Lebewesen muss also im Rahmen einer mesoskalischen Welt beurteilt werden. Es kommen aus der ein Lebewesen (z. B. eine Amöbe) umgebenden Welt Signale, wenn sie wahrgenommen werden, lösen sie bestimmte Reaktionen aus, oder können im Falle von Bewusstsein und Denkfähigkeit hinsichtlich ihrer Bedeutung analysiert und interpretiert werden. Dass es dabei auch Irrtümer wie z. B. Sinnestäuschungen[10] gibt, liegt an den Notwendigkeiten der Wahrnehmung und hat auf das Menschenbild insofern Einfluss als wir uns klar sein müssen, dass Wahrheit im Sinne der Erkenntnis der materiellen Welt ein sehr relativer Begriff ist. Relativ in Bezug auf die Erfordernisse im Rahmen evolutionärer Vorgänge.[11]

Überwindung systemischer Subordination durch Informationsfluss

Die Vermischung der Informationsmetapher für Signaltransduktionsprozesse mit selbstreflexiver Informationsverarbeitung hat, wie wir gesehen haben, weitgehende Folgen für die Beurteilung der Frage nach freien Willensentscheidungen.[12] Sie hat aber auch weitgehende Folgen für das Ver-

---

9 Diese Interaktion findet zwar in verschiedenen Größenbereichen statt, auf molekularer Ebene durch intermolekulare Kräfte, im mesoskaligen Bereich durch Kraftwechselwirkungen (s. das Beispiel der Seeigelentwicklung), über elektromagnetische Signale und über kleine Moleküle, deren Diffusion oder Transport über Transportsysteme (z. B. Blutkreislauf, Nervensystem).

10 „Sinnestäuschungen" gibt es auch schon auf der Ebene einer einzelnen Zelle, wenn etwa das natürliche Signal durch ein künstliches mit anderer Wirkung ersetzt wird oder ein Rezeptor blockiert wird und damit nicht mehr für seinen natürlichen Liganden zur Verfügung steht. Solche Verfahren liegen vielen pharmakologischen Interventionen zugrunde.

11 Sinnestäuschungen werden im Rahmen der Evolution nur dann durch Selektion eliminiert werden, wenn sie akut die Überlebensfähigkeit eines Organismus gefährden, ansonsten lastet kein Selektionsdruck auf ihnen.

12 Die Frage nach der Existenz eines freien Willen ist ein typisches Produkt einer Gesellschaft, die konsequenten Reduktionismus bereits in ihr kollektives Bewusstsein aufgenommen hat. Die Ablehnung geht aus von der Annahme voller Determiniertheit jeder geistigen Handlung, da alle neuronalen Prozesse deterministischen Naturgesetzen unterliegen. Bereits dieser Ansatz ist in Frage zu stellen, da das Verhalten einzelner Ionenkanäle quantenmechanisch verstanden werden muss und damit der neuronale Einzelvorgang nicht mehr strikt deterministisch abläuft. Zweifellos hat die Tätigkeit eines Zentralnervensystems auch unabhängig ob es die Möglichkeit zu interpretatorischem Denken und Bewusstsein fähig ist, für das Überleben eines Tieres große Bedeutung. Bei entsprechender Struktur und Dynamik erweist es sich jedoch als emergentes System mit diesen Fähigkeiten, die nach der vorgenannten Definition auch neue Beschreibungsmodalitäten verlangen, die sich nicht aus den Einzelaktivitäten der Neuronen ableiten lassen (sonst handelte es sich nicht um Emergenzen). Die Beurteilung von Determiniertheit oder Nicht-Determiniertheit von Denken und „Willensentscheidungen" erfordert daher andere Kriterien als die der Elektrophysiologie und anderer Messmöglichkeiten.

ständnis menschlichen Sozialverhaltens: Die Subordination des jeweiligen Individuums unter das übergeordnete System[13] führt auf der Ebene von Gesellschaften (Staaten) zu politischen Konsequenzen d. h. das Menschenbild geht unmittelbar in das Verhältnis von Individuum und Staat ein, wie die unterschiedliche Handhabung von Menschenrechten in verschiedenen Staatssystemen zeigt. Soweit wir wissen, ist die Subordination bei Insekten (z. B. Termiten, Bienen und Ameisen) hochgradig ausgeprägt, insofern z. B. Bienen während ihres Lebens unterschiedliche Aufgaben übernehmen (Brutpflege, Verteidigung, Futteraufbereitung, Sammeln), die alle hormonell und durch Genexpression gesteuert und damit determiniert sind. Gerade das kann aber in menschlichen Gesellschaften überwunden werden, hier stimmt die Gleichsetzung von Gesellschaften und Staaten von Insekten mit menschlichen durch Verwendung desselben Begriffes nur noch partiell.

Aus der Übertragung eines zu weit gefassten und damit unzutreffenden Informationsbegriffes („Informationsmetapher") auf Tiergesellschaften und Reaktionen von Organismen aus egozentrisch-anthropozentrischer Sicht wurde die Determiniertheit menschlichen Verhaltens aus genetischen und anderen Ursachen abgeleitet. Eine solche Ableitung stützt hervorragend die Bedeutung des „egoistischen Gens". Gleich ob die Beschreibung von Evolutionsvorgängen durch „Bestrebungen" egoistischer Gene zutrifft oder nicht, auch sie kann optimalen Evolutionserfolg nur durch die Weiterentwicklung der Fähigkeiten zur Kooperation (als Testparameter für die Selektion) erreichen. Die Grundlage für Evolution ist nicht die Selektion, sie kann nur Vorhandenes bewerten. Es sind die schöpferischen Kräfte möglicher Kooperationen, die was „technisch", d. h. im Rahmen einer einmal eingeschlagenen materialen Basis für Weiterentwicklung möglich ist, irgendwann im Laufe der Evolution verwirklichen und so als Gegenstand der Selektion schaffen. Nach diesem Prinzip bildeten sich Gehirne heraus mit der emergenten Fähigkeit zur Selbstreflektivität. Diese Herausbildung ist die Verwirklichung einer von vielen Möglichkeiten bei der Evolution von Lebewesen. Erst durch die Entwicklung eines Gehirnes mit den emergenten Eigenschaften von Bewusstsein und Denkfähigkeit ist die Voraussetzung zur individuellen Interpretation von Informationen gegeben.

---

[13] Organelle, die von Bakterienzellen abstammen, sind in eukaryonten Zellen zusammengefügt und verloren ihre Eigenständigkeit; Einzelzellen in mehrzelligen Organismus verlieren ihre Eigenständigkeit im Rahmen der Evolution und unterwerfen sich einer ausgeprägten Arbeitsteilung (s. auch Kasten 1); Einzelorganismen sind Teile von Ökosystemen und existieren nur in deren Verband. In manchen Fällen entstanden Sozialsysteme (Staaten), die eine mehr oder weniger ausgeprägte Unterordnung der Einzeltiere erfordern, etwa Übernahme bestimmter Aufgaben bei sozialen Insekten, aber auch bei menschlichen Gesellschaften. Es können sich strikte Hierarchien herausbilden mit unterschiedlichen Freiheitsgraden der Individuen und auch unterschiedlichen Möglichkeiten, sich dem Sozialverband zu entziehen.

Die bisher erreichte höchste Stufe dieses Prozesses ist der Informations-*fluss* in menschlichen (ggfs. auch anderen) Gesellschaften. Informationsfluss aber kommt nur durch Kommunikation zustande. Kommunikation ist konstitutiv für alle Gesellschaften, wenngleich die Qualität der Kommunikation, also die Weitergabe von Informationen sehr unterschiedlich sein kann. Gerade hier zeigt sich die Notwendigkeit der Differenzierung zwischen signalinduzierter Reaktion und Information als Teil eines Denkprozesses solange der Begriff Gesellschaften in gleicher Weise für Ameisen wie für Menschen verstanden wird.

Wie konstitutiv Kommunikationsfähigkeit und damit der Informationsfluss zwischen den Mitgliedern einer Gesellschaft (und hier geht es zunächst nur um menschliche Gesellschaften) für die Zugehörigkeit zu eben dieser Gesellschaft ist, zeigt die aktuelle Diskussion um Sterbehilfe im Falle von Walter Jens. Der Verlust der Kommunikationsfähigkeit als mögliche Begründung für Sterbehilfe wird im Falle eines prominenten Mitgliedes der Gesellschaft intensiv diskutiert, trifft aber z. B. ebenso auf viele Menschen mit geistiger Behinderung zu, die genau deshalb nie die Chance haben, prominent zu werden. Auch Prominenz ist letztlich eine Frage der Kommunikation, der Informationsübertragung: „Ich sage etwas, was für andere Bedeutung hat." Wie aber ist es um unser Menschsein bestellt, wenn wir dazu nicht in der Lage sind?

Literaturverzeichnis

Albrecht-Buehler G (1997) Daughter 3T3 cells. Are they mirror images of each other? J Cell Biol 72:595–603

Baranyi L, Campbell W, Ohshima K, Fujimoto S, Boros M, Okada H (1995) The antisense homology box: A new motiv within proteins that encodes biologically active peptides. Nature Medicine 1(9):8904–901

Beloussov LV (1998) The dynamic architecture of a developing organism. An interdisciplinary approach to the development of organisms. Kluwer Academic Publishers, Dordrecht.

Bereiter-Hahn J (1994) Mechanical basis of cell shape and differentiation. Verh Dtsch Zool Ges 87(2):129–145

Bereiter-Hahn J, Airas J, Blum S (1997) Supramolecular associations with the cytomatrix and their relevance in metabolic control: Protein synthesis and glycolysis. Zoology 100:1–24

Bereiter-Hahn J, Zylberberg L (1993) Regeneration of teleost fish scale. Comp Biochem Physiol 105A(4):625–641

Bieri P (2007) Das Handwerk der Freiheit. Über die Entdekcung des eigenen Willens. Fischer Taschenbuch 15647, Frankfurt a. M.

Blalock E J (1990) Complementarity of peptides specified by „sense“ and „antisense“ strands of DNA. Trends in Biotechnology 8:140–144

Blalock E J (1995) Interactions of protein shape and interaction rules. Nature Medicine 1(9):876–878

Gurdon J B (1968) The developmental capacity of nuclei taken from intestinal epithelial cells of feeding tadpoles. J Embryol Exp Morhpol 10:622–640

Janich P (2009) Kein neues Menschenbild. Zur Sprache der Hirnforschung. edition unseld 21, Suhrkamp Verlag Frankfurt a. M.

Kanitscheider B (1991) Kosmologie, Geschichte und Systematik in philosophischer Perspektive. Reclam Verlag, Stuttgart

Karp G (2005) Cell and molecular biology, Chapter 7 (opener). John Wiley & Sons

King T J, Briggs R (1956) Serial transplantation of embryonic nuclei. Cold Spring Harbour Symp. Qant. Biol. 21:271–289

Mutschler H-D (2002) Naturphilosophie. Grundkurs Philosophie Bd. 12 Kohlhammer-Urban Taschenbücher Bd. 396, Stuttgart

Root-Bernstein R S (1983) Protein replication by amino acid pairing. J Theoretical Biology 100:99–106

Root-Bernstein R S, Holsworth D D (1998) Antisense peptides: a critical minireview. J Theoretical Biology 190:107–1119

Shannon C (1998) Communication in the presence of noise. Proceddings of the IEEE, Vol 86 (2):447–457

Vollmer G (2003) Was können wir wissen? Band 1:111, Hirzel Verlag Stuttgart

Vollmer G (1980) Evolutionäre Erkenntnistheorie, S. Hirzel Verlag Stuttgart

Wagner O, Zinke J, Dancker P, Grill W, Bereiter-Hahn J (1999) Viscoelastic properties of F-actin, microtubules, F-actin/a-actinin, and F-actin/hexokinase determined in microliter volumes with a novel nondestructive method, Biophysical J 76:2784–2796

Ein Abbild des Menschen: Humanoide Roboter

Michael Decker

1 Einleitung

Von Robotern geht zweifelsohne eine gewisse Faszination aus. Kaum ein Raumschiff der Sciencefiction-Literatur und Filmkunst kommt ohne einen – mehr oder weniger menschenähnlichen – Roboter aus. R2-D2 („Der Techniker") und C-3PO („Der Roboter-Mensch-Kontakter") aus George Lucas' „Krieg der Sterne", „Data" aus „Star Trek – The next generation" oder „Marvin" aus Douglas Adams' „Per Anhalter durch die Galaxis" sind Beispiele für Roboter in Hauptrollen. Durch diese Sciencefiction-Bücher und -Filme existieren Vorstellungen von Robotern in der Öffentlichkeit, die die faktische Performanz heutiger „autonomer" Robotersysteme weit übertreffen. Es liegt die Vermutung nahe, dass gegenwärtig ein Robotikexperte überraschter wäre als ein zufälliger Passant, wenn ein autonomer Roboter um eine Hausecke käme.

Anders verhält es sich im Bereich der Industrierobotik. Aus den Fabrikhallen der Automobilindustrie sind Roboter kaum mehr wegzudenken. In der metallverarbeitenden Industrie sowie der Kunststoff-, Gummi-, Holz- und Möbel-Industrie sind sie ebenfalls etabliert.[1] Der Weltmarkt der Industrieroboter wuchs in den vergangenen Jahren kontinuierlich, wenn auch nicht in allen Regionen der Welt in gleicher Weise (World Robotics 2008). Mit Industrierobotik werden Fähigkeiten wie hohe Geschwindigkeit und Präzision, große Kraft und eine quasi unbegrenzte Wiederholbarkeit von Bewegungen verbunden. Anders als bei den autonomen Robotern wird die Performanz von Industrierobotern gemeinhin unterschätzt.

Die Servicerobotik kennzeichnet den Einsatz von Robotern im Dienstleistungsbereich. Sie kann als Versuch interpretiert werden, die Erfolge der Industrie-/Fertigungsrobotik in den Bereich der Dienstleistungen zu übertragen. Die Robotik soll aus ihrem „Käfig", der üblicherweise aus Sicherheitsgründen um einen Fertigungsroboter gebaut wird, befreit und „damit der direkte Kontakt mit dem Menschen realisiert werden"[2]. Dabei wird weniger auf das autonome Durchführen von Handlungen durch den Roboter allein abgezielt als auf die Kooperation mit dem Menschen. Das gemeinsame

---

[1] Laut Verband Deutscher Maschinen- und Anlagenbau e.V. wurden in 2006 bereits die Hälfte aller Industrieroboter in anderen Bereichen als der Automobilindustrie installiert.

[2] So formuliert in den Zielen des SFB 588 „Humanoide Roboter" (www.sfb588.uni-karlsruhe.de).

M. Bölker et al. (Hrsg.), *Information und Menschenbild*, DOI 10.1007/978-3-642-04742-8_3,

Handeln steht im Mittelpunkt der Forschung. Zu der technischen Grundausstattung eines Roboters in diesen Kooperationszusammenhängen zählen im Allgemeinen Mobilität (Räder, Beine, etc.), ein Aktuator (Roboterarm mit Greifer o. ä.), ein Mensch-Maschine-Interface (Bildschirm, Tastatur, natürliche Sprache, etc.) sowie die Fähigkeit, bei der Kooperation lernen zu können. Inwiefern eine menschenähnliche Form in der Servicerobotik als hilfreich für die Kooperation angesehen wird, gilt als ungeklärt. Das Fraunhofer-Institut für Produktionstechnik und Automatisierung (Fhg-IPA) entwickelt seit mehr als zehn Jahren Service-Roboter und hat auch bei der dritten Generation des Care-O-bot® bewusst auf eine menschenähnliche Form verzichtet (Niesing 2008). Der SFB „Humanoide Roboter – Lernende und kooperierende multi-modale Roboter" sieht es explizit als einen Vorteil an, wenn der Roboter eine menschenähnliche Gestalt hat, weil er dann eher vom Menschen akzeptiert würde. Darüber hinaus sei es für den Menschen leichter, einem humanoiden Roboter neue Bewegungen beizubringen bzw. seine Bewegungen zu korrigieren.[3]

Diese Hypothese, dass humanoide Service-Roboter besser mit Menschen kooperieren können, stellt die Konzeption von humanoiden Robotern in einen Zweck-Mittel-Zusammenhang: Die mit der Kooperation verbundenen Zwecke werden mit dem Mittel „humanoider Roboter" besser erreicht. Auch weniger zweckorientierte Beweggründe werden angegeben, nämlich dass der Bau von menschenähnlichen Robotern einen alten Traum der Menschheit darstellt. Rodney Brooks sieht die Roboterrevolution erst am Anfang: „Das jahrhundertealte Projekt der Menschheit, künstliche Wesen zu schaffen, fängt an, Früchte zu tragen" (Brooks 2002:19).

In diesem Beitrag[4] sollen die Robotik und insbesondere die Entwicklung humanoider Roboter als Beispiel dafür dienen, wie implizite Annahmen von Menschenbildern in diese Entwicklung einfließen. Die Rede von „autonomen" oder auch „lernenden" Systemen ist reich an unausgesprochenen Voraussetzungen. Es fällt schwer, die Aktionen humanoider Roboter zu beschreiben, ohne anthropomorphe Rede und Metaphern zu verwenden. Insofern lässt sich über die Spiegelbildlichkeit in der Kooperation von Menschen mit humanioden Robotern einiges über die Menschenbilder der Robotikentwicklerinnen und -entwickler aussagen, die sich einerseits in den Artefakten selbst, andererseits aber auch in den Annahmen über den menschlichen Roboternutzer manifestieren. Im Folgenden wird nun zunächst der technische Stand humanoider Roboter beschrieben (2.), bevor drei Begründungspfade für den Bau humanoider Roboter rekonstruiert

---

3 http://www.innovations-report.de/html/berichte/dfg_ingenieurwissenschaften/bericht-21590.html, aufgerufen am 25.8.2009.

4 Ich möchte mich bei Frau Marlen Jank, M.Sc., für ihre kompetente Zusammenfassung der wissenschaftshistorischen Aspekte bedanken. Herrn Jean-Paul Löhr danke ich für die umfangreiche Literaturrecherche im Rahmen seines Praktikums am ITAS.

werden, in denen diese unausgesprochenen Annahmen expliziert werden (3.). Da die Lernfähigkeit als eine zentrale Anforderung an Serviceroboter gilt und auch hier mit bildreicher Sprache gesprochen wird, folgt ein kurzer Abschnitt zu diesem Thema (4.). Das ist insbesondere von Interesse, weil die Diskussion über humanoide Roboter einen Schwerpunkt auf die äußeren Aspekte legt, während das Lernen auf im Inneren des Roboters ablaufende Lernalgorithmen zielt. Schließlich werden im Ausblick aus den gewonnenen Einsichten einige Fragen aufgeworfen, derer sich eine Technikfolgenbeurteilung annehmen könnte (5.).

2 Humanoide Roboter – Status Quo

Für eine Beschreibung von humanoiden Robotern muss man zunächst einmal umreißen, wie ein Roboter, unabhängig von seiner Gestalt, überhaupt definiert ist. In rein technischen Zusammenhängen werden Definitionen von Robotern ebenfalls rein technisch formuliert. Eine der klassischen Definitionen, die auch weitgehend für den internationalen ISO-Standard 8373 (1994) übernommen wurde, lautet nach der VDI-Richtlinie 2860 (1990):

> Ein Roboter ist ein frei und wieder programmierbarer, multifunktionaler Manipulator mit mindestens drei unabhängigen Achsen, um Materialien, Teile, Werkzeuge oder spezielle Geräte auf programmierten, variablen Bahnen zu bewegen zur Erfüllung der verschiedensten Aufgaben.

Eine solche technisch-industrielle Definition eines Roboters entspricht nicht der aktuellen Diskussion um „Kooperation“, „Autonomie“ oder auch „Intelligenz“ von modernen Robotersystemen. Trevelyan (1999) geht in seiner Definition im Gegensatz zu der VDI-Definition fast nur noch auf diesen Aspekt ein: „Roboter sind intelligente Maschinen zur Erweiterung der menschlichen Fähigkeiten“.

Diese Definition ist allgemein gehalten und stellt den konkreten Bezug zur menschlichen Tätigkeit her. An ihr lässt sich aber auch die Problematik der Setzung von Definitionen aus nur einer wissenschaftlichen Disziplin heraus (hier: der technischen Robotik) aufzeigen. Innerhalb der Robotikforschung ist unbestritten, dass in diesen Definitionen „intelligent“ mit „künstlich-intelligent“ gleichgesetzt ist. Selbiges gilt für den Begriff „autonom“. In interdisziplinären Kontexten ist dieser Sachverhalt nicht mehr eindeutig. Umgangssprachlich und auch in anderen wissenschaftlichen Disziplinen, wie etwa der Biologie, den Rechtswissenschaften oder der philosophischen Ethik, wird mit Intelligenz die natürliche Intelligenz von Lebewesen oder, noch enger gefasst, von Menschen benannt. „Autonomie“ wird gemeinhin ausschließlich im Zusammenhang mit Menschen bzw. Personen verwendet.

Eine Definition von „Roboter“, die in interdisziplinären Kontexten verwendet wird, sollte daher diese „anthropomorphisierende“ Redeweise vermeiden. Die folgende Definition setzt diese Anforderung um und geht darüber hinaus – wie die VDI-Definition – auch auf technische Aspekte ein (Christaller et al 2001:5):

> Roboter sind sensumotorische Maschinen zur Erweiterung der menschlichen Handlungsfähigkeit. Sie bestehen aus mechatronischen Komponenten, Sensoren und rechnerbasierten Kontroll- und Steuerungsfunktionen. Die Komplexität eines Roboters unterscheidet sich deutlich von anderen Maschinen durch die größere Anzahl von Freiheitsgraden und die Vielfalt und den Umfang seiner Verhaltensformen.

Diese Definition stellt ebenfalls den Bezug zur menschlichen Tätigkeit her und beschreibt die grundlegenden Bestandteile eines Roboters. Anthropomorphisierende Rede wird für die Kennzeichnung der Leistungsfähigkeit vermieden. Eine Schwäche dieser Definition stellt die Abgrenzung von Robotern zu anderen, einfacheren Maschinen dar. Ein automatisches Garagentor verfügt über mechatronische Komponenten, eine Kontrolleinheit und über Sensoren, die beispielsweise die Ankunft eines Fahrzeugs oder den Aufenthalt eines Gegenstands im Schließbereich erkennen. Hier würde man vermuten, dass die „Vielzahl und der Umfang der Verhaltensformen" noch nicht ausreicht, um von einem Roboter zu sprechen. Ein modernes Passagierflugzeug dagegen verfügt über eine Vielzahl von Micro-controllern und Aktuatoren

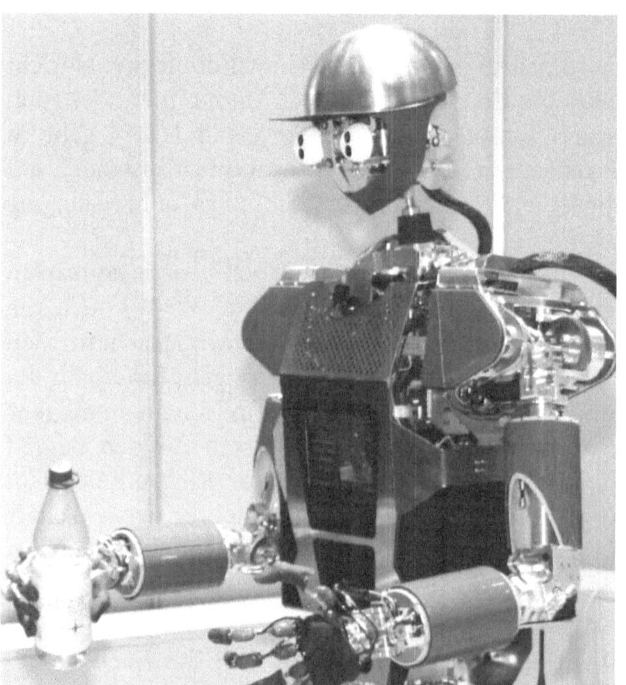

Abb. 1: Links der humanoide Roboter ARMAR III (SFB588), rechts der gynoide Roboter ACTROID
Quelle: Ishiguro http://en.wikipedia.org/wiki/File:Actroid-DER_01.jpg

und darüber hinaus mit dem Autopilot über eine übergeordnete Hierarchie im Steuerungsbereich. Hier könnte man bereits von einem Roboter nach obiger Definition sprechen.

Humanoide Roboter sind nun solche, die in ihrer Gestalt dem menschlichen Körperbau nachempfunden sind. Sie haben also zwei Beine, zwei Arme, einen Rumpf und einen Kopf und auch die Gelenke (Beine, Arme, Schulter) sind in ihrer Beweglichkeit so ausgelegt, dass sie den menschlichen Gelenken ähneln. *Anthropomorphe* Roboter sind im wörtlichen Sinn ebenfalls von „menschlicher Gestalt". Ein Unterschied in der Verwendung dieser Beschreibungen geht aus den Veröffentlichungen der Robotik nicht hervor. *Androide* Roboter oder auch *gynoide* Roboter sind wörtlich übersetzt mann- bzw. frauähnlicher Gestalt. Damit werden in einigen Veröffentlichungen humanoide Roboter bezeichnet, die in ihrem Äußeren einem Mann oder einer Frau „zum Verwechseln" ähnlich sehen: „an artificial system defined with the ultimate goal of being indistinguishable from humans in its external appearance and behavior" (MacDorman und Ishiguro 2006:298). Sie haben typischerweise einen hautähnlichen Überzug, sind bekleidet und verfügen über eine – oft rudimentäre – Mimik. Im Gegensatz dazu sind humanoide/anthropomorphe Roboter „auf den ersten Blick" als Roboter zu erkennen (Abbildung 1).

Zu der Definition von „Roboter" im Allgemeinen käme also noch die besondere, humanoide Gestalt hinzu.[5] Die in der Roboterdefinition (s. o.) geforderte Komplexität ist in humanoiden Robotersystemen gemeinhin vorhanden, als Beleg mögen die Beschreibungen in dem Roboterkatalog der humanoiden Roboter auf der Website des SFB 588 „Humanoide Roboter – Lernende und kooperierende multimodale Roboter" dienen.[6]

Dieser Roboterkatalog kann auch als ein erster Bezugspunkt für die Beschreibung des Status Quo der Forschung zu humanoiden Robotern herangezogen werden. Es zeigt sich zunächst, dass es weltweit Forschungsinstitute für die Entwicklung humanoider Roboter gibt. Diese forschen auch konkurrierend in ähnlichen Forschungsbereichen, wobei bei genauerer Betrachtung der stark modulare Aufbau der Robotikforschung offensichtlich wird. Es werden sowohl nur Laufmaschinen mit zwei Beinen erforscht (z. B. Shadow Biped), als auch nur Roboterköpfe für Mimik und Sprachausgabe (z. B. Kismet). Es gibt Rumpfroboter, die lediglich von der Hüfte aufwärts menschenähnlich sind und entweder auf einer rollenden Tonne oder nicht beweglich auf einem Tisch montiert sind (z. B. ARMAR). Einige Roboter sind auf High-Tech-Entertainer (Flötenspieler, Tänzer) getrimmt bzw. werben für Technologie-Konzerne wie Honda und Toyota. Das zugrunde

5 Die wörtlichen Ursprünge der Worte „android", „humanoid", „anthropomorph" haben in den Endungen jeweils die „Gestalt" als Wortbestandteil involviert. In diesem Beitrag wird der besseren Lesbarkeit halber dennoch häufiger z. B. von „humanoider Gestalt" gesprochen und die Dopplung in Kauf genommen.

6 Roboter-Katalog unter http://www.sfb588.uni-karlsruhe.de/.

liegende Paradigma der Robotik im Allgemeinen ist, dass man diese Module in ein robotisches Gesamtsystem integrieren kann. Umgekehrt stellen dann humanoide Roboter den Anwendungsbereich der Robotik dar, in denen aus den Teilgebieten der Robotikforschung jeweils die „High-End"-Produkte nachgefragt werden: Sprachverstehen, natürliche Sprache, Bilderkennung, Lernen, Manipulation, etc. sind Herausforderungen an der Speerspitze der Robotikforschung.

3 Drei Gründe, warum humanoide Roboter gebaut werden

Forscht man nach den Gründen, warum Robotiker eine humanoide Gestalt für ein Robotersystem wählen, dann findet man unterschiedliche Antworten, denen hier im Einzelnen nachgegangen werden soll. Dass hier gerade drei Gründe Erwähnung finden, liegt an dem hier gewählten Differenzierungsgrad, der der Herausarbeitung von Menschenbildern in der Robotikforschung geschuldet ist: 1.) Humanoide Roboter werden gebaut, weil es ein alter Menschheitstraum ist, künstliche Menschen zu schaffen. 2.) Humanoide Roboter werden gebaut, weil man damit etwas über den Menschen lernen kann; und 3.) Humanoide Roboter werden gebaut, weil die menschenähnliche Gestalt den Roboter in die Lage versetzt, seine Aufgaben besser zu erledigen.

3.1 „Künstliche Menschen schaffen"

Der „Menschheitstraum", künstliche Menschen zu schaffen, kann hier nur skizziert werden ohne einen Anspruch auf Vollständigkeit und bis ins Detail beschriebene Abfolgen. Als ein möglicher Anfangspunkt kann das Werk „Der Mensch eine Maschine" („L'homme maschine") von Julien Offrey de la Mettrie (1709–1751) gelten, zumindest wird es von einigen Vertretern der Künstliche Intelligenz (KI)- und Robotikforschung als visionär für selbige angesehen (z. B. Franchi und Güzeldere 2005:39, Irrgang 2005:28). De la Mettrie schreibt: „Ziehen wir also den kühnen Schluß, daß der Mensch eine Maschine ist…" (de la Mettrie 2001:94) und „[Die Seele ist] nur ein Bewegungsprinzip oder ein empfindlicher materieller Teil des Gehirns, den man, ohne einen Irrtum befürchten zu müssen, als eine Haupttriebfeder der ganzen Maschine ansehen kann". Diese Äußerungen passen in die Zeit des durch den Materialismus geprägten mechanistischen Weltbildes, in der Theorien von „Tiermaschinen" entwickelt wurden und auch der Mensch, nach de la Mettrie, als eine sich selbst steuernde Maschine beschrieben wird.

Flankiert wurde diese Diskussion von der Hochzeit des Automatenbaus. Vaucansons Querflötenspieler, Tamburinspieler sowie die mechanische Ente gelten als Meisterwerke der Automatenbaukunst. In einer Ausstellungsbroschüre dieser Epoche wird der Querflötenspieler beschrieben:

„Es handelt sich um einen Mann normaler Größe, der als Wilder angezogen wurde und der elf Töne an der Querflöte spielt mit denselben Lippen- und Fingerbewegungen und mit demselben Mundhauch wie ein lebender Mensch." Ergänzt wird diese Beschreibung durch den Chronist des Königshofs, Herzog von Luynes: „Der Wind kommt wirklich durch den Mund heraus, und es sind die Finger, die spielen. Die Finger sind aus Holz mit einem Stück Haut an der Stelle, wo die Löcher verstopft werden."[7] Anlässlich des 300. Jahrestags der Geburt von Vaucanson wird dieser in der Rubrik „Stichtag" des Westdeutschen Rundfunks als „Vater der Maschinenwesen" tituliert. Dort heißt es: „Die Zuschauer sind begeistert und zahlen hohe Eintrittspreise. Die Maschine, die wie ein Mensch aussieht, scheint zu leben." (WDR 2009)

Auch wenn Vaucanson insbesondere diesen Schein des Lebendigen erzielen möchte (die künstliche Ente wurde zu diesem Zweck aufwendig mit Federn verziert), so möchte er doch auch erforschen, wie der Mensch „funktioniert". Beim Flötenspieler ging es ihm dabei um die menschliche Atmung. Später verfolgt er den Plan, einen künstlichen Menschen zu bauen, der als anatomisches Abbild demonstrieren soll, wie die inneren menschlichen Organe funktionieren (WDR 2009, vgl. den zweiten Grund für den Bau humanoider Roboter). Dennoch ist es allgemein der perfekte Anschein des Lebendigen, der in dieser Zeit im Zentrum der Aktivität steht. Baron von Kempelen erweiterte dieses „mehr Schein als Sein" um den Aspekt des Denkens. Sein Schachtürke war äußerlich wenig menschengleich gestaltet, hatte aber einen Sprachmechanismus und konnte Schachspielen – und damit vermeintlich „denken". Realisiert wurde die Fähigkeit, Schach zu spielen, durch einen Liliputaner im Kasten des Automaten, der die Schachfiguren über einen Mechanismus bewegte.

Zu dieser Kategorie lassen sich auch Anstrengungen der Robotikforscher zählen, androide bzw. gynoide Roboter zu bauen. Diese sind gemeinhin mit einer Silikonhaut ausgestattet und werden durch so genannte künstliche Muskeln in die Lage versetzt, unterschiedliche Gesichtszüge darzustellen. Diese Gesichtszüge sind den menschlichen Gesichtszügen nachempfunden, und sollen verschiedene Gefühle zum Ausdruck bringen. So kann beispielsweise der Gesichtsroboter von Hara und Kobayashi (1995) sechs verschiedene Gefühlszustände darstellen bzw. emulieren. Da damit im Inneren des Roboters keine Gefühlsregung verbunden ist, wie wir sie Menschen zuschreiben, z. B. Trauer, Freude, etc., handelt es sich ebenfalls nur um das Wahren und Optimieren eines möglichst menschlichen Erscheinungsbildes. Dabei ist unbenommen, dass man mit dem Darstellen dieser Gefühlszustände auch bestimmte Zwecke verfolgt, die dann wiederum die

[7] Beide Zitate nach „Vaucansons Flötenspieler und andere Automaten" auf http://www.automates-boites-musique.com/histoire-lutece-creation-automate-boite-musique.html.

Funktionsfähigkeit des Roboters verbessern (vgl. dritten Grund: Zweck-Mittel-Zusammenhänge).

Die Verwirklichung des alten Menschheitstraums, künstliche Menschen zu schaffen, wird in den aktuellen Veröffentlichungen der Robotik expliziert. Als Beispiel möge hier das Zitat „The humanoid robot has always been our dream" (Yokoi et al. 2004) dienen. Die Autoren verwenden es als ersten Satz der Einleitung, um sich dann aber ganz den technischen Fragen zu widmen.

3.2 Vom Menschen und für das Verständnis des Menschen lernen

In der Bionik wird gemeinhin das Ziel verfolgt, von der Natur zu lernen. Es gibt verschiedene Definitionen von Bionik, wobei einige durchaus normative Aspekte ins Spiel bringen – zum Beispiel, dass mit Bionik auch ein Versprechen verbunden sei, jeweils ökologisch akzeptablere, gesellschaftlich unproblematischere Lösungen zu ermöglichen wären (Grunwald 2009:19ff). Bezogen auf den Kern der Bionik sind sich die meisten Definitionen einig, nämlich dass Erkenntnisse aus dem Studium eines biotischen Vorbilds in die Entwicklung eines technischen Artefakts einfließen und somit zu einer technischen Problemlösung beitragen (Oertel und Grunwald 2006:24ff). Gerade in der humanioden Robotik bietet sich ein bionisches Vorgehen an. Für einen menschenähnlichen Gang kann es sinnvoll sein, sich am „Original" zu orientieren. Aber auch für die „normale" Robotik und die dort entwickelten Roboter-„Arme" gilt beispielsweise das Verhältnis von Eigengewicht zu „Nutzlast" des menschlichen Arms als unerreicht. Insofern ist es nicht verwunderlich, wenn das BIOROB-Verbundprojekt[8] sich zum Ziel setzt, einen Roboterarm nach menschlichem Vorbild zu bauen (WWP 2009). Ein „Nebeneffekt" – der in Zusammenhängen der Service-Robotik zum Hauptzweck werden kann – ist dabei, dass der Arm elastisch ist und somit deutlich weniger Verletzungsrisiken für Menschen in der Umgebung birgt. Die Mensch-Roboter-Interaktion wird dadurch sicherer (Klug et al. 2008). Auf die Problematik dieser „Versprechen" der Bionik und das Verhältnis von Technik und Natur in ihr soll hier nicht eingegangen werden.[9] Für das Argument gilt es festzuhalten, dass gerade für humanoide Roboter eine bionische Vorgehensweise der Technikgestaltung sinnvoll sein kann.

Umgekehrt führt der „technisierende Blick" (Grunwald 2009), den Bionik auf den natürlichen Menschen wirft, zu neuem Wissen über den Menschen. Rolf Pfeifer stellt dieses Ziel in den Mittelpunkt seiner Forschung: Er entwickelt mit Robotersystemen Hypothesen für die biologische Forschung. Als Beispiel kann eine künstliche Ameise dienen, mit der Pfeifer die Hypo-

---

8 www.biorob.de.

9 Dafür sei auf von Gleich (et al. 2007) verwiesen sowie im kritischen Sinne auf Grunwald (2009), der fragt: Bionik: Naturnahe Technik oder technisierte Natur?

these entwickelt hat, dass natürliche Ameisen in ihren Neuronen einfache Rechenaufgaben lösen können. Wüstenameisen orientieren sich anhand des Polarisationsmusters von Sonnenlicht. Sie verfügen über drei „Sensoren", mit denen sie in unterschiedliche Richtungen das Polarisationsmuster beobachten. Mithilfe einer robotischen Ameise, die mit einem identischen („technischen") Setting ausgestattet war, konnten Pfeifer und sein Team zeigen, dass durch die bloße Aufnahme des Polarisationsmusters nicht die Genauigkeit in der Richtungsbestimmung erreicht werden kann, wie sie eine Ameise an den Tag legt. Nur wenn die drei „Informationen" miteinander verknüpft werden (die absolute Differenz von zwei Sensorsignalen wird vom dritten abgezogen), erreicht die Roboterameise die hohe Richtungsgenauigkeit des „Originals". Aus dem Experiment folgt für Pfeifer die Hypothese, dass Wüstenameisen über eine Möglichkeit verfügen müssen (z. B. über Neuronen), in denen diese Berechnung stattfindet. Diese Hypothese müsste nun von den Biologen geprüft werden (Interview mit Rolf Pfeifer, Künstliche Intelligenz 1/2003). Pfeifer baut nach eigener Aussage im Schweizer Fernsehen „Roboter, um zu verstehen, wie der Mensch funktioniert" (SF1 2008). Ähnlich argumentieren Adams et al. (2000:25) in Bezug auf menschliche Intelligenz:

> "Robotics offers a unique tool for testing models drawn from developmental psychology and cognitive science. We hope not only to create robots inspired by biological capabilities, but also to help shape and refine our understanding of those capabilities. By applying a theory to a real system, we test the hypotheses and can more easily judge them on their content and coverage."

3.3 Die humanoide Gestalt als Mittel zum Zweck

Hier liegt die These zu Grunde, dass es Anwendungsbereiche für Roboter gibt, in denen der Roboter als Mittel zu einem bestimmten Zweck eingesetzt wird[10], und er diesen Zweck besser erreichen kann, wenn er eine humanoide Form hat. So sieht beispielsweise die Beschreibung des Sonderforschungsbereichs 588 (Humanoide Roboter – Lernende und kooperierende multimodale Roboter) die anthropomorphe Gestalt als notwendig an, wenn ein Roboter mit einem Menschen den Arbeitsbereich (z. B. die Küche) teilt und somit in direkten Kontakt mit dem Menschen kommt:[11]

> Ziel dieses Projektes ist es, Konzepte, Methoden und konkrete mechatronische Komponenten für einen humanoiden Roboter zu entwickeln, der seinen Arbeitsbereich mit dem Menschen teilt. Mit Hilfe dieses eigens zu entwickelnden „teilanthropomorphen Robotersystems" soll der Schritt aus dem Roboterkäfig und damit der direkte Kontakt zum Menschen realisiert werden.

---

[10] Die Darstellung von Techniken in Zweck-Mittel-Zusammenhängen ist auch zentral in der Technikfolgenbeurteilung von Robotern (Decker 1997, 2007).

[11] Allgemeine Beschreibung des SFB 588 (http://www.sfb588.uni-karlsruhe.de/textdateien/ziele_frame.html), zuletzt aufgerufen am 11.9.2009.

Die humanoide bzw. (im Sonderforschungsbereich 588 synonym verwendet) anthropomorphe Gestalt ist dann dadurch begründet, dass der Roboter in der Alltagsumgebung, die nun einmal für Menschen konzipiert ist, agieren können soll. Ähnlich formuliert Sven Behnke die Ziele, humanoide Roboter zu bauen (Behnke 2008:5):

> These efforts are motivated by the vision to create a new kind of tool: robots that work in close cooperation with humans in the same environment that we designed to suit our needs. [...] Stairs, door handles, tools, and so on are designed to be used by humans. A robot with a human-like body can take advantage of this human-centred designs. The new applications will require social interaction between humans and robots. If a robot is able to analyse and synthesize speech, eye movements, mimics, gestures, and body language, it will be capable of intuitive communications with humans. [...] A human-like action repertoire also facilitates the programming of the robots by demonstration and the learning of new skills by imitation of humans, because there is a one-to-one mapping of human actions to robot actions. Last, but not least, humanoid robots are used as a tool to understand human intelligence.

Mit Ausnahme des letzten Punktes (vergleiche dazu den zweiten Grund: Etwas über den Menschen lernen) zielen alle Argumente auf eine möglichst gute Aufgabenerfüllung – und damit auf einen Zweck-Mittel-Zusammenhang ab.

Das erste Argument bezieht sich auf die Umwelt, in der Menschen agieren. Sie ist für Menschen einer durchschnittlichen Größe konzipiert. Das beginnt bei Türdurchgängen, die eine Breite von ca. 80 cm und eine Höhe von ca. 2 m aufweisen; Treppenstufen haben eine Höhe, die man mit Beinen von Menschen, d. h. Beinlänge und einem Kniegelenk, gut erklimmen kann; Schränke sind so angeordnet, dass man sie mit einer typischen Armlänge erreichen kann, Hinweisschilder aller Art sind möglichst in „Augenhöhe“ angebracht; die meisten Gegenstände sind mit einem Griff versehen, der für ein Ergreifen durch die menschliche Hand optimiert ist, usw.

Das zweite Argument bezieht sich auf die Intuition des Menschen. Der im Alltag agierende Mensch ist kein Robotikexperte. Er ist es allerdings gewohnt, mit anderen Menschen „umzugehen“. Eine humanoide Gestalt macht sich diesen Habitus zunutze. Schon wenn man nicht mit dem Roboter agieren, sondern ihn einfach nur in sicherem Abstand passieren möchte, weiß man bei einem humanoiden Roboter, wie groß dieser Abstand zu wählen ist. Man überträgt dabei die Gewohnheit des Sicherheitsabstands zwischen Menschen („eine gute Armlänge“). In der Kooperation, beispielsweise dem gemeinsamen Tragen eines Gegenstands, übernimmt gemeinhin der Mensch den „adaptiven“ Teil der Handlung. Diese Adaption fällt leichter, wenn es beispielsweise um das gemeinsame Tragen eines Gegenstands geht, wenn der Roboter „wie ein Mensch“ trägt. Allgemein wird der übergeordnete Zweck eines Service-Roboters verfolgt, für viele Bereiche und in vielen Handlungskontexten einsatzfähig zu sein:

> We design humanoid robots to act autonomously and safely, without human control or supervision, in natural work environments and to interact with people. We do not design them as solutions for specific robotic needs (as with welding robots on assembly lines). Our goal is to build robots that function in many different real-world environments in essentially the same way. (Adams et al. 2000:25)

Eine andere Frage ist, wie menschenähnlich ein humanoider Roboter sein soll. Für das bis hierher Gesagte reicht es völlig aus, wenn er die Gestalt eines Menschen hat, aber dabei durchaus wie ein Roboter, d. h. „technisch", aussieht. Eine „Verwechslung" ist, wenn man die Galerie[12] der inzwischen doch großen Anzahl von humanoiden Robotern ansieht, nur in seltenen Fällen vorstellbar. Eine auch in den Medien wahrgenommene Ausnahme bildet Geminoid von Hiroshi Ishiguro von der Universität Osaka.[13] Geminoid sieht Ishiguro zum Verwechseln ähnlich, nach Aussage von Ishiguro, um die Reaktionen von Studierenden untersuchen zu können. Die Frage ist also, soll ein humanoider Roboter einem Menschen zum Verwechseln ähnlich gemacht werden (und damit android/ gynoid), um – und hier unterscheidet sich die Fragestellung zum ersten Grund, in dem „Simulation" im Vordergrund stand – seine Zwecke besser erfüllen zu können? Bezüglich des ersten Arguments, dass die räumliche Umgebung für Menschen optimiert ist, würde man sagen, dass diese besondere Menschenähnlichkeit nicht zielführend ist. Hier geht es um die Ähnlichkeit der Form und der Anordnung der Gelenke. Anders sieht es beim intuitiven Umgang aus. Hier könnte man sagen, dass die Intuition umso besser funktioniert, je menschenähnlicher der Roboter ist. Allerdings muss man hier sicherlich auch fragen, ob ein gewisser Teil der Intuition nicht durch ein gehöriges Maß an Irritation wieder „aufgehoben" wird, wenn ein Roboter durch Mimik Gefühlszustände „signalisiert" (z. B. die Gesichtsroboter Kismet[14] und andere[15]). Die Irritation läge dann darin begründet, dass im Steuerungssystem des Roboters nichts diesen „Gefühlen" im menschlichen Sinne entspricht (vgl. „uncanny valley" im Ausblick). Umgekehrt ist es aber so, dass moderne Lernalgorithmen (s. u.), die das Ziel verfolgen, dass der Roboter „wie ein Kind" lernt, es notwendigerweise brauchen, dass Menschen mit ihnen „wie mit Menschen" umgehen. Dieses wiederum könnte durch eine „zum Verwechseln ähnliche Gestalt" unterstützt werden.

---

12 http://www.sfb588.uni-karlsruhe.de/textdateien/English%20Version/humanoid_robots.html, zuletzt besucht am 9.9.2009.

13 http://www.sueddeutsche.de/wissen/310/302306/text/, zuletzt besucht am 9.9.2009.

14 (Breazeal 2003b:143); http://www.ai.mit.edu/projects/humanoid-robotics-group/kismet/kismet.html, zuletzt besucht am 9.9.2009.

15 Android head projects (http://www.androidworld.com/prod04.htm), zuletzt besucht am 9.9.2009.

3.4 Schlussfolgerungen

Die gemeinsame Betrachtung der Gründe, humanoide Roboter zu bauen, macht schnell offensichtlich, dass diese „Motivationen" auch entsprechende Überlappungen aufweisen bzw. dass die Robotik-Forscherinnen und Forscher (so beispielsweise Adams et al. 2000, 25) jeweils eine Verbindung zweier oder gar aller drei Gründe angeben. So spielt das Simulieren von einer Maschine „als Mensch" mit einem Schwerpunkt auf der von außen sichtbaren Performanz, wie wir es in der Tradition des Automatenbaus gesehen haben, dann wieder eine Rolle, wenn die Menschenähnlichkeit dazu dienen soll, einen bestimmten Zweck besser erreichen zu können. Zumindest kann dann durch diese bessere Zweckerreichung gerechtfertigt werden, warum eine menschenähnliche Darstellung gewählt wurde. Als Beispiel können hier die Arbeiten von Cynthia L. Breazeal dienen, in denen die Mimik des Roboters dafür eingesetzt wird, die Person, die gerade mit dem Roboter redet, in einen für den Roboter optimalen Abstand zu bringen. Der Roboter reguliert die Interaktion (Breazeal 2000:238):

> Regulating interaction via social amplification. People too distant to be seen clearly are called closer; if they come too close, the robot displays discomfort and withdraws. The withdrawal moves the robot back only a little physically, but is more effective in signaling to the human to back off. Toys or people that move too rapidly cause irritation.

Ähnliches gilt für die Gründe 2 und 3. Wenn aus dem Bereich der humanoiden Robotik Hypothesen entwickelt werden, wie menschliche kognitive Leistungen möglicherweise vollbracht werden könnten, dann ist das nur die eine Seite der Medaille. In einem zweiten Schritt werden dann diese „technisch verifizierten Hypothesen" als technische Lösungsansätze für den Bau von Robotern verwendet. Adams et al. (2000:25f.) verbinden gerade diese beiden Motivationen in ihren Prinzipien, die hinter ihrer methodischen Herangehensweise stehen, um autonome Roboter zu entwickeln, die in einer für Menschen angepassten Umgebung agieren und mit Menschen sozial interagieren können.

Schließlich sei auch auf die Überlappungen zwischen den Gründen 1 und 2 hingewiesen. Die menschenähnlichen Automaten dienten zwar nach Aussage der Quellen insbesondere der Unterhaltung, daher auch das Herumreisen der Automatenentwickler von Stadt zu Stadt, um die Automaten zur Schau zu stellen. Gleichermaßen wurde aber herausgestellt, dass es ebenfalls um das Verständnis der inneren Organe von Menschen und Tieren ging. Vaucansons menschliche und tierische Automaten können hier als Beispiel dienen.

Wendet man sich der Fähigkeit eines Roboters zu, lernen zu können, so kann diese aus allen drei Motivationen heraus begründet werden. Zum einen ist die Simulation eines menschenähnlichen Roboters schnell „durchschaut", wenn der Roboter nicht in der Lage ist, sich durch Lernen neue Dinge anzueignen. Das betrifft sowohl die natürlichsprachige Kommunikation als auch die Fähigkeiten zur Manipulation, wenn man beispielsweise zeigen möchte, wie etwas geht. Zum anderen ist den Kognitionswissenschaften durchaus an einer experimentellen Unterstützung durch Modellierung gelegen:[16]

> In der Kognitionswissenschaft werden unterschiedliche methodische Zugänge vertreten, vor allem die experimentelle Untersuchung der menschlichen Kognition in der Psychologie und ihrer neuronalen Substrate in der Neurowissenschaft, ihre Modellierung in der formalen Beschreibung und Computersimulation in der Informatik/Mathematik und die formale Analyse der Produkte kognitiver Prozesse in der Linguistik.

Hypothesen zur Lernfähigkeit in der von Pfeifer bzw. Adams et al. dargestellten Form ergänzen die hier beschriebenen Simulationen der Informatik.

Zum Dritten schließlich ist die Lernfähigkeit eine zentrale Anforderung an Serviceroboter, weil man ganz allgemein davon ausgehen muss, dass diese sich ihre Umwelt eigenständig erschließen können müssen. Es ist schlicht nicht möglich, einen Roboter für eine Vielzahl von Aufgaben in nicht bekannten Umgebungen top-down zu programmieren. Das verweist auf das Scaling up-Problem (Christaller et al. 2001:73): „Wie kommt man von den heute üblichen 20–40 Verhaltensweisen zu tausend, Millionen und noch mehr Verhaltensweisen? Dies ist das scaling-up Problem zu dem es von niemandem bislang ein überzeigendes Konzept gibt".

Umgekehrt ist Lernfähigkeit auch aus der Perspektive der Roboternutzer, welche ja keine Robotikexpert(inn)en sind, eine entscheidende Anforderung an den Roboter. Es ist kaum vorstellbar, dass ein Roboternutzer einen Roboter vor Ort eigenhändig programmiert, sei er dabei auch von einer noch so detaillierten Gebrauchsanweisung unterstützt.

4 Service-Roboter mit Lernvermögen

Wenn Roboter in die Lage versetzt werden sollen, in konkreten Dienstleistungsbereichen und verschiedenen Kontexten Handlungen durchzuführen, dann müssen sie sich in irgendeiner Form den Handlungskontexten anpassen können, um hilfreich Dienste, gerade auch in komplexen Handlungszusammenhängen, ausführen zu können. Der Roboter muss hierbei lernen können. Das beginnt mit der Wahrnehmung der Umgebung über die Sensorik, führt über die Planung von Handlungen auf der Basis dieser Sensordaten und mündet schließlich in die Ausführung dieser Handlung. Setzt man voraus, dass der Roboter nicht

---

16 Aus der Darstellung zu „Cognitive Science" des interdiziplinären Zentrums für kognitive Studien der Universität Potsdam, http://www.kogni.uni-potsdam.de/forschung/kognitionswissenschaft.html (zuletzt besucht am 9.9.2009).

immer wieder „von vorne" beginnt, ist das Lernen – ein Anpassen an den Handlungskontext – eine notwendige Voraussetzung für einen erfolgreichen Einsatz im Servicebereich.

In der aktuellen Forschung zu Lernalgorithmen wird „Lernen wie der Mensch" in den Mittelpunkt gerückt. „Lernen wie ein Mensch" wird dabei beschrieben beispielsweise durch Erklärungen der Eltern, Abschauen bei den Geschwistern durch Imitationslernen oder durch Ausprobieren. Dann ist offensichtlich, dass mit Lernen unvermeidbar „Versuch und Irrtum" verbunden ist. Man meint, etwas Lernenswertes wahrgenommen zu haben und versucht bei „nächster Gelegenheit", das Gelernte anzuwenden. Gelingt dieser Versuch, wird das Gelernte validiert, misslingt der Versuch, wird das Gelernte in Frage gestellt bzw. verworfen.

Dieser experimentelle Charakter des Lernens wird beispielsweise im Xpero-Projekt verfolgt (XPERO 2006). Florentin Wörgötter stellt das „Spielerische" ins Zentrum seiner Forschungsstrategie (BCCN 2006). Dabei ist dieser Gedanke nicht neu (Mjolsness und DeCoste 2001, Weng et al. 2001) und auch ein zentraler Aspekt des berühmten, am MIT entwickelten Robotersystems „Cog", der „wie ein Kind" von den Menschen in seiner Umgebung lernen soll und dafür auch mit einer humanoiden Gestalt ausgestattet wurde (Brooks und Stein 1994, Brooks 1997). Um dieses experimentelle, spielerische Lernen zu ermöglichen, werden beispielsweise künstliche neuronale Netze eingesetzt („Konnektionismus"). Mit diesen wird der Versuch unternommen, die Wirkprinzipien des menschlichen Gehirns nachzubilden. Solche Ansätze sind also in Zusammenhang mit dem zweiten Grund, humanoide Roboter zu bauen, verbunden: Einerseits im Sinne der Bionik von der Natur etwas abzuschauen und andererseits auch aus experimentellen Ergebnissen Hypothesen für die Kognitionswissenschaften zu generieren.

In künstlichen neuronalen Netzen werden künstliche Neuronen so miteinander verbunden, dass sie Signale untereinander austauschen können. Dabei werden die eingehenden Signale über einen Gewichtungsfaktor in die Output-Signale überführt. Das „Training" des künstlichen neuronalen Netzes führt dann zu einem Variieren der Gewichtungen (Dengel 1994). Ein künstliches neuronales Netz stellt somit eine Signal-Input-Output-Einheit dar, welche eine Interpretation ihrer inneren Vorgänge nicht zulässt: „In artificial neural networks, the symbolic representation of information and flow control disappears completely: instead of clear and distinct symbols we have a matrix of synaptic weights, which cannot be interpreted directly anymore" (Matthias 2004:181). Ähnliches stellt Matthias für weitere Lernalgorithmen fest und schließt daraus auf eine Lücke in der Verantwortung für die Handlungen lernender Roboter: Die Implementierung eines Lernalgorithmus bringt es mit sich, dass auch der Roboterproduzent nicht mehr in der Lage ist, Handlungen des Roboters vorherzusagen, wenn sich selbiger einige Zeit in einem neuen Handlungskontext befunden hat und dort „lernte". Damit kann der Roboterproduzent nicht mehr in üblicher Weise für die Handlungen des Roboters verantwortlich sein.

Ganz ähnlich wurde von Christaller et al. (2001) im Abschlussbericht des Projekts „Robotik. Optionen der Ersetzbarkeit des Menschen" argumentiert. Ausgehend von dem Instrumentalisierungsverbot wurde zunächst darauf hingewiesen, dass der Mensch in der Entscheidungshierarchie der Kooperation „Mensch-Roboter" an der Spitze steht. Daraus resultieren unmittelbar Anforderungen an die Ausgestaltung der Mensch-Maschine-Schnittstelle. Die von Matthias (2004) diagnostizierte Lücke in der Verantwortlichkeit bei lernenden Robotern wird dann in Zusammenhang mit der Haftung für von Robotern produzierte Schäden behandelt. Genau genommen entsteht die Lücke der Verantwortlichkeit zwischen dem Roboterproduzent, der ein Experte für Robotik ist und den Lernalgorithmus implementiert hat und dem Roboterhalter, der den Roboter in einem bestimmten Handlungskontext einsetzt, und üblicherweise kein Roboterexperte ist. Das Argument, dass sicher gestellt werden muss, dass auch bei lernenden Robotern der Mensch der maßgebliche Entscheider in der Kooperation ist und das rechtliche Argument, dass ebenso sicher gestellt werden muss, wie die Verantwortung zwischen dem Roboterhalter und dem Roboterproduzent zu verteilen ist, mündet in eine Handlungsempfehlung zur technischen Ausstattung lernender Roboter:

> Umgang mit lernenden Robotern
> Lernende Roboter sollten von nicht-lernenden Robotern unterschieden werden können, da durch die Verwendung von Lernalgorithmen die Haftung für Schäden zwischen Hersteller und Halter beeinflusst wird.
> Es wird empfohlen, den Lernprozess für den Roboterhalter bzw. Dritte transparent zu machen. Das Installieren einer nicht veränderbaren Black Box zur laufenden Dokumentation der wesentlichen Ergebnisse der Lernprozesse bzw. Sensorik kann in diesem Zusammenhang hilfreich sein. (Christaller et al. 2001:220)

Auf den ersten Blick scheint damit das Problem der Verantwortungslücke technisch gelöst: Dem Halter des Roboters werden die Lernprozesse transparent gemacht und dieser Vorgang wird in einer Black Box, ähnlich der in einem Flugzeug, dokumentiert. Konkret müsste der Roboterhalter bestätigen, beispielsweise durch einen Knopfdruck, dass ihm der Lernprozess transparent gemacht wurde. Faktisch würde er damit bestätigen, dass er zustimmt, dass der Roboter diesen Lernprozess ausführt. Damit würde das Lernen in den Verantwortungsbereich des Roboterhalters gestellt. Der Roboterproduzent müsste dann nur in der Gebrauchsanweisung entsprechend deutlich auf den Lernalgorithmus und die Prozedur der Bestätigung sowie auf die Aufzeichnung dieser Bestätigung in der Black Box hinweisen.

Auf den zweiten Blick wird aber deutlich, dass diese doch anschauliche technische Lösung für ein ethisch-juristisches Problem eine deutlich größere technische Herausforderung darstellt, als nur eine „Bestätigungstaste“ und ein „Aufzeichnungsgerät“ zu integrieren. Die hohe Hürde liegt darin verborgen, dass der Roboter dem Roboterhalter vermitteln können muss, was er als „zu lernen“ vorschlägt. Würde dieses Vermitteln beispielsweise in Textform auf dem Bildschirm des Roboters erfolgen, dann müsste der Roboter einen Text formulieren, in dem er eine Beobachtung schildert, auf der Basis dieser Beobachtung eine Hypothese formuliert und schließlich einen Erklärungs- und Handlungsvorschlag entwickelt, der dann gelernt würde. Dazu sind heutige Lernalgorithmen schlicht nicht in der Lage.

5 Ausblick für die Technikfolgenbeurteilung

In Anbetracht der Tatsache, dass humanoide Roboter – neben der „ambient intelligence“ (vgl. den Beiträge von Spiekermann, Grunwald und Ruß et al. in diesem Band) – in der Choreographie dieses Buches ein technisches Fallbeispiel darstellen, möchte ich die Reflektion über die der Robotik, und speziell der humanoiden Robotik, implizit zugrunde liegenden Menschenbilder den anderen Autorinnen und Autoren in diesem Band überlassen. Mit den – teilweise historischen – Bezügen auf ein mechanistisches Weltbild, mit dem „technisierenden Blick“ der Bionik sowie mit dem Zweck-Mittel-geleiteten Ansatz der Kooperation zwischen Menschen und (humanoiden) Robotern sind einige mögliche Ansatzstellen markiert. Stattdessen sollen an dieser Stelle einige Überlegungen angestellt werden, was die technischen Ansätze der humanoiden Roboter für eine Technikfolgenbeurteilung von Servicerobotern bedeuten könnten. Die Betrachtungen zur Verantwortung von Handlungen im Zusammenhang mit der Lernfähigkeit führten bereits auf diesen Pfad.

Im Servicebereich können wir zunächst von einem Zweck-Mittel-Zusammenhang der Robotik ausgehen: Ein Serviceroboter wird eingesetzt, um eine bestimmte Dienstleistung zu erbringen. Ganz allgemein können für eine Dienstleistung Gelingenskriterien angegeben werden. Ist ein Serviceroboter technisch in der Lage, diese Kriterien zu erfüllen, dann kann er diese Dienstleistung erbringen. Er wird damit zu einem alternativen Mittel, diesen Zweck zu erreichen, gegebenenfalls neben anderen Mitteln wie einem Mensch, einem Hund oder einem anderen, nicht-robotischen Artefakt.

Das aktuell gültige Paradigma der Service-Robotik ist die Interaktion bzw. Kooperation mit dem Menschen (CoTeSys, SFB588, Kidd 2003). Lernfähigkeit ist ein zentrales Element. Anwendungsbereiche sind (nach Kidd 2003) wissenschaftliche Erkundungen (Tiefsee, Weltraum, etc.), die Unterhaltungsbranche (Spielzeug, Spaßanwendungen, etc.), Ausbildungsroboter (Mentor-Student-Verhältnis), Gesundheits- und Haushaltsroboter (Staubsaugen, Rasenmähen, etc.). „Höhere” Dienste sind vorstellbar: „If the robot had the capability to quickly learn where and when to do its job, the resulting product would be much more satisfying to the consumer" (Kidd 2003:5).

Die Frage, wie humanoid – in einem Spektrum von nicht humanoid bis hin zu android – ein Serviceroboter sein soll, dass er seine Zwecke am besten erfüllen kann, muss dann sicherlich im Einzelfall entschieden und diese Entscheidung gegebenenfalls auch durch empirische Forschung belegt werden. Im Bereich der Servicerobotik gehen hier, wie in der Einleitung geschildert, die Geister durchaus auseinander.

Auf der allgemeinen Ebene dieses Beitrags sollen noch zwei Aspekte näher betrachtet werden, die ein stückweit gegenläufig sind: (1) Zum einen sollen Roboter möglichst humanoid sein, um ein Beschäftigen von Menschen mit dem Roboter zu unterstützen, welches wiederum die Grundlage für ein Lernen des Roboters darstellt. (2) Zum anderen wurde in verschiedenen Untersuchungen herausgestellt, dass es in Bezug auf humanoide Roboter ein „uncanny valley" gibt: Dieses beschreibt den Sachverhalt, dass es im kontinuierlichen Spektrum von nicht-humanoid bis android einen Bereich gibt, in dem Roboter für Menschen „unheimlich" wirken.

5.1 Humanoide Gestalt zweckdienlich für das Lernen

Moderne Lernalgorithmen: „Lernen wie ein Kind", „Versuch und Irrtum", etc. sollen es ermöglichen, dass ein Roboter vor Ort diejenigen Kenntnisse erlernt, die er benötigt, um für den Menschen ein zweckdienlicher Kooperationspartner zu sein. Beide – bereits erwähnte – großen Forschungsverbünde Deutschlands, der SFB 588 „Humanoide Roboter – Lernende und kooperierende multimodale Roboter" und das „Cluster of Excellence. Cognition for Technical Systems" (CoTeSys)[17], stellen Lernen als grundlegendes Element der Interaktion und Kooperation zwischen Mensch und Roboter in das Zentrum ihrer Forschungsaktivitäten:

> „[A] cognitive technical system becomes a technical system that can reason using substantial amounts of appropriately represented knowledge, learn from its experience so that it performs better tomorrow than it did today, explain itself and be told what to do, be aware of its own capabilities and reflect on its own behaviour, and respond robustly to surprise. Technical systems that are cognitive in this sense will be much easier to interact and cooperate with, be robust, flexible, and efficient.[18]

Lernen umfasst dabei sowohl das eigenständige Lernen des Roboters, beispielsweise die räumliche Erkundung eines neuen Einsatzbereichs über Sensoren, als auch das Lernen von Menschen durch Erklären und Vormachen.

Letzteres ist aber untrennbar daran geknüpft, dass sich der Mensch mit dem Roboter so befasst, dass dieser auch „wie ein Kind" lernen kann (bzw. darf), und dass der Mensch dem Roboter auch die „Irrtümer" der „Versuch und Irr-

---

17 www.cotesys.de und www.sfb588.uni-karlsruhe.de (22.11.2009).

18 http://www.cotesys.de/research.html (10.9.2009).

tum"-Strategie zugesteht. Je mehr „sociable" ein Roboter wird – C. Breazeal beschreibt eine ansteigende Dichte von „socially evocative" über „social interface", „socially receptive" und schließlich „sociable" (Breazeal 2003a:169) –, desto mehr Beschäftigung mit dem Roboter wird vom Menschen „verlangt". Breazeal vergleicht die Dichte der sozialen Interaktion, die für einen „sociable robot" nötig ist, mit einem Tanz (Breazeal 2003a:173), weil es entscheidend ist, dem für die Mensch-Mensch-Interaktion typischen „natürlichen Verlauf und Rhythmus" nahe zu kommen. Das humanoide Erscheinungsbild unterstützt diese enge Interaktion, da es auch nonverbale Kommunikationsanteile zu berücksichtigen gilt, wie das „sich zum Sprecher Hinwenden", „Blickkontakt suchen", „Augenbrauen heben", etc.

5.2 Uncanny valley

Das „uncanny valley" (gemeinhin als „unheimliches Tal" übersetzt) wurde von dem Robotikentwickler Masahiro Mori erstmals erwähnt.

> As a robot designer, Mori graphed what he saw as the relation between human likeness and perceived familiarity: familiarity increases with human likeness until a point is reached at which subtle deviations from human appearance and behaviour create an unnerving effect. This he called the uncanny valley. According to Mori, movement amplifies the effect." (McDorman und Ishiguro 2006:299)

Das heißt, wenn ein Roboter menschenähnlicher wird, dann wird er für den Mensch zunächst vertrauter, bis zu einem bestimmten Punkt, dann

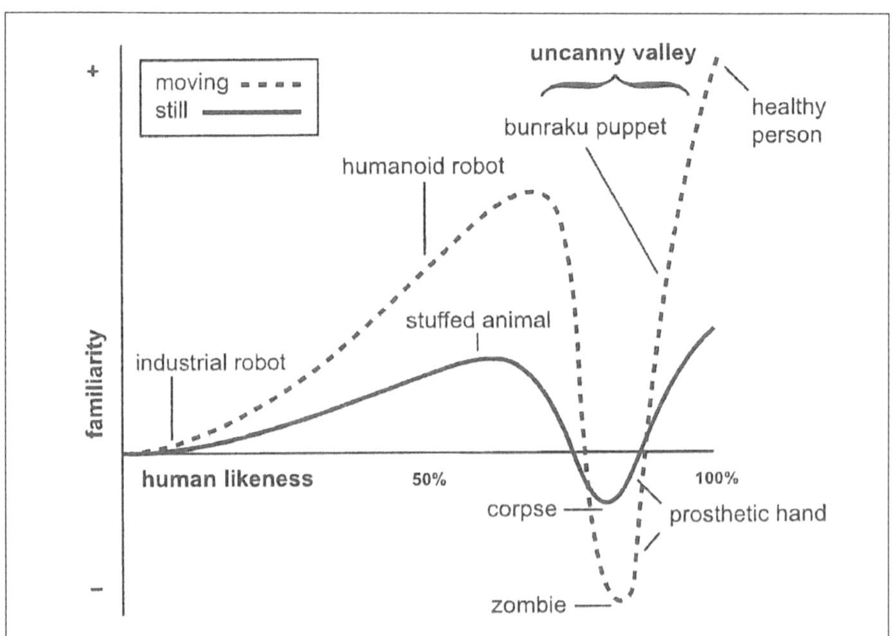

Abb. 2: Das „Uncanny Valley"
(Quelle: Mori et al. 1970 nach MacDorman und Ishiguro 2006)

schlägt die Wahrnehmung der Menschenähnlichkeit, bei der aber gleichzeitig das Technische noch bemerkbar ist, ins Negative um (das wirkt dann „unheimlich“), um dann schließlich bei vollendeter Menschenähnlichkeit wieder in den positiven Bereich, das Vertraute, umzuschlagen. Inzwischen gibt es mehrere weiterführende Untersuchungen zum „uncanny valley“ (z. B. McDorman und Ishiguro 2006, Hanson 2006, Bartneck et al. 2007), die unterschiedliche Facetten des Phänomens beleuchten und durchaus auch die Existenz desselben in Frage stellen. Zum einen gibt es Überlegungen, dass es sich weniger um ein Valley als vielmehr um ein Cliff handelt. Das hieße, dass auch bei sehr großer Menschenähnlichkeit (perfekter Android) nicht mehr die Höhe der Vertrautheit erreicht wird, die vor dem Abfall ins Negative erreicht worden war. Damit sieht der Abfall in Abb. 2 einem Cliff ähnlich, weil der rechte Anstieg das Tal nicht mehr vervollständigt. Daraus würde zunächst resultieren, dass man zwar humanoide, aber keine androide Gestalt für einen Serviceroboter empfehlen würde. Zum anderen scheinen auch ästhetische Aspekte eine Rolle zu spielen, d. h. die Form des Valleys ist davon abhängig, welche Zwischenstufen die Transformation vom humanoiden zum androiden Roboter durchläuft (Hanson 2006). Des Weiteren wurden auch kulturelle Unterschiede festgestellt. In einem Vergleich zwischen japanischen und amerikanischen Probanden wurde gezeigt, dass Amerikaner androiden Robotern gegenüber positiver eingestellt sind als Japaner (Bartneck 2008). An dieser Stelle bleibt festzuhalten, dass es noch nicht ausreichend erforscht ist, wie die Reaktion von Menschen auf mehr oder weniger androide Roboter aussieht und, in einem zweiten Schritt, wie die Gestalt die Erfüllung des Zwecks durch den Roboter unterstützt.

Das legt zunächst sehr allgemein die Vermutung nahe, dass für die einzelnen Anwendungskontexte erforscht werden muss, wie humanoid/android ein Roboter im Service-Bereich sein soll. Die beiden hier dargestellten Kriterien – humaniode Form als Unterstützung des Lernprozesses und eine ins Negative umschlagende Vertrautheit in einem bestimmten Bereich der „Menschenähnlichkeit“ – werden im Einzelfall als gegenläufige Argumente in eine Beurteilung der Zweckdienlichkeit eingehen. Das soll abschließend an einigen Beispielen aus dem Gesundheits-/Pflegebereich illustriert werden. Der humanoide Roboter RI-MAN wurde in Japan entwickelt. Er ist 158 cm groß, wiegt 100 kg und soll bis zum Jahr 2011 in die Lage versetzt werden, bis zu 70 kg schwere Patienten beispielsweise aus dem Bett aufzuheben, zu tragen und wieder absetzen zu können (Kobel 2006).[19] Diese Aufgabe könnte möglicherweise auch von einem Lifter übernommen werden, der keine humanoide Form hat. Es gilt also zu bewerten, wie stark das Argument berücksichtigt

---

[19] Nach Pressemitteilung von Riken Laboratories Ende August 2009 wird RI-Man nun unter dem Namen RIBA (Robot for Interactive Body Assistance) weiterentwickelt. Die aktuell erreichte Nutzlast ist 61 kg. http://www.riken.jp/engn/r-world/info/release/press/2009/090827/index.html (zuletzt besucht 11.9.2009).

werden soll, dass ein Mensch intuitiv weiß, wie man von zwei Armen eines Menschen angehoben wird, während das Anheben durch die Schlingen und Bänder eines Lifters schwerer antizipiert werden kann. Roboter, die im häuslichen Bereich Dienste übernehmen sollen, bedürfen gemeinhin eines Lernalgorithmus', um sich sowohl auf eine neue räumliche Umgebung als auch auf einen neuen Roboternutzer einstellen zu können (vgl. beispielsweise Care-O-bot oder ARMAR des SFB 588). Das spräche zunächst für eine humanoide Gestalt, die allerdings nur für ARMAR gewählt wurde, weil diese den Lernprozess unterstützen kann. Demgegenüber steht die Aussage, dass ein Roboter dann am ehesten von Menschen akzeptiert wird, wenn sein Können seinem Erscheinungsbild entspricht, welches wiederum die Erwartungen des Nutzers beeinflusst. Die Entwickler des Service-Roboters Care-O-bot haben sich explizit gegen eine humanoide Gestalt entschieden. Der humanoide Roboter KASPAR hat die Größe eines Kindes und soll in der Therapie autistischer Kinder eingesetzt werden. Erste Untersuchungen zeigen, dass gerade die „puristischen Gesichtszüge" (Uehlecke 2007) eines Roboters beruhigend auf autistische Kinder wirken. Dementsprechend formulieren die Forscherinnen und Forscher der Universität Hertfordshire ihre Zielsetzung: „The goal is not perfect realism, but optimal realism for rich interaction."[20] Die Erfolge sind, wenn auch bisher nur auf Einzelfallbasis, erstaunlich (Dautenhahn et al. 2009).

In einer freien Abwandlung der Zielsetzung des KASPAR-Teams könnte man abschließend formulieren, dass die Gestalt des Service-Roboters, wie humanoid/android auch immer, der optimalen Erreichung der Zwecksetzung gerecht werden muss. Dies erfordert sicherlich weitere Nutzerstudien, die die Arbeiten zur Erforschung des „uncanny valleys" ergänzen. Denn wie sehr die Gestalt des Roboters dafür relevant ist, ist auch aus anderer Perspektive fraglich. Zumindest scheinen Menschen dazu zu neigen, bereits humanoiden (und nicht androiden) Robotern eine gewisse „Menschartigkeit" zuzuschreiben. So konnte gezeigt werden, dass Menschen von sich aus „bereit sind", menschliche Fähigkeiten nicht-menschlichen Agenten zuzuschreiben. Und dass sie dies aber umso mehr tun, je menschenähnlicher die Technik aussieht. Die Studie kam somit zu dem Schluss „Thus, anthropomorphism plays an important role in the design of robots as it is strongly related to the perception of intelligence, fun, the attribution of intentions and thus the predictability of the robot", um gleichzeitig darauf hinzuweisen, dass "However, the exact interplay of anthropomorphism, perceived intelligence and attribution of intention needs to be analyzed further in more detail" (Hegel et al. 2008:578).

Diese Aussage kann hier ein Stück weit als Programm und als Schlusswort genommen werden. Der Gestalt von Service-Robotern – von nicht-humanoid bis android – scheint eine Schlüsselrolle in deren technischer Einsetzbarkeit und in der Nutzerakzeptanz zuzukommen. Beides sind Aspekte, die in einer umfassenden Technikfolgenbeurteilung analysiert werden sollten.

---

[20] http://kaspar.feis.herts.ac.uk/.

Literaturverzeichnis

Adams B, Breazeal C, Brooks R, Scassellati B. (2000) Humanoid Robots: A new kind of tool. IEEE Intelligent Systems, Vol. 15, No. 4.:25–31

Bartneck C (2008) Who like androids more: Japanese or US Americans? Proc. IEEE International Symposium on Robot and Human Interactive Communication, TU München, 553–557

BCCN (2006) Wissenschaftler im Portrait: Florentin Wörgötter: Roboter, die spielend lernen. Newsletter der Centers for Computational Neuroscience 06/2006, Berlin

Behnke S (2008) Humanoid Robots – From Fiction to Reality? Künstliche Intelligenz 4,:5–9

Breazeal C (2000) Sociable Machines: Expressive Social Exchange. PhD-Thesis. Massachusetts Institute of Technology

Breazeal C (2003a) Toward sociable robots. Robotics and Autonomous Systems 42:167–175

Breazeal C (2003b) Emotion and sociable humanoid robots. Int. J. Human-Computer Studies 59:119–155

Brooks RA (1997) The Cog project. Journal of the Robotics Society of Japan 15(7):968–970

Brooks RA (2002) Menschmaschinen. Campus, Frankfurt

Brooks RA, Stein LA (1994) Building brains for bodies. Autonomous Robots 1(1):7–25

Christaller T, Decker M, Gilsbach J-M, Hirzinger G, Lauterbach K, Schweighofer E, Schweitzer G, Sturma D (2001) Robotik. Perspektiven für menschliches Handeln in der zukünftigen Gesellschaft. Springer Berlin Heidelberg

Dautenhahn K, Nehaniv CL, Walters ML, Robins B, Kose-Bagci H, Assif Mirza N, Blow M KASPAR – A Minimally Expressive Humanoid Robot for Human-Robot Interaction Research. To appear in Special Issue on "Humanoid Robots" for Applied Bionics and Biomechanics, published by Taylor and Francis (in press)

Decker M (1997) Perspektiven der Robotik. Überlegungen zur Ersetzbarkeit des Menschen

Decker M (2007) Angewandte interdisziplinäre Forschung in der Technikfolgenabschätzung. Graue Reihe Nr. 41. Europäische Akademie GmbH, Bad Neuenahr-Ahrweiler.

De la Mettrie JO (2001) Der Mensch eine Maschine. Reclam

Dengel A (1994) Künstliche Intelligenz. Allgemeine Prinzipien und Modelle. Mannheim

Franchi S, Güzeldere G (eds) (2005) Mechanical Bodies, Computational minds. Artificial intelligence from automata to cyborgs. MIT Press

Grunwald A (2009) Bionik: Naturnahe Technik oder technisierte Natur? In: Müller MC (Hrsg) Der Mensch als Vorbild, Partner und Patient von Robotern. Bionik an der Schnittstelle Mensch-Maschine. Loccum

Hanson D (2006) Exploring the Aesthetic Range for Humanoid Robots. Proc. ICS/KogSci 2006: Towards Social Mechanisms of Android Science, 39–42.

Hara F, Kobayashi H (1995) Use of Face Robot for Human-Computer Communication. Systems, Man and Cybernetics. Intelligent Systems for the 21st Century. IEEE International Conference

Hegel F, Krach S, Kircher T, Wrede B, Sagerer G (2008) Understanding Social Robots: A User Study on Anthropomorphism. Proc. IEEE International Symposium on Robot and Human Interactive Communication, TU München, 574–579

Irrgang B (2005) Posthumanes Menschsein? Künstliche Intelligenz, Cyberspace, Roboter, Cyborgs und Designer-Menschen. Anthropologie des künstlichen Menschen im 21. Jahrhundert. Steiner-Verlag

ISO 8373 (1994) Manipulating industrial robots, vocabulary. International organization for standardization. Geneva

Kidd CD (2003) Sociable Robots: The role of presence and task in Human-Robot interaction. Master-Arbeit (draft copy), MIT.

Klug S, Lens T, von Stryk O, Möhl B, Karguth A (2008) Biologically Inspired Robot Manipulator for New Applications in Automation Engineering. Preprint of the paper which appeared in the Proc. of Robotik 2008, Munich, Germany, June 11–12, 2008

Kobel S (2006) Der künstliche Altenpfleger Riken Ri-Man. Futurebytes.ch – Das Schweizer Trendonlinemagazin, 21.3.2006

MacDorman KF, Ishiguro H (2006) The uncanny advantage of using androids in cognitive and social science research. Interaction Studies 7(3):297–337

Matthias A (2004) The responsibility gap: Ascribing responsibility for the actions of learning automata. Ethics and Information Technology 6:175–183

Mjolsness E, DeCoste D (2001) Machine Learning for Science: State of the Art and Future Prospects. SCIENCE Vol 293:2051–2055

Niesing B (2008) Gelehrige Gehilfen. Fraunhofer-Magazin 3/2008:8–13

Oertel D, Grunwald A (2006) Potenziale und Anwendungsperspektiven der Bionik. Arbeitsbericht Nr. 108, Büro für Technikfolgen-Abschätzung beim Deutschen Bundestag, Berlin

SF1 (2008) Schweizer Fernsehen 1, Sendung "Die Intelligenz des Körpers", ausgestrahlt am 16.11.2008

Trevelyan J (1999) Redefining robotics for the new millennium. The Internat J of Robotics Research 18(12):1211–1223

Uehlecke J (2007) Autismus-Kinder. Roboter dringen in die Stille vor. Spiegel online 16. August

VDI-Richtlinie 2860 (1990) Handhabungsfunktionen, Handhabungseinrichtungen, Begriffe, Definitionen, Symbole. Düsseldorf

von Gleich A, Pade C, Petschow U, Pissarskoi E (2007) Bionik. Aktuelle Trends und zukünftige Potentiale. Bremen

WDR (2009) Stichtag: Vor 300 Jahren: Jaques de Vaucanson wird geboren: Vater der Maschinenwesen. 24.2.2009

Weng J, McClelland, J, Pentland A, Sporns O, Stockman I, Sur M, Thelen E (2001) Artificial Intelligence: Autonomous Mental Development by Robots and Animals. SCIENCE Vol 91:599–600

World Robotics (2008) Executive Summary 2008

WWP (2009) ROBOTIK: den Muskeln des Arms nachempfunden. Wissenschaft, Wirtschaft, Politik 39–(21):2

XPERO (2006), XPERO: Roboter lernen durch Spielen. Presseerklärung Fachhochschule Bonn-Rhein-Sieg vom 20. Juni 2006, Sankt Augustin

Yokoi K, Kanehiro F, Kaneko K, Kajita S, Fujiwara K, Hirukawa H (2004) Experimental Study of Humanoid Robot HRP-1S. The international Journal of Robotics Research. 23(4–5):351–362

Über die Bedeutung von Menschenbildern für die Gestaltung „Allgegenwärtiger Technik"

Sarah Spiekermann

Einleitung

Vor nicht allzu langer Zeit stellte mir ein Philosoph die ihm selbstverständlich erscheinende Frage, welches Menschenbild eigentlich der Technikgestaltung zugrunde läge. Als Wirtschaftsinformatikerin überraschte mich die Frage, denn zumindest in der Softwareentwicklung war ich über diese Fragestellung explizit noch nie gestoßen. Ich reflektierte, ob es vielleicht der Begriff des „Nutzers" sein könnte, den man hier anführen sollte. Dieses Bild beschreibt den Menschen als Technikempfänger, der insofern eine Rolle für die Technikentwicklung spielt, als er das System letztlich bedienen können soll. Das Bild des Nutzers in der Softwareentwicklung wird oft mit dem DAU-Prinzip beschrieben. DAU steht für „der Dümmste Anzunehmende User" (zu Englisch: „Dumbest Assumable User"). Aber konnte das eine befriedigende Antwort sein? Ich fragte einen mir nahe stehenden Informatikprofessor und Mentor, ob ihm ein Menschenbild in der Technikgestaltung bekannt sei, welches über das „DAU-Prinzip" hinausgeht. Und er fragte provozierend zurück, ob ein solches denn überhaupt bedeutsam sei? Würde es sich hier nicht um ein viel zu generisches, philosophisches Konzept handeln, dessen Nutzen für die Technikgestaltung begrenzt, wenn überhaupt sinnvoll sei? Ich argumentierte, dass ein Menschenbild vielleicht wichtig sein könnte, da bei der Technikgestaltung und -verwendung immer wieder Grundsatzentscheidungen getroffen werde müssen, die das Verhältnis vom Menschen zur Maschine bestimmen und damit heute zunehmend auch das Verhältnis vom Menschen zu einer computerisierten, automatisierten und ‚informatisierten' Umwelt. Man denke nur an die immer wieder aktuelle Diskussion zur Automatisierung des Flugzeugcockpits und die Frage, inwieweit Piloten die finale Kontrolle über ihre Maschinen beibehalten sollten. Die Frage, ob ein Mensch bessere Entscheidungen fällen kann als eine Maschine, ob er oder die Maschine letztlich die Wahrheit sagt, ob die Maschine oder der Mensch die Arbeit besser ausüben kann, all dies sind letztlich auch Fragen nach dem Menschenbild in der Technikgestaltung und nach der ethisch vertretbaren und gewollten Verwendung von Technik. Und ist es nicht ein Unterschied, ob man hier ein eher humanistisches oder ein eher nihilistisches Bild zugrunde legt? Birgt nicht die Abwesenheit eines Menschenbildes sogar die Gefahr einer Entmenschlichung von Technik?

M. Bölker et al. (Hrsg.), *Information und Menschenbild,* DOI 10.1007/978-3-642-04742-8_4,

Vor diesem Hintergrund eines begrenzten, wenig verfeinerten oder sogar negativen Menschenbildes in der Technikgestaltung ist der folgende Aufsatz verfasst. Er soll herausarbeiten, dass Menschenbilder in der heutigen Gestaltung allgegenwärtiger Systeme bedeutsam sind, wie sie aussehen können und was geschehen sollte, um ihren Eingang in die Systemgestaltung zu gewährleisten.

Allgegenwärtige Technik

Technikentwicklung findet heute permanent für alle Produktions- und Dienstleistungsbereiche statt und erfolgt aufgrund einer Computerisierung des Alltags zunehmend auch für den privaten Sektor. Die Nutzung des Worldwide Web, von E-Mails, Mobiltelefonen, Navigationssystemen, etc. bildet den Anfang einer immer stärker werdenden „Informatisierung des Alltags“ (Mattern 2007). Man spricht vom „Ubiquitous“ oder „Pervasive Computing“ (Weiser 1991).

Der vorliegende Aufsatz nutzt Szenarien des „Ubiquitous Computing“ als Grundlage einer Reflektion zum Thema Menschenbilder in der Technikgestaltung. Ubiquitous Computing vereint zwei maßgebliche Entwicklungsrichtungen der Informatik (Lyytinen, Yoo et al. 2004): Die Integration von Computersystemen in die uns umgebenden Alltagsgegenstände und Infrastrukturen sowie die allgegenwärtige Verfügbarkeit und Nutzbarkeit dieser Systeme.

Die Integration von Rechensystemen in unsere Umwelt erfolgt mittels einer Vielzahl von Technologien, insbesondere Sensor-, Identifikations- und Ortungstechnologien. Diese Technologien erlauben, dass Gegenstände und Infrastrukturen „intelligent“ werden. Sie erheben Informationen über uns Menschen und die Umgebung, verarbeiten diese und reagieren dann dynamisch auf das sich verändernde Umfeld. Ein Beispiel für derartig reaktives Verhalten sind mit Sensoren ausgestattete Autos, die Verkehrsschilder erkennen und die gefahrene Geschwindigkeit mit der jeweils geltenden Höchstgeschwindigkeit vergleichen. Basierend auf diesen Informationen können dann autonome Handlungen durchgeführt werden, beispielsweise ein automatisches Abbremsen. Ein weiteres Beispiel ist der Einsatz von Videosystemen in Altersheimen, welche die Aktivitäten der Senioren erkennen und bei irregulären Vorfällen, wie etwa im Falle eines Sturzes, Hilfspersonal benachrichtigen können. Schließlich gehört auch der viel belächelte intelligente Kühlschrank als Kernstück des sog. „Smart Homes“ in die Riege der Technologien, die im Rahmen des Ubiquitous Computing immer wieder zitiert werden.

Die Beispiele verdeutlichen ein Charakteristikum der allgegenwärtigen Technik, das im Hinblick auf die Diskussion von Menschenbildern zentral ist: Maschinen automatisieren zunehmend soziale Funktionen in privaten Kontexten. Wurden sie herkömmlich vor allem in einem industriellen Kontext eingesetzt, so sollen sie nun auch zunehmend private Aufgaben erledigen, denen der Mensch entweder vorher selbst nachgekommen ist (als Autofahrer oder Einkäufer) oder die andere Menschen in sozialer Interaktion mit ihm übernommen haben (der Pfleger im Altersheim oder zuhause). Maschinen agieren plötzlich in alltäglichen Kontexten als „Agenten" für menschliche Prinzipale. Sie wickeln Bestellungen ab, koordinieren Termine, halten Türen auf oder verschließen diese, sorgen dafür, dass man ‚richtig' fährt, nichts vergisst, sich immer anschnallt, etc. Und indem sie dies tun, werden sie zu „sozialen Akteuren". Sie werden zu Lehrern, Pflegern, Dienstboten, Spielgefährten und Privatsekretären. Sie repräsentieren Menschen, agieren und entscheiden in ihrem Auftrag und interagieren permanent mit ihnen. Wenn Maschinen aber anfangen, so für uns und mit uns zu handeln, bedürfen sie dann nicht auch eines Menschenbildes? Müssen sie dann nicht ein Verständnis vom Menschen und seinen Erwartungen integrieren, um im Zweifel die richtigen Entscheidungen zu treffen und in unserem Sinne mit uns und für uns zu interagieren?

Menschenbilder und deren Bedeutung für die Technikgestaltung

Der Begriff „Menschenbild" beinhaltet eine doppelte Funktion (Diemer 1978): Zum einen impliziert die Rede vom Bild das Bestehen eines „Ab- oder Ebenbilds". Zum anderen gibt es das „Vor- oder Leitbild", welches als Ideologie oder pädagogische Idee das Soll-Bild von einem Menschen ausmacht. Beide Bildebenen spielen in der Technikgestaltung eine Rolle. Regelmäßig wird beispielsweise in der Entwicklung von Robotern und Softwareagenten mit humanoiden Erscheinungsbildern von Systemen experimentiert (siehe Abbildung 1 a und 1b).

Die Mehrzahl der Systeme wird jedoch, so die Vision des Ubiquitous Computing, nicht als humanoide Artefakte dem Menschen entgegen treten, sondern – wie es die Beispiele oben beschrieben haben – integriert in die uns umgebenden Objekte und Infrastrukturen (in das Navigationssystem im Auto, in die Wände des Altersheims, in den immer wieder zitierten Kühlschrank). „Invisible Computing" (Norman 1998) oder „Calm Computing" (Weiser and Brown 1997) sind daher häufig verwendete Schlagworte für allgegenwärtige Technik. Mark Weiser, der Urvater des Ubiquitous Computing, beschrieb diese Vision, indem er sagte (1991): „The most profound technologies are those that disappear. They weave themselves into the fabric of everyday life until they are indistinguishable from it." Der vorliegende Aufsatz fokussiert daher im Folgenden weniger auf die Frage nach dem Menschenbild als Abbild im äußerlichen Sinne. Vielmehr soll die Frage gestellt werden, welche Rolle Menschenbilder als ethische Leitbilder für die Technikgestaltung haben.

„Das Menschenbild [als Leitbild] ist die Gesamtheit der Annahmen und Überzeugungen, was der Mensch von Natur aus ist, wie er in seinem

Abb. 1a: Roboter-Zwilling „Geminoid" des japanischen Forschers Hiroshi Ishiguro auf der Ars Electronica in Linz 2009 agiert menschlich[1]

Abb. 1b: Avatar Cherry der Affective Social Computing Group in Miami zeigt Gefühle[2]

sozialen und materiellen Umfeld lebt und welche Werte und Ziele sein Leben haben sollte" (Fahrenberg 2007). In dieser Definition von Fahrenberg zeigen sich drei Dimensionen von Menschenbildern, die für die Technikgestaltung Bedeutung haben: Erstens beschäftigt sich das philosophische Menschenbild mit der Natur des Menschen, seinem Sein und seinen Fähigkeiten. Diese stehen in einem bestimmten Verhältnis zur Natur und Fähigkeit der Maschine. Zweitens beinhaltet ein Menschenbild Annahmen und Überzeugungen zur sozialen Interaktion, dem Miteinander zwischen Menschen. Wenn Maschinen diese soziale Interaktion mediieren, könnten sie denselben Annahmen und Überzeugungen unterliegen. Und drittens implizieren Menschenbilder Werte und Ziele, die in einer Gesellschaft anerkannt sind. Unterminieren technische Systeme diese Werte und Ziele, könnte es zu einem Mangel an Akzeptanz und Nutzung kommen.

All drei Dimensionen und ihre Bedeutung für die Technikgestaltung sollen im Folgenden näher betrachtet werden.

Die Natur des Menschen im Verhältnis zur Natur der Maschine

Menschenbilder unterliegen einem historischen Wandel und sind unterschiedlich je nach Kultur. Dort wo sich der vorliegende Aufsatz auf konkrete Menschenbilder bezieht, stützt er sich daher nur auf einen Ausschnitt der Wirklichkeit, nämlich den, welcher für die westliche Welt zur heutigen Zeit

1 URL (vom 8. September 2009): http://derstandard.at/fs/1252036694103/Ars-Electronica-Forscher-Jeder-wird-Roboter-haben.

2 URL (vom 8. September 2009): http://users.cis.fiu.edu/~lisetti/ascg/projects.html.

gilt. Hier ist an die Stelle des mittelalterlichen Menschbildes, welches von einem fatalistischen Schicksalsglauben und einer gottgewollten Ungleichheit zwischen Menschen geprägt war, seit der Aufklärung ein humanistisches Menschenbild getreten. Dieses Menschenbild setzt ein hohes Vertrauen in den Menschen, der als Vernunftswesen gesehen wird und der sich kraft seiner Fähigkeit zur sittlichen Autonomie und durch seine Freiheit im Handeln selbst zu dem bestimmt, was es ist (Kant 1784/1983). Mehr noch: In der Postmoderne wird der Mensch als „Baumeister seines eigenen Selbst" gesehen (Eickelpasch and Rademacher 2004). Und obgleich die heutige soziologische Betrachtung vom postmodernen Menschen von Verfallsmetaphern gekennzeichnet ist, in denen die Individuen als „entbettet" und „mental obdachlos" (Baumann 1995), ja „freigesetzt" (Beck 1986) beschrieben werden, so basiert sie doch weiterhin auf einer Wertschätzung und gleichrangigen Anerkennung aller Menschen, die selbstbestimmt leben können und leben sollen. Diese Sicht auf den Menschen wird als eine Errungenschaft unserer westlich zivilisierten Welt betrachtet und als Fundament für die Existenz von Demokratie.

Nun stellt sich die Frage, welche Auswirkung allgegenwärtig sich ausbreitende Technik auf dieses Menschenbild und seine Entwicklung haben wird. Wie selbstbestimmt und entscheidungsbefugt ist oder kann der Mensch in dieser neu entstehenden, hoch automatisierten Umgebung in Zukunft sein? Wie weit soll automatisiert werden, wenn man bedenkt, dass eigentlich alles automatisiert werden könnte?

Ein wesentlicher Aspekt zur Beantwortung dieser Kernfrage, über die wir uns als Gesellschaft Gedanken machen müssen, ist, wie wir das *Kompetenzverhältnis* von Menschen und Maschinen begreifen und regeln wollen. Kompetenz ist letztlich das Kriterium, was wir rational gelten lassen, um einer Partei Entscheidungsgewalt zuzusprechen.

Jedoch zeigt sich, wenn die Kompetenz des Menschen im Vergleich zur Maschine diskutiert wird, heute nicht selten ein Menschenbild, das von tiefer eigener Verunsicherung gegenüber technischen Systemen geprägt ist und einer Infragestellung unserer eigenen menschlichen Fähigkeiten im Vergleich zu Maschinen. Denn: Wem spricht man zu, schneller die besseren Entscheidungen zu treffen? Dem Menschen oder der Maschine? Wem traut man eher zu, die Wahrheit zu sagen? Wem spricht man eher zu, sich rasant zu entwickeln? Nicht selten scheint eine latente Neigung zu existieren, der Maschine im Verhältnis zum Menschen höhere Kompetenz zuzusprechen. Entwickelt sich hier ein inferiores Menschenbild im Informations- und Automationszeitalter, welches den Menschen in seiner Kompetenz als freien und fähigen Entscheider im Vergleich zur Maschine in den Schatten stellt? Oder, wie Kant sagen würde, in eine neue „selbstverschuldete Unmündigkeit" führt? Und vor allem, ist dieser Trend aus Sicht der Ingenieurwissenschaften faktisch gerechtfertigt?

Im Gegensatz zu vielen Science Fiction-Geschichten legt die Automationstheorie nahe, dass eine pauschale Überlegenheit der Maschine im Vergleich zum Menschen kaum haltbar ist. Beide Akteure sind tatsächlich komplementär (Sheridan 2002). Technische Systeme sollten „assistieren" (Wandke 2005), wo der Mensch ihre Unterstützung gebrauchen kann. 1951 legte Fitt eine bis heute bedeutsame Arbeit vor, welche für die Ingenieurswissenschaften das Kompetenzverhältnis zwischen Mensch und Maschine zu objektivieren sucht (Fitts 1951): Demnach sind Maschinen dem Menschen überlegen, wenn es darum geht, schnell auf Signale zu reagieren, große Kraft auf weiche und präzise Weise einzusetzen, Informationen vollständig zu löschen und deduktiv zu argumentieren. Menschen hingegen sind Maschinen dann überlegen, wenn es darum geht zu improvisieren, zu richten oder induktiv zu argumentieren. An dieser grundsätzlichen Erkenntnis hat sich wenig geändert. Selbst wenn Maschinen immer besser darin werden, komplexe Entscheidungen zu fällen, so geschieht dies auch um den Preis einer immer größer werdenden Systemkomplexität, die ihrerseits zu Problemen führt (Sheridan 2000).

Trotz der bestehenden objektivierenden Arbeiten zum Kompetenzverhältnis zwischen Mensch und Maschine gibt es jedoch Grauzonen. Dort, wo die objektiv nachweisbare Überlegenheit von Maschinen über Menschen in eine Grauzone gelangt, prägt das Menschenbild der Gesellschaft die Entscheidung mit, ob man letztlich den Menschen oder die Maschine für leistungsfähiger hält. Sind voll automatisierte Flugzeugcockpits sicherer als Piloten? Zählen Wahlcomputer besser als Wahlhelfer? Sind Videoüberwachungssysteme effektiver als physische Wachleute bei der Verhinderung von Kriminalität? In der Automationsliteratur, welche sich unter dem Schlagwort „Funktionsallokation" mit der theoretischen Beantwortung solcher praktischen Fragen beschäftigt, schlussfolgert Sheridan in seinem Artikel „Function allocation: algorithm, alchemy or apostasy?", dass die Beantwortung der Frage, wie weit Automation gehen sollte, letztlich „schwarze Magie" sei (Sheridan 2000).

Die Ausführungen von Sheridan zeigen, dass es häufig bei der Entwicklung von Systemen keine Faktenlage gibt, die eindeutig für die Automatisierung spricht. Entwickler, Betreiber und Hersteller von Systemen entscheiden intuitiv. Wünschenswert wäre, dass ein gesellschaftlich angestrebtes Menschenbild solche Entscheidungen mit beeinflusst. Doch wie sieht dieses aus? Wie lässt es sich operationalisieren? Der nächste Abschnitt versucht dieser Frage näher auf den Grund zu gehen.

Soziale Interaktion und Werte an der Mensch-Maschine-Schnittstelle

Menschenbilder manifestieren sich, wie oben aufgezeigt wurde, in den Verhaltensregeln sozialer Interaktion und in Wertigkeiten, die ein positives Miteinander bestimmen. Werte, Ziele und Verhaltensregeln definieren das

„Soll-Bild" des Menschen. Zwar ist dieses Soll-Bild heute von pluralistischer Vielfalt geprägt. Es existiert in einer sich schnell verändernden Weltgemeinschaft nicht mehr nur ein Wertemonopol. Aber – trotz Pluralismus – gibt es ethische Normen, die international Anerkennung finden und sich in Erklärungen, wie beispielsweise den universalen Menschenrechten der Vereinten Nationen, widerspiegeln.

Diese Werte und Normen sind auch bei der Technikgestaltung bedeutsam. Wenn Maschinen zu sozialen Akteuren werden, die mit Menschen in ihrem Alltagsleben natürlich (ja oft „implizit" (Schmidt 2000)) interagieren und Aufgaben in ihrem Namen erledigen, dann ist nicht auszuschließen, dass Menschen ihre Werte und Normen in ihrer Erwartung darüber zugrunde legen, wie sich Maschinen verhalten sollten. Sozial gewachsene Interaktions- und Verhaltensnormen werden auf Maschinen übertragen (Reeves et al. 1996). Wie der Mensch sein sollte, so sollte im Idealfall auch die Maschine sein.

Dass solche Erwartungen bestehen, zeigt sich beispielhaft am Thema Datenschutz oder „Privacy". Umfragen zeigen, dass 87 Prozent der Deutschen empfinden, dass sie ein „Grundrecht" auf Datenschutz haben (Statistika 2009). Schon 1980 veröffentlichte die OECD Richtlinien zum Schutz von Privatsphäre in technischen Systemen (Organisation for Eco-nomic Co-operation and Development (OECD) 1980). Groß war und ist in den vergangenen Jahren die Kritik und das Erstaunen darüber, dass die von Firmen betriebenen Systeme dieses Grundrecht regelmäßig missachten und aushöhlen.

Der Respekt vor Privatsphäre ist jedoch nur eine von vielen Werthaltungen und Zielen, welche die menschliche Interaktion prägen. Auf Basis qualitativer Forschung zu zukünftigen „Ubiquitous Computing"-Umgebungen fasst die amerikanische Autorin Batya Friedman unter dem Begriff „Value Sensitive Design" für die Technikgestaltung zusammen, welche zusätzlichen Erwartungen an Systeme bestehen (Friedman and Kahn 2003): 1.) Das Recht auf Ruhe, wenn wir diese brauchen. 2.) Autonomie in unseren Entscheidungen und 3.) Kontrolle über unsere Umgebung. 4.) Das Recht, mit unserem Besitz umzugehen, wie wir mögen. 5.) Übernahme von Verantwortung für unsere Handlungen. 6.) Ein Recht auf vorurteilsfreihe Beurteilung durch andere und 7.) respektvollen zwischenmenschlichen Umgang. 8.) Die Möglichkeit, grundsätzlich dem Gegenüber Vertrauen schenken zu dürfen. 9.) Das Recht, Entscheidungen in informierter Weise fällen zu können. 10.) Das Recht, Herr über die eigene Identität zu sein. Und schließlich, als Makrofaktoren ein 11. und 12.) Recht auf den Erhalt von Gesundheit und Umwelt und 13.) ein Recht auf Fürsorge.

Die methodische Grundlage dieser ersten Arbeit zum Thema „Value Sensitive Design", ihre Vollständigkeit und Richtigkeit ebenso wie die Vermengung unterschiedlicher Inhaltsebenen und Begriffe mag kritisiert werden. Unstrittig ist, dass Friedman auf der Basis qualitativer Forschung mit „Nutzern" allgegenwärtiger Techniksysteme eine wichtige Aufstellung von Aspekten zusammengetragen hat, die technische Systeme eigentlich verinnerlichen müssten, damit sie in ihrer Rolle als soziale Akteure und menschliche „Counterparts" langfristig einem „guten" Menschenbild gerecht werden.

Die Rolle des Programmierers für das Menschenbild in der Maschine

Was die Maschine darf oder nicht darf und wie sie sich gegenüber dem Menschen verhält, hängt davon ab, wie sie programmiert ist. Und es ist sicherlich nicht abwegig zu argumentieren, dass derjenige, der sie entwickelt, das System durch sein eigenes Menschenbild maßgeblich beeinflusst.

Eine wichtige Unterscheidung muss an dieser Stelle getroffen werden zwischen der klassischen Lehre der „Systemusability" und der Berücksichtigung eines Menschenbildes bei der Entwicklung. Zur Schaffung von „Usability" (zu Deutsch: Benutzbarkeit) eines Systems bilden sich Entwickler ein Bild vom Menschen als Nutzer mit seinen physischen und geistigen Fähigkeiten, um das System bedienbar zu machen. Die Anpassung von Systemen an die physischen Restriktionen des Menschen durch ergonomische Gestaltung („Physical Engineering") hat durch entsprechende ISO-Vorschriften regelmäßigen Eingang in die Entwicklung gefunden. Und auch das kognitive Engineering, welches nachvollzieht, wie Menschen denken, welche Schritte sie erwarten und wie eine Maschine dementsprechend reagieren sollte, ist mittlerweile ein anerkannter Bestandteil des Systementwicklungszyklus (Nielsen 1993; Norman 2007; Te'eni, Carey et al. 2007).

Über diese rein funktionale Bedienbarkeit hinaus gibt es jedoch immer wieder Freiheitsgrade bei der Systementwicklung, die vom Menschenbild beeinflusst werden können. Der einzelne Entwickler (bzw. sein Team oder Unternehmen) hat nämlich seinen eigenen Blickwinkel auf die Fähigkeiten und Bedürfnisse des Nutzers und auf das oben beschriebene Verhältnis zwischen Mensch und Maschine. Wie die Maschine den Menschen behandelt und wie der Mensch mit der Maschine umgehen kann, ist letztlich keine Frage der klassischen Bedienbarkeit, sondern eine Frage, wie das soziale Miteinander zwischen Mensch und Maschine geregelt ist. Ein ergonomisch und kognitiv hervorragendes System kann am „Backend" (im Hintergrund) sowohl menschenfreundlich als auch menschenfeindlich agieren. Beispielsweise können vordergründig Privacy Policies angegeben sein, am Backend jedoch werden diese Policies nicht technisch kontrolliert und durchgehend eingehalten. Auf einer Makroebene treffen Systementwickler Grundsatzentscheidungen, welche Rolle eine Maschine gegenüber dem Menschen spielen darf und welchen Werten sie gerecht werden soll (siehe oben). Auf einer Mikroebene werden diese Grundsatzentscheidungen dann in konkrete Handlungselemente der Maschine umgesetzt.

Auf einer Makroebene könnten die von Friedman zusammengetragenen Aspekte Entwickler sicherlich informieren, was generell bei der Systementwicklung nicht vergessen werden sollte. Jedoch muss es für diese Makroebene auch eine Übersetzung in entsprechende Bauvorschriften auf der Mikroebene geben, denn auf letzterer manifestiert sich letztlich das Menschenbild konkret. Bei dieser Übersetzung können drei Richtungen differenziert werden: Erstens, wie der Mensch mit der Maschine umgehen bzw. auf diese einwirken kann (Manipulationsmöglichkeit). Zweitens, wie die Maschine den Menschen in der direkten Interaktion behandelt (Umgang). Dies sind die Gestaltungsbereiche am Frontend. Und drittens, wie sich die Maschine im Sinne des Menschen am Backend verhält bzw. der Mensch hierauf Einfluss erhält. Abbildung 2 visualisiert diese Zusammenhänge.

Als Beispiel sei das Thema Kontrolle aufgegriffen. Auf einer Makroebene wissen wir, dass die Ausübung von Kontrolle, insbesondere über unseren Besitz, ein hohes Gut darstellt. Diese grundsätzliche Erwartung der Kontrollgewalt übertragen Menschen auf Systeme, z. B. der Automobilbesitzer auf das „intelligente" Fahrzeug, das er erworben hat. Auf einer Mikroebene könnte es jetzt z. B. um die Gestaltung der Warnfunktion beim Anschnallen gehen. Das Vorhandensein der Anschnallwarnfunktion ist gesetzliche Vorschrift. Trotzdem entscheidet der Hersteller oder Fahrzeugentwickler eines

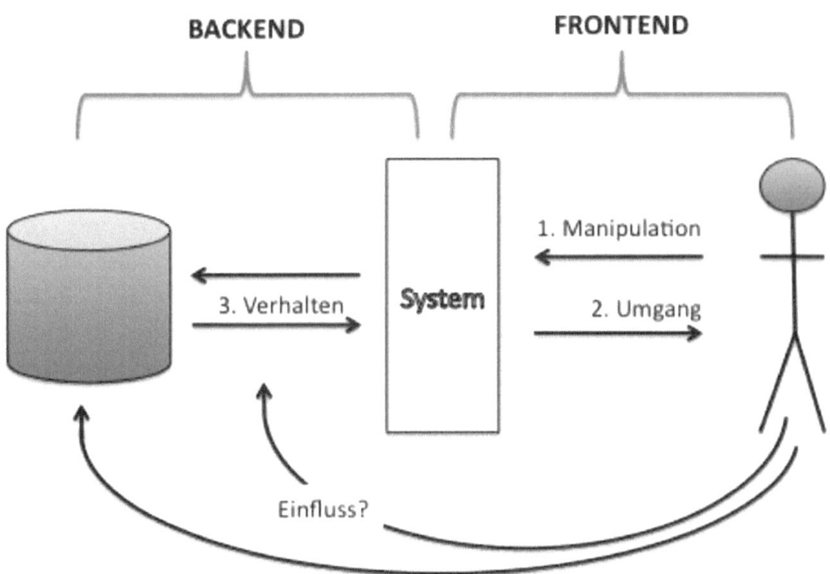

Abb. 2: Mikroebene, auf der Menschbilder wirken

Automobils auf der Mikroebene, wie er die vorgeschriebene Fahrerkontrolle konkret gestaltet. Gibt er dem Fahrer eine Manipulationsmöglichkeit, indem er ihm erlaubt, das Warnsignal grundsätzlich auszuschalten? Oder gibt er dem Fahrer diese Manipulationsmöglichkeit nicht? Auf welche Art und Weise warnt das Fahrzeug (am Frontend) den Fahrer? Indem es ihn durch einen lauten und schrillen Warnton in das gewünschte Anschnallverhalten hineinzwingt? Oder indem es ihn diskret beim Losfahren erinnert, dass es besser wäre, sich anzuschnallen? Und schließlich, wie verhält sich das Fahrzeug am Backend? Wird es registrieren und abspeichern, ob sich ein Fahrer anschnallt, damit im Falle eines Unfalls diese Information der Versicherung vorliegt? Oder wird es diese Information nicht abspeichern? Und wird der Fahrzeugbesitzer das Recht haben, diese Daten einzusehen und zu löschen?

Das Beispiel zeigt, welch große Bedeutung ein Baustein eines Menschenbildes für konkrete Entscheidungen in der Technikgestaltung haben kann und welch großen Spielraum ein Entwickler auf der Mikroebene hat, ein System auf die eine oder andere Weise auszugestalten.

Herausforderungen für die Umsetzung von Menschenbildern in der Technikgestaltung und -verwendung

Bei einer Interviewreihe mit Softwareentwicklern zum Thema Privatsphäre in der Technikgestaltung kam es zu einem fragwürdigen Befund: Auf die Frage, wie man bei der Entwicklung von Prototypen denn das Thema Datenschutz berücksichtigen würde, antworteten fast alle Befragten mit einem oder mehreren der folgenden Argumente: Privacy sei ein abstraktes Problem, kein unmittelbares Problem, überhaupt kein Problem, da ja Firewalls und Kryptographie Privacy gewährleisteten, nicht *ihr* Problem, sondern das von Politikern und Juristen oder der Gesellschaft im Allgemeinen oder schlichtweg nicht Teil ihrer Projektziele (Lahlou, Langheinrich et al. 2005).

Selbst eines der am meisten gesellschaftlich diskutierten „Wertthemen" wie Privacy, welches ein Teil unseres Menschenbildes ausmacht, steht also wenig im Vordergrund technischer Entwicklungen. Das Beispiel verdeutlicht die bedauerliche Tatsache, dass Menschenbilder und ihre Komponenten bis dato bei der Technikgestaltung kaum eine Rolle spielen. Für viele Jahre waren und sind die Ingenieurswissenschaften primär daran interessiert gewesen, technische Funktionalität auszubauen. Dieser Hauptfokus, der durch immer wieder neue technische Möglichkeiten genährt wird (z. B. Miniaturisierung, neue Formen der Engergiegewinnung, ständig anwachsende Prozessorleistung), scheint sich kaum zu verändern. Diese Ära des „Functional Computing" wird erst langsam abgelöst oder überlappt mit einer Ära, die man mit dem Stichwort „Human Centric Computing" beschreiben könnte. Die nach Innovationen hungrigen Technologiemassenmärkte (Markt für Heim-IT, Mobilfunk, Spiele, Navigation, etc.), deren Erfolg von der einfachen Bedienbarkeit, der „Usablity", abhängen, haben in den vergangenen Jahren ein hart errungenes Bewusstsein in den Ingenieurswissenschaften erwachsen lassen, dass man um den „Human Factor" nicht herumkommt. Das „Human Centric Computing" beschäftigt sich jedoch – auf menschliche Interaktion einmal übertragen – lediglich mit dem Aussehen, der Gestik und Mimik in der Interaktion; also mit der „vordergründigen" Kommunikation. Es ist jedoch notwendig zu erkennen, dass die allgegenwärtige Verbreitung von Technik und die Entwicklung von Maschinen bis hin zu sozialen Akteuren nach einer dritten Ära der Informatik verlangt: einer Ära des „Social Computing".

Hierfür sind einige Herausforderungen zu meistern: Zunächst ist ein Umdenken in den Ingenieurswissenschaften dahingehend erforderlich, dass ein offener Umgang mit Fragen wie Menschenbildern und Werten in der Technikgestaltung gepflegt und gefördert wird. Die heute fast als esoterisch belächelte Auseinandersetzung mit philosophischen Fragen in der Technikgestaltung ist keine gute Grundlage für die Entwicklung von sozialer Qualität in der vergleichsweise jungen Disziplin der Informatik. Das mangelnde Engagement um die Bedeutung sozialverträglicher Technik führt zu einem eingeschränkten Wissen und simplizistischen, rein funktional orientierten Vorgehensmodellen bei der Technikgestaltung. Der „Systems Development Life Cycle" und dessen vielfältige Varianten (Kurbel 2008), aber auch der „Human Centric Systems Development Life Cycle" (Te'eni et al. 2007) integrieren bisher keinen Weg, um die verschiedenen Dimensionen unserer Menschenbilder beim Design zu berücksichtigen. Solche Verfahren sollten entwickelt werden. Ebenso könnten Referenzmodelle, die als Entwurfsvorlagen für Systemarchitekturen genutzt werden, Mechanismen des „Value Management" integrieren. Schließlich steht die Frage im Raum, wie Modellierungssprachen den immateriellen Wertaspekt systematisch berücksichtigen könnten. Alle diese Entwicklungsbereiche, in denen heute durchaus erste Schritte getan werden, könnten noch stärkeren Eingang in die Lehre und Ausbildung der Informatik und Ingenieurswissenschaften finden.

Engagement im Bereich der Informatik und der Ingenieurswissenschaften sowie der Ausbildung dieser Fächer reicht jedoch nicht aus, um Technik bewusst sozialverträglicher zu gestalten. Letztlich setzen Entwickler in einem Unternehmen im Regelfall das technisch um, was ihnen als Anforderung („Requirement") vom Produktmanagement vorgegeben wird. Hier spielt eine wesentliche Rolle, dass von Seiten des Managements auf sozialverträgliche Technikgestaltung Wert gelegt wird. Jedoch orientieren sich Unternehmen hauptsächlich an der Rentabilität ihrer Angebote und entwickeln technische Systeme daher in der Regel nur im Rahmen gesetzlicher Vorschriften und hier so schnell und kosteneffizient wie möglich. Da eine Reflektion von Systemdesignoptionen mit unterschiedlichen ethisch interpretierbaren Vor- und Nachteilen die Entwicklungskosten steigert und zugleich die Gefahr birgt, den Handlungsspielraum von Unternehmen einzuschränken (Spiekermann et al. 2009), vermeiden diese oft das Thema, bis der Markt oder der Gesetzgeber sie zwingt zu reagieren.

Allerdings reagieren Gesetzgeber oft zu langsam für die sich schnell entwickelnden Technologiemärkte. Darüber hinaus besteht, insbesondere in Europa, eine latente Angst vor Überregulierung. Der politische Wille will heute das Risiko vermeiden, durch zu viele ethische Maßregeln die Innovationskraft der Technologiemärkte einzuschränken. Es wird argumentiert, warum es nicht den Marktmechanismen überlassen bleiben soll, sozial unverträgliches Technologiedesign zu sanktionieren und sozial verträgliches Design zu belohnen. Gibt es keine ökonomischen Anreize, die private Investitionen in sozial verträglichere Technik rechtfertigen? In der Tat zeigt die Entwicklung sozialer Netzwerkplattformen (wie etwa „Facebook“) in den vergangenen Jahren, dass Unternehmen auf die sozialen Erwartungen ihrer Kunden reagieren. Hier wurde auf starkes Drängen und Negativreaktionen der Nutzer von den Betreibern die Möglichkeit eingeführt, Datenschutzeinstellungen vorzunehmen.

Auch wäre möglich, dass Kunden anfangen, nachhaltig ethisches Technikdesign so zu wertschätzen, dass sie für dieses eine höhere Zahlungsbereitschaft zeigen als für traditionelles Design. In einigen Märkten, wie etwa bei Bionahrung, haben sich Endkonsumentenmärkte durchaus in diese Richtung bewegt. Fraglich ist jedoch, ob die wenig transparenten und technisch komplexen Informatikdienste für den einfachen Kunden jemals so verständlich sein werden, dass er den Mehrwert eines sozial freundlichen Service überhaupt versteht. Eine dem Technikprodukt inhärente Problematik besteht (zumindest heute noch) in einer Informationsasymmetrie im Hinblick auf die Funktionsweisen von Technikdiensten und von ihrer Funktionsweise am Backend. Aufgrund von Unwissenheit nutzen Kunden deshalb leicht einen weniger sozial verträglichen Dienst (Bizer et al. 2006). Es kann zu Marktversagen kommen.

Hinzu kommt, dass selbst Nutzerkunden, die eine Technologie im Vergleich zu einer anderen als „*wert*voller“ erkennen, nicht unbedingt bereit sind, kurzfristig mehr für diese zu bezahlen oder auf Leistungen zu verzichten, um langfristige Schäden abzuwenden. Beispielsweise wird argumentiert, dass Nutzer wenig auf ihre Privatsphäre im Internet achten, da sie kurzfristige Vorteile von Internetdiensten höher schätzen, als den langfristigen, potenziellen Verlust ihrer Privatsphäre (Acquisti et al. 2005). Eine Vorabinvestition in z. B. „Privacy Enhancing Technologies“ ist – wie bei allen präventiven Innovationen (Rogers 2003) – eine Herausforderung.

Schlussbemerkungen

Soziale Fragestellungen in der Technikgestaltung werden schon seit Jahrzehnten gestellt. Bereits in den 80er Jahren wurde intensiv darüber diskutiert, inwieweit die Künstliche Intelligenz nicht eine Gefahr für den Mensch darstellen könnte. Immer wieder legen Regierungen Forschungsprogramme auf, welche auch ethische Aspekte der Computerisierung beleuchten. Technikfolgenabschätzungsstudien beschäftigen sich mit den sozialen Implikationen von Technik.

Dieser vorliegende Aufsatz ist somit nicht mehr als ein kleiner Beitrag in diesem Bemühen um eine menschenfreundliche Technikumgebung. Er beschäftigt sich mit dem konkreten Begriff des Menschenbildes und welchen Wert dieses für die Technikgestaltung haben kann. Die Ausführungen haben gezeigt, dass Menschenbilder auf drei Betrachtungsebenen als Leitbilder für eine sozialverträgliche Technikgestaltung fungieren können: Erstens erlauben sie, auf einer hohen Ebene über das Kompetenzverhältnis zwischen Mensch und Maschine zu reflektieren. Zweitens hilft eine Dekomposition von Menschenbildern, konkrete „Werte“ zu identifizieren, die auf einer Makroebene die Technikgestaltung beeinflussen sollten. Und schließlich helfen sie auch bei der Operationalisierung dieser Werte auf der Mikroebene, wo Entwickler die tatsächliche Interaktion zwischen Systemen und Benutzern gestalten.

Literaturverzeichnis

Acquisti A, Grossklags J (2005) Privacy and Rationality in Individual Decision Making. IEEE Security & Privacy. 3:26–33

Bizer J, Günther O, Fabian B, Spiekermann S (2006) TAUCIS – Technikfolgenabschätzungsstudie Ubiquitäres Computing und Informationelle Selbstbestimmung. B. f. B. u. Forschung. Berlin, Germany, Humboldt University Berlin, Unabhängiges Landeszentrum für Datenschutz Schleswig-Holstein (ULD)

Diemer A (1978) Elementarkurs Philosophie – Philosophische Anthropologie. Düsseldorf, Econ Verlag

Eickelpasch R, Rademacher C (2004) Identität. Bielefeld, transcript Verlag

Fahrenberg J (2007) Menschenbilder – Psychologische, biologische, interkulturelle und religiöse Ansichten. Freiburg, Institut für Psychologie, Universität Freiburg

Fitts PM (1951) Human Engineering for an Effective Air-Navigation and Traffic-Control System. Columbus, Ohio, USA

Friedman B, Kahn P (2003) Human values, ethics, and design. The Human-Computer Interaction Handbook. Jacko J, Sears A. Mahwah: NY, USA, Lawrence Erlbaum Associates

Kant I (1784/1983) Was ist Aufklärung? Darmstadt, Wissenschaftliche Buchgesellschaft

Kurbel K (2008) System Analysis and Design. Heidelberg, Springer Verlag

Lahlou SM, Langheinrich M et al. (2005) Privacy and trust issues with invisible computers. Communications of the ACM 48(3):59–60

Lyytinen K, Yoo Y, et al. (2004). „Surfing the Next Wave: Design and Implementation Challenges of Ubiquitous Computing Environments. Communication of the Association of Information Systems 13:697–716

Mattern F (2007) Die Informatisierung des Alltags - Leben in smarten Umgebungen. Berlin Heidelberg, Springer Verlag

Nielsen J (1993) Usability Engineering. Mountain View, CA, USA, Morgan Kaufman

Norman D (2007) The Design of Future Things. New York, USA, Basic Books

Norman DA (1998) The Invisible Computer. Cambridge, Massachusetts, USA, MIT Press

Organisation for Economic Co-operation and Development (OECD) (1980) Recommendation of the Council concerning Guidelines governing the Protection of Privacy and Transborder Flows of Personal Data

Reeves B, Nass C (1996) The Media Equation: How People Treat Computers, Television, and New Media Like Real People and Places. New York, USA, Cambridge University Press

Rogers E (2003) Diffusion of Innovations. New York, USA, The Free Press

Schmidt A (2000). Implicit Human Computer Interaction Through Context. Personal Technologies 4(2–3):191–199

Sheridan T (2002) Humans and Automation: System Design and Research Issues. Santa Monica, USA, John Wiley & Sons

Sheridan TB (2000) Function allocation: algorithm, alchemy or apostasy? International Journal of Human-Computer Studies 52(2):203–216

Spiekermann S, Cranor LF (2009) Privacy Engineering. IEEE Transactions on Software Engineering 35(1)

Te'eni D, Carey J, et al. (2007) Human Computer Interaction – Developing Effective Organizational Information Systems. New York, USA, John Wiley & Sons, Inc.

Vodafone (2003) Vodafone Location Services – Privacy Management Code of Practice, Vodafone Ltd.

Wandke H (2005) Assistance in human-machine interaction: a conceptual framework and a proposal for a taxonomy. Theoretical Issues in Ergonomics Science 6(2):129–155

Weiser M (1991) The Computer for the 21st Century. Scientific American 265(3):94–104

Weiser M, Brown JS (1997) The Coming Age of Calm Technology. Beyond calculation: the next fifty years. New York, USA, Copernicus: 5–85

Zhang P (2005) The Importance of Affective Quality. Communications of the ACM 48(9):105–108

Virtualisierung von Kommunikation und Handeln im Pervasive Computing – Schritte zur Technisierung des Menschen?

Armin Grunwald

1 *Einleitung und Überblick*

Die informationstechnisch basierte Umgestaltung moderner Gesellschaften schreitet fort (vgl. für die im Folgenden genannten Trends Orwat/Grunwald 2005:246f). Die *Digitalisierung* der Informations- und Kommunikationstechnologien (IKT) stellt eine Basisinnovation dar, die eine Fülle darauf aufbauender technischer Entwicklungen ermöglicht. Sie erlaubt schnellere Übertragungsgeschwindigkeit, verlustfreie Kopierbarkeit, aber vor allem die leichtere, rechnergestützte Weiterverarbeitung oder leichtere Weiternutzung und Mehrfachverwertung einmal erzeugter Information in unterschiedlichen Kontexten. Die *Miniaturisierung* bei der Fertigung elektronischer Bauteile wird sich fortsetzen. Bei *Leistung und Kapazität* der IKT-Anwendungen sind in den vergangenen Jahrzehnten große Fortschritte zu verzeichnen. Die *Automatisierung* hat sich nicht nur in den verschiedenen Bereichen der Wirtschaft einschließlich des Dienstleistungssektors, sondern auch im Privatbereich fortgesetzt. Beispiele sind Bankautomaten, elektronische Handelssysteme, Software-Agenten zur Informationssuche und -auswertung oder elektronische Fahrhilfen. Mit zunehmender elektronischer ‚Intelligenz' werden Entscheidungen und ‚Verantwortung' vom Individuum auf die IKT übertragen. Zunehmende *Mobilität* durch ortsungebundene Nutzung elektronischer Medien wurde vor allem durch die Miniaturisierung und die Entwicklung drahtloser Übertragungstechnologien wie Mobilfunk oder Wireless LAN ermöglicht, was auch die Kommunikation von verteilten Geräten untereinander ermöglicht. Dies ist auch Voraussetzung für eine weitergehende *Vernetzung* informationstechnischer Geräte und Systeme. Vor allem die Entwicklung und weit verbreitete Anwendung von Schnittstellenstandards bilden die Grundlage für vernetzte Kommunikationsinfrastrukturen.

Diese technischen Entwicklungen stellen den Hintergrund für das Leitbild des Pervasive Computing dar, das in diesem Beitrag im Mittelpunkt stehen soll. Sein Grundgedanke besteht in der informationstechnischen Vernetzung der uns umgebenden Welt, letztlich, um es sehr einfach auszudrücken, um uns das Leben einfacher zu machen, z. B. im Wohnbereich oder im Automobil. Hierzu ist es notwendig, einerseits Kommunikationsschritte zu

M. Bölker et al. (Hrsg.), *Information und Menschenbild,* DOI 10.1007/978-3-642-04742-8_5,

virtualisieren (Müller et al. 2008), also ‚Kommunikation' zwischen Mensch und IKT-Systemen einzubinden, aber vor allem auch ‚Kommunikation' unter den IKT-Geräten und Systemen zu ermöglichen.[1] Andererseits kommt es auch zu einer Virtualisierung des Handelns: Entscheidungskompetenzen werden zunehmend an IKT-Systeme abgegeben bzw. müssen *notwendig* abgegeben werden, wenn die erwarteten Vorteile des ‚einfacheren Lebens' realisiert werden sollen. Damit werden zwei zentrale Konzepte menschlicher Selbstbeschreibung, die Kommunikation und das Handeln, wenigstens zu Teilen aus der Hand des Menschen gegeben und technischen Systemen anvertraut. In diesem Beitrag wird die Frage gestellt, ob diese Aufladungen von Technik mit zutiefst anthropogenen Begriffen und entsprechenden Fähigkeiten Anzeichen einer Technisierung des Menschen darstellen.

Der Weg der Beantwortung dieser Frage bedient sich philosophischer Hilfsmittel und Argumente. Von daher wird zunächst eine kurze Einführung gegeben, auf welche Weisen Philosophie zur Behandlung von Technikfolgenfragen beitragen kann (Kap. 2). Sodann werden Grundgedanken des Pervasive Computing erläutert und in Bezug auf Folgen für das Verhältnis von Mensch und Technik sowie für das Verhältnis des Menschen zu sich selbst interpretiert (Kap. 3). Sodann sind Überlegungen zum Begriff der Technisierung anzustellen (Kap. 4), bevor beide Linien begrifflicher Überlegungen zusammen gebracht werden können, um nach Facetten einer Technisierung des Menschen durch Pervasive Computing zu fragen (Kap. 5). Dort ergeben sich dann auch enge Berührungspunkte zum Projekt zu informationstechnischen Metaphern, weil sich zeigt, dass eine Technisierung des Menschen vor allem über die Verwendung von informationstechnischen Metaphern in seinen Selbstbeschreibungen zu erwarten ist.

2 Technikfolgenbeurteilung und Philosophie

Moderne Gesellschaften sind in hohem Maße von Wissenschaft und Technik geprägt. Lebens- und Arbeitswelt, Wohlstand, Gesundheit, Sicherheit, Kommunikationsverhalten, Freizeitverhalten, Sport und Kunst sind durchzogen von Einflüssen des wissenschaftlich-technischen Fortschritts. Die zunehmende Eingriffstiefe der menschlichen Wirtschaftsweise in die natürliche Umwelt gehört genauso in diesen Kontext wie die zunehmende Eingriffstiefe des Menschen in seine eigenen kulturellen und moralischen Traditionen, schließlich auch in seine biologische Verfasstheit (Habermas 2001). Technik verändert gesellschaftliche Traditionen, eingespielte kulturelle Üblichkeiten, kollektive und individuelle Identitäten und Selbstverständnisse und stellt überlieferte ethische Normen in Frage. Damit steigt

1 Zu den problematischen Konnotationen einer Verwendung des Kommunikationsbegriffs außerhalb menschlicher Kommunikation vgl. Janich 1996 und Müller et al. 2008.

die Fragilität von individuellen oder kollektiven Konstellationen (Bora et al. 2005) genauso wie die gesellschaftliche Abhängigkeit von Wissenschaft und Technik – und damit auch der Bedarf nach einer vorausschauenden Befassung mit Technik- und Wissenschaftsfolgen, um Gestaltungspotenziale hinsichtlich der wissenschaftlich-technischen Entwicklungen selbst, aber auch in Bezug auf gesellschaftliche und politische Verhaltungen dazu (z. B. durch Regulierung/Deregulierung) auszuloten. Zu den unterschiedlichen wissenschaftsbasierten Ansätzen einer solchen vorausschauenden Erforschung und Beurteilung technischer Entwicklung und ihrer Folgen gehört die Technikfolgenabschätzung (Grunwald 2002) mit ihrer spezifischen Ausprägung der Rationalen Technikfolgenbeurteilung (Gethmann 1999).

Technikfolgenabschätzung, entstanden in den 1960er Jahren, der Zeit des technokratischen Planungsoptimismus, war zunächst Teil des zu der Zeit vorherrschenden technokratischen Paradigmas (im Sinne von Habermas 1968) und durch eine szientistische Grundhaltung gekennzeichnet. Danach sollten Technikfolgen umfassend und quantitativ erforscht werden, um für Entscheidungsträger ein im positivistischen Sinne ‚objektives' Wissen bereitstellen zu können. War Technikfolgenabschätzung also zunächst philosophisch ‚unmusikalisch' oder gar intendiert philosophiefern, so hat sich dies in den vergangenen ca. zehn Jahren deutlich geändert, wie sich dies am deutlichsten, aber nicht nur im Konzept der Rationalen Technikfolgenbeurteilung zeigt (Grunwald 1999). Vor allem durch Arbeiten von Philosophen zu Technikfolgenfragen[2] wurde aufgezeigt, dass begriffliche, ethische und wissenschaftstheoretische Fragen vielen Themen der Technikfolgenabschätzung inhärent sind und dass sie einer eigenständigen Aufmerksamkeit und Bearbeitung bedürfen (Grunwald 2008a). Philosophisches Denken und philosophische Argumentation hat auf diese Weise einen Platz in konkreten und interdisziplinären Prozessen gesellschaftlicher Technikgestaltung und Beratung erhalten.

In diesen interdisziplinären Aktivitäten haben sich verschiedene Aspekte als philosophisch relevant herausgestellt. Sie umfassen folgende Ansatzpunkte einer philosophischen Befassung mit Fragen des wissenschaftlich-technischen Fortschritts im Rahmen von Politik- und Gesellschaftsberatungen und gehen damit über die üblicherweise genannte Relevanz der philosophischen Ethik weit hinaus:[3]

(1) Sprachkritik: Viele wissenschaftliche Sprachgebräuche und Metaphern, die an der Schnittstelle zwischen Wissenschaft und Technik einerseits und Gesellschaft andererseits zirkulieren, enthalten Konnotationen, welche

---

[2] Hierzu gehören vor allem Arbeiten von Gethmann (1993), Janich (1994), Mittelstraß (2000), Nida-Rümelin (1996), Jonas (1979), Hubig (1993), Birnbacher (1991).

[3] Vgl. Grunwald 2008a, vor allem das Kapitel „Politikberatung zum technischen Fortschritt – philosophische Perspektiven".

zu Fehl- oder Überinterpretationen Anlass geben können. Wenn z. B. das in der Informatik verbreitete Bild des Menschen als informationsverarbeitendes System in übergreifenden Diskussionen über die Zukunft des Menschen übernommen wird, würde damit ebenfalls die zugrunde liegende naturalistische Sichtweise dominant (Janich 1996). Wenn Bedeutungen verwendet und transferiert werden, ohne an ihre Kontextgebundenheit zu denken, wird eine transparente Debatte erschwert oder es werden semantische Sachverhalte verschleiert. Die kritische Reflexion auf die Sensibilitäten der Sprache und der mit bestimmten Begriffen bereits transportierten Erwartungen, Befürchtungen oder Deutungen gehört zu den Aufgaben der Technikfolgenabschätzung, die auf diese Weise der Philosophie *als Sprachkritik* bedarf.

(2) Wissenskritik und Wissenschaftstheorie: Geltungs- und Deutungsfragen des Wissens durchziehen viele Fragen des technischen Fortschritts und seiner Interpretation. Dies betrifft z. B. die so genannten Expertendilemmata (Nennen/Garbe 1996, Lübbe 1997), in denen Aussagen, die gleichermaßen den Status von Expertise beanspruchen, sich im Ergebnis diametral widersprechen, oder kontroverse Deutungen spezifischer naturwissenschaftlicher Behauptungen wie z. B. aktuell im Kontext der Hirnforschung. Die Bedeutung der Wissenskritik verdankt sich einem *praktischen Interesse:* Politik und Gesellschaft müssen wissen, wie sie unsicheres Folgenwissen hinsichtlich seiner Geltung einzuschätzen haben, um reflektierte und adäquate Entscheidungen, z. B. im Rahmen des Vorsorgeprinzips treffen zu können. Diese Aufgabe erfordert wissenschaftstheoretische Hinwendung zum Geltungsanspruch der selbst produzierten Ergebnisse, insbesondere im Hinblick auf den epistemologisch prekären Status jeglichen Zukunftswissens (Grunwald 2007).

(3) Technisierungskritik und Technikphilosophie: In vielen Feldern des technischen Fortschritts (z. B. zu neuen Gehirn/Maschine-Schnittstellen oder im Kontext der ‚technischen Verbesserung' des Menschen, vgl. Grunwald 2008a) kommt es zu einer Dualität von Technisierungs*hoffnungen* einerseits (z. B. im Hinblick auf die Überwindung von gesundheitlichen oder körperlichen Defiziten) und Technisierungs*befürchtungen* andererseits, wenn Technisierung mit einer Unterordnung des Menschen unter Technik, einem Kontrollverlust und zunehmender, Unbehagen verbreitender Abhängigkeit des Menschen sowie mit einem Verlust an Individualität, Emotionalität und Spontaneität in Verbindung gebracht wird. Technikphilosophische Aufgabe ist, die Redeweise von der Technisierung des Menschen in Bezug auf ihre Semantik und dabei unterstellte Prämissen, Einseitigkeiten oder Widersprüche sowie in Bezug auf den zugrunde liegenden Technikbegriff und die darin unterstellte Verhältnisbestimmung von Mensch und Technik zu hinterfragen (Gutmann 2004, Hubig 2006).

(4) Moralkritik und Ethik: Der wissenschaftlich-technische Fortschritt führt häufig zu Situationen normativer Unsicherheit, in denen die etablierten Moralvorstellungen nicht hinreichen, eine anstehende Frage zu klären, sei es aufgrund eines Konflikts zwischen Moralen oder weil die zu lösende Frage ein Ausmaß an Neuheit hat, so dass die bestehenden Moralen mit der Klärung überfordert sind. Damit entsteht ein Bedarf an Wissenschafts- oder Technikethik (z. B. Ropohl 1996, Höffe 1993, Hubig 2007). Typische Fragen sind die Sicherstellung menschlicher Autonomie gegenüber der Technik, Probleme der Verteilungsgerechtigkeit, das Verhältnis von Technik und Natur bzw. natürlicher Umwelt, Notwendigkeiten des Umgangs mit Unsicherheiten des Folgenwissens und Fragen zum Verhältnis von Technik und Leben. Die Quelle der Anfragen an Ethik mit dem Ziel der Orientierungsleistung liegt letztlich im politischen Bereich, indem die Art und Weise des menschlichen Zusammenlebens, der Umgang mit Technik und der Natur sowie Fragen der Zukunftsverantwortung behandelt werden, zu deren Beantwortung von der Ethik professioneller Rat erwartet wird (Gethmann/Sander 1999).

(5) Verfahrenskritik und Politische Philosophie: Der Umgang mit dem technischen Fortschritt, insbesondere mit technikbedingten Risiken, hat früh Fragen aufgeworfen, ob und in welcher Hinsicht das klassische Modell repräsentativer Demokratie hier an Grenzen stößt. Vielfach wurde eine ‚Demokratisierung des Wissens' gefordert, um der Bevölkerung die Möglichkeit zu geben, sich selbst ein fundiertes Urteil zu bilden (SPP 2003, von Schomberg 1999). Demokratisierung des Wissens heißt hier nicht, Wahrheits- und Geltungsfragen zum Gegenstand von Abstimmungen zu machen, sondern bedeutet, die in der Regel in Form komplexer Gemengelagen vorliegenden Entscheidungs- und Meinungsbildungssituationen in normativer wie in epistemologischer Hinsicht so transparent zu machen, dass über politisch entscheidbare Fragen reflektiert und transparent eine demokratische Debatte überhaupt erst geführt werden kann (Grunwald 2008a). Ist dies eine eher wissens- und wissenschaftstheoretische Frage (dazu s. o.), so stellt sich im Hinblick auf Politische Philosophie die Frage nach Demokratiemodellen, die die Beteiligungsmöglichkeiten erweitern und verhindern, dass sich ein zur Technokratie neigendes System aus wissenschaftlichen Experten und politischen Entscheidern ohne Rückkopplung mit einer demokratischen Öffentlichkeit durchsetzt (Habermas 1968, Habermas 1992).

Insgesamt ergibt sich auf diese Weise ein vielfältiges Spektrum philosophischer Beiträge zur prospektiven Analyse und Beurteilung von technischen Entwicklungen und ihren Folgen. Philosophie ist thematisch in viel größerer Breite gefragt als ausschließlich in Fragen der Ethik, wie dies gelegentlich in der Öffentlichkeit gesehen wird. Insgesamt gesehen kommt der Philosophie vor allem eine *hermeneutisch-aufklärende Funktion* im weitesten Sinne zu. Es geht vielfach darum, Unterscheidungen zu präzisieren, Konnotationen herauszuarbeiten, Geltungsbedingungen zu untersuchen, begriffliche Hintergründe aufzudecken oder Prämissen und Präsuppositionen in transparenter Weise zu bestimmen. Auf diese Weise kann Philosophie sicher nicht aus eigener Kraft über neue Optionen im technischen Fortschritt umfassend urteilen, sondern ‚nur' Deutungsangebote und Vorschläge zur begrifflichen und argumentativen Klärung von Sachverhalten und zur Rechtfertigungssituation machen. Diese allerdings können, gegründet letztlich auf den ‚zwanglosen Zwang des besseren Arguments' (Habermas), durchaus Relevanz in gesellschaftlichen Technikdebatten und in der Politikberatung gewinnen (Grunwald 2008a).

Für das Feld des Pervasive Computing erscheinen alle genannten Facetten potentiell relevant, abhängig vom jeweils konkreten Erkenntnisinteresse sicher in je unterschiedlicher Ausprägung. Die Fragestellung des vorliegenden Beitrags – eine mögliche Technisierung des Menschen – fokussiert das Feld auf spezifische Anfragen an philosophische Reflexion im Rahmen des Begriffs der ‚Technisierung', also vorwiegend an Technikphilosophie.

3 Pervasive Computing und das Mensch/Technik-Verhältnis

Insbesondere die Miniaturisierung sowie Leistungs- und Kapazitätssteigerungen vor allem in der Mikroelektronik, Mikrosystemtechnik, Nanotechnologie, bei elektronischen Etiketten, Positionierungssystemen oder in der Mobilkommunikation fördern den Trend zur ‚allgegenwärtigen' Verbreitung von zum Teil vernetzten Kleinstcomputern und Sensoren (Orwat et al. 2008). Auch in den verwandten Begriffen des ‚Ubiquitous Computing' und der ‚Ambient Intelligence' besteht der Kern des Ansatzes in einer informationstechnischen Aufladung unserer Umgebung.

Der Begriff des Pervasive Computing ist, wie viele strategisch eingesetzten Begriffe der gesellschaftlichen Debatte, nicht eindeutig definiert. Er wird im Folgenden (nach Orwat et al. 2008) für technische Systeme auf der Basis der weiteren Verbreitung von miniaturisierten, mobilen oder eingebetteten IKT verwendet, die einen gewissen Grad an ‚Intelligenz', in den meisten Fällen Netzwerkverbindung sowie fortschrittliche Nutzerschnittstellen aufweisen (Satyanarayanan 2001, Saha/Mukherjee 2003). Pervasive Computing stellt ein Leitbild der Entwicklung von IKT-Systemen dar, die ‚ubiquitär' in dem Sinne sind, als ihre Nutzung nicht an einen speziellen, dafür vorgesehenen Ort gebunden ist, wie z. B. an einen Computerarbeitsplatz (daher auch die Verwandtschaft mit einem anderen strategischen Begriff in diesem Kontext, dem ‚Ubiquitous Computing'). Die Allgegenwart des Pervasive Computing wird dabei entweder dadurch erreicht, dass die Nutzer von IKT umgeben sind, z. B. in Häusern und Textilien, oder durch die Mitführung mobiler Geräte durch den Nutzer. Mit dem Pervasive Computing wird in der Regel eine spezifische Form von ‚Intelligenz' verbunden, indem das System Kontexte erkennen und darauf reagieren kann („context awareness“) (Heesen et al. 2005). Ferner erbringen Pervasive-Computing-Systeme in der Regel ihre Hauptleistungen der Datenverarbeitung und -übertragung *automatisiert* (um hier das Wort ‚autonom‘ zu umgehen), d. h. ohne menschliche Akteure in den anstehenden Entscheidungen einzubeziehen.

Die Vision des Pervasive Computing besteht darin (folgend Orwat et al. 2008), auf diese Weise die Umgebung des Menschen informationstechnisch aufzuladen. Menschen sollen von Sensoren und intelligenten Schnittstellen umgeben sein, eingebettet in Dingen des alltäglichen Lebens wie Möbeln, Kleidung, Fahrzeugen, Materialien (z. B. auch Wandanstrichen), hinter denen Computer- und Netzwerktechnologien stehen. Ziel dieses Arrangements ist die Schaffung einer Umgebung, die unauffällig und unsichtbar verschiedene Computerleistungen anbietet. Eine derartige IKT-Umgebung soll, so das ‚Programm‘ des Pervasive Computing, die spezifischen Charakteristika von Personen in den jeweiligen Kontexten erkennen, ihnen Hilfestellungen in unterschiedlichen Lebenslagen anbieten und intelligent auf Bedürfnisse der Nutzer reagieren. Es geht um die Schaffung einer ‚intelligenten Umwelt', die ‚das Leben angenehmer macht'.

Da es in diesem Beitrag um mögliche Folgen[4] des Pervasive Computing für das Verhältnis von Mensch und Technik geht, seien in dieser Richtung einige Charakteristika des Pervasive Computing deutend herausgearbeitet (teils nach Wiegerling 2008):

- *Unsichtbarkeit:* Die Miniaturisierung und Dezentralisierung der EDV-Welt wird für Pervasive Computing weiter vorangetrieben. Die Hardwarekomponenten werden zu einem großen Teil durch Verkleinerung und durch Einbettung in Alltagsgegenstände (z. B. im Wohnungsbereich) weitgehend unsichtbar.
- *Allgegenwart:* Damit das System arbeiten kann, muss zumindest in bestimmten Bereichen (z. B. im Wohnhaus) die informatorische Aufladung der physischen Welt hinreichend vollständig sein. Insofern wir dann von allgegenwärtiger IKT umgeben sind, leben wir nicht mehr in einer Welt mit einzelnen und getrennt wahrnehmbaren technischen Artefakten, sondern in einem ‚technischen Milieu', das ein ‚seamless web‘ bildet, ein nahtloses Gewebe vernetzter Kleinsttechnologien (Schwarz 1992).
- *Adaptivität:* Das Pervasive Computing setzt auf Umgebungssysteme für menschliches Handeln, die Veränderungen von Situationen und Kon-

[4] Eine ganze Reihe von nicht-technischen Aspekten von Folgen des Pervasive Computing sind ungelöst, so z B. die Energieversorgung, mögliche Auswirkungen auf die Gesundheit durch nicht ionisierende Strahlung der Mobilfunknetze, Privatheit und Datenschutz oder Herausforderungen der Trennung ‚eingebetteter‘ IKT-Bestandteile in der Entsorgung (z. B. in Textilien). Diese Typen von Problemen sind jedoch nicht Gegenstand dieses Beitrags (vgl. hierzu z. B. Stone 2003, Hilty et al. 2004, Gabriel et al. 2006).

texten erkennen und darauf selbst organisiert durch Adaptation an neue Herausforderungen reagieren können (z. B. während des Autofahrens).

- *Deutungskompetenz:* Dies bedarf offenbar der Fähigkeit des Systems, Kontexte wahrzunehmen, zu *deuten* und Konsequenzen für die nächste Aktion zu ziehen. Insbesondere müssen die Intentionen der Nutzer gedeutet werden, in welcher Weise mit der veränderten Situation umgegangen werden soll. Das Pervasive Computing soll diese Intentionen erspüren und realisieren helfen, statt dem Nutzer fremde Intentionen überzustülpen.
- *Verknüpfung von lokalen und globalen Informationen:* Durch die Kontextwahrnehmung einerseits und die Anbindung an externe Netze wie z. B. das Internet können lokale und globale Informationen verknüpft werden, z. B. um dem Nutzer optimierte Informationen zu geben.
- *Subjekt/Objekt-Verhältnis:* Die klassische Subjekt/Objekt-Gegenüberstellung wird in gewisser Weise ‚aufgeweicht'. Die Umgebung des Menschen ist in einem Pervasive Computing-System nicht mehr ‚hart' und widerständig, sondern wird adaptiv. In diesem Sinne ist eine informatorisch aufgeladene Umgebung gerade keine ‚Zweite Natur', in der die Widerständigkeiten der Umwelt nicht mehr unmittelbar der Natur, sondern der nach menschlichen Zwecken technisch und kulturell überformten Natur geschuldet sind, sondern stellt einen neuen Typ von Umgebung dar, einen Typ, der nicht mehr menschlichen Handlungen Widerstand entgegensetzt, sondern der sich anpasst, an neue Kontexte und Herausforderungen, aber vielleicht auch z. B. an die momentanen Launen und Bedürfnisse des Nutzers.[5]

Das Verhältnis von Mensch und Technik verändert sich in einem solchen Modell offenkundig. Ist bisherige Technik zwar nach Zielen des Menschen eingerichtet und wird zumeist auch so genutzt, so ist Technik, in den Verwendungszusammenhang eingestellt, durchaus ‚widerständig'. Die einmal implementierten Zweck/Mittel-Relationen sind material verfestigt. Dieses instrumentelle und ‚harte' Verhältnis von Mensch und Technik verändert sich: im Pervasive Computing sollen höherstufige Zweck/Mittel-Beziehungen realisiert werden, wofür aber auf der instrumentellen Ebene Freiräume entstehen, die durch Entscheidungen des Systems ausgefüllt werden. Im Pervasive Computing geht es nicht darum, technische Mittel zu festen Zwecken bereitzustellen wie etwa eine Waschmaschine zum Waschen, sondern für variable Konstellationen mit unterschiedlichen Zwecksetzungen auch variable und je ‚angepasste' Mittel. Hieraus ergeben sich einige Fragen, die im Folgenden anhand des Begriffs der Technisierung des Menschen eine Rolle spielen werden:

---

5 Sehr wahrscheinlich werden auf anderen Ebenen neue Arten von ‚Widerständigkeiten' auftreten, so dass das Leben möglicherweise durch Pervasive Computing nicht per se einfacher wird, sondern dass die Widerständigkeiten des Lebens bloß auf andere Aspekte verschoben werden.

- Schaffen wir im Pervasive Computing eine an uns angepasste bzw. eine sich an uns anpassende Umgebung, oder schaffen wir eine Umgebung, der wir uns anpassen müssen, um die erwarteten Vorteile zu nutzen? Es ist eine alte Frage der Technikphilosophie, wer sich wem anpassen muss oder faktisch anpasst. So wird z. B. in der Formulierung ‚Anpassungserzwingung durch Technik' eine Argumentationsfigur kodiert, nach der die Vorteile von Technik nur um der Preis der Anpassung des Menschen an die Vorgaben der Technik zu erreichen sind.
- Was bedeutet der Verlust der (teilweisen) Widerständigkeit der Umgebung des Menschen? Kommt es hier zu ‚konservierenden' oder ‚innovationsfeindlichen' Effekten, weil die Widerständigkeit der Umgebung als Element des Lernens (teilweise) entfällt? Kommen uns Entwicklungsmöglichkeiten abhanden, nämlich die, die sich aus Widerständen und Grenzen der Umgebung heraus ergeben? Oder kommt es nur zu einer Transformation klassischer Widerständigkeiten in neue, vielleicht höherstufige Widerständigkeiten, die dann auch neue Formen des Lernens ermöglichen oder erzwingen?

Damit erweist sich als zentrale technikphilosophische Frage des Pervasive Computing, ob das Programm – um mehr geht es bislang kaum – eine ‚Humanisierung der Umgebung' erwarten lässt oder doch eher eine ‚Technisierung des Menschen'. Hierbei handelt es sich um eine vor allem hermeneutische Frage, die vor allen normativen Erwägungen technikethischer Art bearbeitet werden sollte. Begriffliche, semantische und hermeneutische Klärungen dieser Frage sind Voraussetzungen für eine ‚aufgeklärte' Debatte (Grunwald 2008a). Dies sei im Folgenden anhand des Begriffs der Technisierung ein kleines Stück weit versucht.

4 *Technikbegriff und Technisierung*

Das Wort der Technisierung ist in der technikphilosophischen Debatte des Öfteren anzutreffen. In der Regel ist es negativ konnotiert und wird häufig mit einer Unterordnung des Menschen unter Technik, einem Kontrollverlust und zunehmender, Unbehagen verbreitender Abhängigkeit des Menschen von Technik in Verbindung gebracht. Offenkundig hängt der Begriff der ‚Technisierung' stark mit dem zugrunde liegenden Technikbegriff zusammen. Daher wird zunächst auf der Basis des reflexiven Technikbegriffs (4.1) die Ambivalenz von mit Technik notwendig verbundener Regelhaftigkeit erläutert (4.2), bevor der Begriff der Technisierung eingeführt wird (4.3).[6]

6 Die Überlegungen zum Technikbegriff gehen auf eine Arbeit mit Yannick Julliard zurück (Grunwald/Julliard 2005) und wurden in der Zwischenzeit bereits auf eine mögliche Technisierung des Menschen durch Gehirn/Computer-Schnittstellen (Grunwald 2008b) und durch Nanotechnologie (Grunwald/Julliard 2007) bezogen.

4.1 Technik als Reflexionsbegriff

Die Deutung von Technik als Reflexionsbegriff (Grunwald/Julliard 2005) nimmt ihren Ausgangspunkt in der Beobachtung, dass ‚Technik' keinen Oberbegriff für bestimmte materielle oder prozedurale Substrate darstellt. Die allgemeine Frage „Was ist Technik?" ist deshalb falsch gestellt. Vielmehr wäre zu fragen, was ‚das Technische' *an* bestimmten Handlungsvollzügen oder Gegenständen ist bzw. nach welchem Erkenntnisinteresse als solches angesehen wird. In der Verwendung des generalisierenden Technikbegriffs, wenn wir über ‚die' Technik sprechen, reflektieren wir auf eine oder mehrere Perspektiven, unter denen wir das ‚Technische' an Handlungsvollzügen und Gegenständen *als Technik generell* thematisieren.

Das Attribut ‚technisch' wird auf diese Weise als ein Zuschreibungsbegriff zu einer Handlung oder einem Produkt bestimmt. Die Zuschreibung des Attributes ‚technisch' ist nicht in dem Sinne fixiert, dass sich für einen Betrachtungsgegenstand (z. B. ein Werkzeug, ein Produkt, eine Handlung oder ein Kunstwerk) ein für alle Mal entscheiden lässt, ob es technisch oder nichttechnisch ist. Die Zuschreibung ‚technisch' hängt von der gewählten Perspektive und dem darin enthaltenen Erkenntnisinteresse oder dem Zweck der betreffenden Kommunikation ab. Mit der generalisierenden Rede über ‚die' Technik in Entgegensetzung zur Rede über einzelne ‚Techniken' wird, so die substantielle Bestimmung (nach Grunwald 2002b, Grunwald/Julliard 2005), die Regelhaftigkeit in den Mittelpunkt gestellt. Die reflektierende Zuschreibung ‚des Technischen' an etwas erfolgt dann, wenn bestimmte Regelhaftigkeiten, Reproduzierbarkeiten oder Situationsinvarianzen an diesen Handlungsvollzügen oder Gegenständen *hervorgehoben* werden sollen (Grunwald 2002b).

Wer generalisierend von Technik spricht, interessiert sich *für bestimmte Aspekte* von Handlungsvollzügen und Gegenständen. In Kommunikationssituationen ist – um ein gemeinsames deliberatives Einverständnis, z. B. für eine ethisch-politische Verständigung, zu erreichen – zu explizieren, worin diese bestimmten Aspekte bestehen und worauf reflektiert werden soll. Dies gilt insbesondere für eine Beschäftigung mit Technik in einer ethischen Perspektive. Es lassen sich nun drei Reflexionsebenen unterscheiden, deren gemeinsame Perspektive die Frage nach dem Anteil an Situationsinvarianz und Regelhaftigkeit von Mitteln und Handlungen ist (Grunwald/Julliard 2005):

(1) *Reflexion genereller Aspekte von Techniken:* Die Reflexion auf das im Partikularen verborgene Allgemeine kennzeichnet *jede* generalisierende Rede über Technik. Das Allgemeine in den partikularen, lebensweltlichen wie professionellen Technikbegriffen kann z. B. in ihrer Künstlichkeit, in ihrer Gegenständlichkeit oder in dem Verweis auf ihren instrumentellen Charakter bestehen. Welcher Verallgemeinerungsaspekt gemeint ist, hängt von den jeweiligen Herausforderungen der Lebensbewältigung ab, über die kommuniziert wird.

(2) *Reflexion genereller Eigenschaften von Mitteln:* Eine weitere Perspektive der Reflexion besteht in der Betrachtung des Mittelcharakters der Technik (Hubig 2002). Hier wird von übergreifenden Funktionen ‚der' Technik, von generalisierten Zwecken und damit von gesellschaftlichen Funktionen der Technik gesprochen. Die Reflexivität des Technikbegriffs verweist in dieser Perspektive auf generelle Aspekte im Bezug der Mittel zu Zwecksetzungen in Handlungsgefügen, wie z. B. in der These, die generelle Funktion von Technik sei die Kompensation der Defizite des Mängelwesens Mensch (Gehlen 1962).

(3) *Reflexion der Einsatzmöglichkeiten und Grenzen:* Fragen nach der Generalisierbarkeit von Handlungsschemata und nach der situationsübergreifenden Einsetzbarkeit von technischen Artefakten gehören zum Technikbegriff untrennbar hinzu. Insofern etwas *als Technik* beschreiben wird, wird nicht nur die Frage gestellt, ob dieses ‚Etwas' Mittel zum Zweck ist, sondern auch – darüber hinausweisend – ob dieses ‚Etwas' über die konkrete Situation hinaus, über die spezifischen Anforderungen im Einzelfall hinaus und sogar über den jeweiligen Verwendungszusammenhang hinaus *generell* Mittelcharakter haben könne.

Durch diese Unterscheidungen wird eine Ontologisierung von Technik vermieden. ‚Technik' fungiert nicht als Sammelbegriff für konkrete Techniken (gegenständliche Artefakte und/oder Verfahren), sondern bezeichnet eine spezifische Perspektive des Redens über diese Techniken. Wir können *als Technik* generalisierend das Technische an Gegenständen thematisieren oder das Technische an Handlungen und gesellschaftlichen Zuständen. Insbesondere ist in dieser Begriffsfassung keine Abgrenzung eines technischen Handelns als eines instrumentellen Handelns von einem kommunikativen Handeln möglich (Habermas 1988), denn das kommunikative Handeln selbst weist (sozial-)technische Aspekte im Sinne notwendig involvierter Regelhaftigkeiten auf.

4.2 Die Ambivalenz der Regelhaftigkeit des Technischen

Wenn es um Technisierung des Menschen gehen soll, ist nach dem Gesagten nach dem *Regelmäßigen* in den Angelegenheiten des Menschen bzw. nach dessen Zunahme oder Abnahme durch Pervasive Computing zu fragen. Technik erlaubt die wiederholte Ausführung von Handlungen. Sie ermöglicht damit das Aufstellen von Handlungsregeln, die sich vom historisch singulären Kontext ablösen und sich auf andere Situationen übertragen lassen. Regeln ermöglichen Üblichkeiten des Handelns in der Zeit. Die Übertragbarkeit von Handlungsregeln und die dadurch ermöglichte Verlässlichkeit sind das Fundament menschlicher Kooperation. Sie ermöglicht z. B. die Aufteilung von Handlungsketten in Einzelhandlungen und die Verteilung der Einzelhandlungen auf die verschiedenen Akteure und schafft damit die Möglichkeit des Planens und der Arbeitsteilung

(Grunwald/Julliard 2005). Regeln des Handelns ermöglichen erst die Ausbildung und Stabilisierung kollektiver Strukturen und Identitäten über die Zeit hinweg. Bestimmte Formen der Regelhaftigkeit in Situationen und Verläufen gehören zu den Bedingungen der Möglichkeit von Kultur. Beispiele für derartige Funktionen des Technischen sind technische Verfahren und die wiederholbare Nutzung technischer Artefakte, aber auch geregelte soziale Zusammenhänge, geregelte Entscheidungsprozeduren, Institutionen und rechtlich verdichtete Regeln des Zusammenlebens.

Obwohl also Regelhaftigkeit Vorbedingung des gemeinschaftlichen Zusammenlebens und auch Vorbedingung zeitübergreifender Kulturbildung ist, ist sie dennoch *ambivalent.* Einerseits bedarf die Sicherung des Lebens der Regelhaftigkeit, andererseits ist letztere eine Bedrohung der Freiheit und der Individualität. Für gelingendes menschliches Leben in einer Gesellschaft muss das Regelhafte mit dem (historisch) Einmaligen in einer ausgewogenen Balance stehen. Widerstand gegen Technik ist vor diesem generalisierenden Hintergrund nicht bloß Widerstand gegen bestimmte Artefakte, sondern verweist auf einen Grundzug menschlicher Gesellschaften: auf die Ambivalenzen zwischen Sicherheit und Freiheit, zwischen Spontaneität und Regelhaftigkeit, zwischen Planung als Eröffnung von Handlungsoptionen und einer ‚Verplanung' als Schließung von Optionen. In gesellschaftlicher Wahrnehmung bedrohlich wirkt hier vor allem das Technische im Sozialen, weniger die Technik als Ensemble von Maschinen und Apparaten. Indizien für diese ‚dunkle Seite' der Regelhaftigkeit und damit ‚der Technik' sind folgende sozialen Bereiche:

- *Bürokratie:* Bürokratie stellt eine dem Anspruch nach technisch-effiziente Anordnung von Verwaltungsabläufen dar. Regelhaftigkeit, Kontrolle, hierarchische Strukturierung von Abläufen etc. lassen die Bürokratie als eine „soziale Maschine" erscheinen, die für bestimmte Funktionen bestimmte reproduzierbare Resultate produziert. Der Maschinencharakter äußert sich auch darin, dass eine Bürokratie aus funktional ersetzbaren Einzelteilen besteht – Menschen als ‚Rädchen im Getriebe'. Die gesellschaftliche Ambivalenz dieses Funktionsmusters lässt sich leicht aus negativen Konnotationen einer ‚Bürokratisierung' erkennen.
- *Militär:* Das Militärische lässt sich ebenfalls als eine Form technischer (im Sinne von stark regelgeleiteter) menschlicher Verhaltensweisen deuten. Das Marschieren z. B. stellt eine ‚technische' Fortbewegungsweise des Menschen dar, mit dem bekannten Stechschritt als extremer Ausprägung. Die Technisierung von Kommunikation durch strikte Hierarchisierung der Kommandostrukturen lässt sich hier anführen, genauso wie sich das Militär insgesamt als technisches System interpretieren lässt. Wird gesellschaftlich das Militär als abgegrenzter Bereich zur Erfüllung bestimmter Funktionen weitgehend anerkannt, so zeigt sich die Ambivalenz jedoch dann, wenn von einer Militarisierung der Gesellschaft insgesamt die Rede ist.

Befürchtungen des ‚eindimensionalen Menschen' (Marcuse 1967) sind genau dieser Art einer Unterdrückung des Menschen durch Regelsysteme, die, zwar einmal geschaffen für menschliche Zwecke, sich dann aber verselbständigen und totalitär werden. Als Befürchtungen vorgebracht, stellen sie der gesellschaftlichen Technikdiskussion in generalisierender Absicht deutliche Fragen: Welcher Grad an Regelhaftigkeit und Reproduzierbarkeit ist nötig, welcher möglich, welcher in welchen Bereichen erwünscht oder auch nur akzeptabel – und: Wer hat die Herrschaft über die Regeln? Indem der reflexive Technikbegriff aber auch auf die positiven Eigenschaften der Regelhaftigkeit aufmerksam macht, erweist er sich auch hier als ein Medium zur Austragung relevanter gesellschaftlicher Debatten, ohne in diesen bereits eine technikoptimistische oder -skeptische Ausgangsposition einzunehmen. Dies erscheint für die Betrachtung von Technisierungsfragen (s. u.) erforderlich, um nicht von vornherein durch die Wahl des begrifflichen und technikphilosophischen Ausgangspunktes das Ergebnis der Analyse zu determinieren.

4.3 Die ‚Technisierung des Menschen'

Die ‚Technisierung des Menschen' ist eine in den generellen Debatten um Technik und insbesondere um die ‚Zukunft der Natur des Menschen' (Habermas 2001) verbreitete Wortkonstellation. Nach dem Gesagten handelt es sich hierbei ohne Zweifel um eine *generalisierende* Wortkonstellation gleich in zweierlei Hinsicht:

1. Generalisierende Betrachtung von ‚Technisierung', in der es nicht mehr um einzelne konkrete Techniken geht, sondern um Technik allgemein;
2. Generalisierende Betrachtung ‚des' Menschen und nicht einzelner Menschen, damit generalisierende Betrachtung entweder der Gattung Mensch oder in anthropologischer Hinsicht der Natur ‚des' Menschen generell.

Diese doppelte Generalisierungsperspektive erlaubt verschiedene semantische Konnotationen. So kann, entlang der Unterscheidung zwischen der individuellen und der sozialen Seite des Menschen, Technisierung eine höhere Regelhaftigkeit des Menschen auf individueller Ebene (Technisierung der Menschen) oder auf kollektiver Ebene bedeuten (Technisierung der Gesellschaft). Die Befürchtungen sind ähnlich – Autonomieverlust, externe Kontrollmöglichkeiten, Instrumentalisierung, Verlust der Urheberschaft der eigenen Biographie (Habermas 2001) –, würden sich aber jeweils stark unterschiedlich ausprägen. Geht es in diesen beiden Verständnissen um Deutungen der lebensweltlichen oder gesellschaftlichen Verfasstheit des Menschen und seiner technikbezogenen Entwicklungen, so lässt sich der Begriff der Technisierung auch auf einer sprachlichen Metaebene der ‚Bilder vom Menschen' formulieren. Damit lassen sich folgende semantische Aspekte der ‚Technisierung des Menschen' unterscheiden:

Individuelle Technisierung: Einbau technischer Artefakte in den menschlichen Körper (künstliche Ersatzteile, Prothesen, Überwachungsgeräte, Chip im Gehirn) als eine Technisierung ‚des Menschen' auf (zunächst) individueller Ebene.

Kollektive Technisierung: Transformation der „menschlichen" Gesellschaft hin zu einer ‚technischen' Gesellschaft einschließlich ihrer ‚technischen' Organisation.

Technisierung des Menschenbildes: Technisierung durch zunehmend technische, also auf Regelhaftigkeiten gegründete Selbstbeschreibungen des Menschen.

Diese semantische Unterteilung des Begriffs der Technisierung erlaubt nun, die Frage einer möglichen Technisierung des Menschen durch Pervasive Computing als Verschiebung zu stärkerer Regelhaftigkeit individueller oder kollektiver Handlungsvollzüge oder von Selbstwahrnehmungen zu beantworten.

5 Technisierung durch Pervasive Computing?

An dieser Stelle können nun die Deutungen des Pervasive Computing (Kap. 3) mit den genannten Aspekten der ‚Technisierung des Menschen' zusammengeführt werden.

5.1 Pervasive Computing als Technisierung individuellen Lebens?

Die Zunahme technischer Schnittstellen, innerhalb der sich Menschen in Systemen des Pervasive Computing bewegen (werden) und die dabei erforderlichen Schritte in Richtung auf eine Virtualisierung der Kommunikation (Müller et al. 2008) und des Handelns legen zweifelsfrei nahe, nach möglichen Technisierungseffekten auf der Ebene *individuellen* Handelns zu fragen. Inwieweit neue technische Systeme und Verfahren im Pervasive Computing eine Technisierung des Individuums bedeuten (können), kann in zweifacher Hinsicht verstanden werden: (1) als zunehmende Abhängigkeit von Technik durch Regelunterwerfung, und (2) als Verlust von Autonomie und von Widerständigkeiten der Umgebung, die Lernen und Kreativität ermöglichen und erzwingen.

(1) Mit dem Pervasive Computing steigt die Bedeutung von artefakthafter Technik und den damit verbundenen Regelsystemen für den Menschen, auch wenn die technischen Bausteine für das menschliche Auge unsichtbarer werden. Denn um die Vorteile der Systeme zu genießen, ist ein Sich-Einlassen auf die Schnittstellen zu den informationstechnischen Systemen erforderlich. Die Systeme müssen mit *ihren* Möglichkeiten den Zustand des Nutzers und seine Wünsche erfassen können, um darauf reagieren zu

können. Dafür wiederum ist erforderlich, dass der Nutzer entsprechende ‚Signale' sendet, die Regeln folgen, welche von dem umgebenden System ‚verstanden' werden können. Damit würden diese ‚Kommunikations'-Regeln einen Charakter faktischer Verbindlichkeit auf individueller Ebene erhalten. Nutzer würden sanft gezwungen, sich an diese Regeln zu halten, da sie ansonsten die Vorteile des Systems nicht wahrnehmen könnten. Das Regelsystem des umgebenden informationstechnischen Systems würde zu einer ständigen Orientierung der Lebensvollzüge in den jeweiligen Umwelten. Technische Artefakte, untereinander verbunden in ‚unsichtbaren Systemen', würden dadurch die schon vorhandene Abhängigkeit des Menschen von Technik vergrößern. Die Betroffenen würden sich an die neuen Unterstützungen ihrer Lebensvollzüge durch eine ‚intelligente' Umgebung gewöhnen, sie schließlich als selbstverständlich erachten und wären möglicherweise nicht mehr oder nur noch bedingt in der Lage zu agieren, wenn die erforderlichen technischen Schnittstellen einmal versagen würden und die dadurch aufgeprägten Regelhaftigkeiten nicht mehr zur Verfügung stünden.

Diese Form der Abhängigkeit von technischen Leistungen und Regeln ist allerdings nichts prinzipiell Neues, sondern ist aus vielen Bereichen bekannt. Auch die Vorteile eines klassischen Automobils sind nur auszuschöpfen, wenn man sich an die Regeln der Bedienung des einzelnen Autos und an die Regeln des Verkehrssystems hält. Dieses Verhältnis zwischen Nutzenrealisierung und Regelunterwerfung ist charakteristisch für moderne Technik oder gar für Technik generell. Ein Indiz für eine dramatisch zunehmende Technisierung des Menschen durch Pervasive Computing ist dies daher nicht. Sicher kann es zu graduellen Veränderungen auf der Linie des bisherigen technischen Fortschritts kommen. Rein spekulativ kann man die Entwicklung dahingehend weiterdenken, dass Menschen auf diese Weise letztlich zu einem „Rädchen im Getriebe" des Pervasive Computing werden könnten, was sicher eine Form ihrer Technisierung wäre. Dies bleibt, wie gesagt, spekulativ, und lässt sich bestenfalls in eine Verpflichtung zu ständiger Reflexion der individuellen Abhängigkeiten von Technik umdeuten.

(2) Die technische Einbettung aller menschlichen Handlungsvollzüge in eine informationstechnische Umgebung kann zu aufgeprägten oder schleichenden Autonomieverlusten führen. *Zum einen* sind Missbrauchsszenarien der Überwachung und Kontrolle denkbar. Es könnten die Möglichkeiten externer Kontrolle (‚Fernsteuerung') und Überwachung vergrößert werden. Neue Möglichkeiten der Spionage und der Ausspähung durch Sicherheitsbehörden oder einen Überwachungsstaat sind vorstellbar (Stone 2003). Hier stellen sich Fragen des Datenschutzes, der informationellen Selbstbestimmung (Hilty et al. 2004), aber auch Fragen nach zukünftigen Gestaltungen der Mensch-Maschine-Schnittstelle generell. Ob es hier zu einer allgemeinen Technisierung des Menschen auf individueller Ebene kommen wird, hängt von der Art und Weise ab, *wie* Pervasive Computing in die Ge-

sellschaft ‚integriert' wird, also in welcher Weise es Bestandteil von „soziotechnischen Systemen" (Ropohl 1979) wird. Insbesondere ist die Frage zu beantworten, wer die Hoheit über die Regeln hat, nach denen die Mensch/Technik-Schnittstelle im Pervasive Computing gestaltet wird. *Zum anderen* könnte es zu ‚schleichenden' Erosionen individueller Autonomie kommen, sozusagen ‚aus Bequemlichkeit'. Das Individuum wird Teil technischer Systeme und verrichtet seine Lebensvollzüge in einer Umgebung, die das Leben ‚angenehmer macht'. Der Verlust der Widerständigkeit der Umwelt könnte dazu führen, dass Anreize fehlen, die Widerstände mit kreativen Reaktionen zu überwinden, weil das System dies autonom und schon antizipierend von sich aus tut – allerdings nach den Kriterien des Systems und nicht unbedingt nach den Kriterien des Nutzers. Die Annehmlichkeiten des Systems, die fürsorgliche Erfüllung der Wünsche des Nutzers, können, verbunden mit bekannten menschlichen Bequemlichkeiten, dazu führen, dass das Bestehen auf den je eigenen Kriterien als Maßstab erschwert werden könnte, weil dies einer eigenen Anstrengung bedürfte, die dem Individuum durch das System nicht abgenommen würde. Das Individuum könnte zu einem ‚Muster' reduziert werden und die Autonomie in der Reaktion auf ‚Widerstände' verlieren, wenn die Widerstände aus Bequemlichkeit vielleicht gar nicht mehr als solche wahrgenommen werden oder, wenn doch, aus eben dieser Bequemlichkeit heraus in Kauf genommen würden. In einem solchen – sicher spekulativen – Szenario würde die Autonomie des Individuums zwar prinzipiell bestehen bleiben, faktisch aber ausgehöhlt. Der Effekt wäre eine Art freiwilliger Autonomieverzicht aus Bequemlichkeit.

Mit der Steigerung der Kontingenz in der *conditio humana* steigen gleichermaßen die Gefahr von Technisierung, Kontrolle und freiheitsgefährdender Regelhaftigkeit einerseits und die Chance auf mehr Autonomie des Menschen und Emanzipation von bislang unbeeinflussbaren Zwängen andererseits. Mittels des reflexiven Technikbegriffs wird deutlich, dass Pervasive Computing auf individueller Ebene ambivalent ist und dass daher eine Reflexions- und Gestaltungsaufgabe zur *kulturellen Einbettung* dieser Entwicklungen entsteht. Der Schluss von einer verbreiteten Nutzung des Pervasive Computing auf eine damit *notwendig* verbundene Technisierung des individuellen Menschen wäre jedenfalls voreilig.

5.2 Auf dem Weg zu einer technisierten Gesellschaft?

Eine technisierte Gesellschaft kann nach Maßgabe des reflexiven Technikbegriffs in mehrerer Hinsicht verstanden werden: als zunehmende gesellschaftliche Abhängigkeit von Technik mit den dadurch erzeugten Zwängen zur Regelhaftigkeit und Anpassung an die Zwänge der Technik, als Entwicklung hin zu einer im sozialen Bereich stärker regelgeleiteten Technik (vgl. die Beispiele der Bürokratisierung und der Militarisierung in Abschnitt 3) und als Übergang in eine fundamental ‚technische' Gesellschaftsform.

Aufgrund der Notwendigkeit, Pervasive Computing Systeme auf sehr spezifische Kontexte zuzuschneiden (z. B. das Wohnumfeld oder den Bedarf im medizinischen Bereich, vgl. dazu Orwat et al. 2008), liegen Gedanken an eine Technisierung der Gesellschaft generell nicht sehr nahe. Sicher würde durch verbreitete Einführung derartiger Systeme die bereits starke gesellschaftliche Abhängigkeit von funktionierender Technik weiter vergrößert, und sicher sind spekulative Szenarien denkbar, in denen eine kollektive Abgabe der Regelsetzungskompetenz in der Kommunikation an technische Systeme erfolgen könnte, mit den entsprechenden Folgen für eine stärker nach technischen Regeln, die dazu immer weniger beeinflussbar wären, funktionierende gesellschaftliche Praxis. Dennoch gibt es zurzeit keinen Anlass, in dieser Richtung eine ernsthafte Folgenforschung zu betreiben.

In einem normativen Sinne wird der Begriff gesellschaftlicher Technisierung in der aktuellen Debatte um den Transhumanismus verwendet (Coenen 2006). Technisierung in kollektiver Hinsicht, die Selbstverwandlung des Menschen hin zu einer global vernetzen ‚Intelligenz', in der Menschen, wenn überhaupt noch, nur mehr die „Endgeräte" einer perfektionierten Technik wären, sind hier normativ gemeinte Zielbestimmungen für die weitere Entwicklung der Menschheit. In transhumanistischen Kreisen wird die Aufgabe der Menschheit darin gesehen, ihre eigenen Mängel dadurch zu überwinden, dass sie eine technische Zivilisation schaffe, die die Menschen mit ihren hinlänglich bekannten Defiziten letztlich überflüssig mache. Eine vom Menschen geschaffene und sich dann selbständig weiter entwickelnde technische Zivilisation sollte die menschliche Zivilisation ablösen. Eine Selbstabschaffung des Menschen zugunsten der Technik wäre selbstverständlich eine – vollständige – Technisierung des Menschen. Kommunikation würde dann ausschließlich nach dem Idealmodell ‚technischer Kommunikation', also der Datenübertragung zwischen technischen Geräten erfolgen. Dass das Pervasive Computing, die Einbettung des Menschen in eine informationstechnische Umwelt, als Schritt auf diesem Weg verstanden werden kann, liegt nahe. Schließlich kann in spekulativen Szenarien gefragt werden, ob in Zukunft, das Pervasive Computing weiter gedacht, dieses tatsächlich noch den Menschen ‚das Leben angenehmer macht', oder ob nicht Menschen zu bloßen ‚Endgeräten' eines sich selbst weiter perfektionierenden Systems werden könnten, wobei sie aufgrund der ‚Annehmlichkeiten' vielleicht gar nicht bemerken würden, wie sie entmachtet und zu Anhängseln der Technik degradiert würden. Spekulationen dieser Art, Sorge vor Autonomie- und Kontrollverlust gehören zur Technikgeschichte hinzu und haben ihre Funktion darin, bestimmte Fragestellungen wach zu halten und Reflexionen anzuregen, sagen aber gleichzeitig wenig über erwartbare Entwicklungen aus.

Eine insgesamt technisierte Gesellschaft im Sinne stärkerer Bedeutung von Regelbefolgungen und stärkerer Ahndung von Regelverletzungen ist zwar nicht auszuschließen, wie in Bezug auf die Zukunft fast nichts auszuschließen ist. Realistisch erwartbare Technisierungen sind jedoch zunächst nicht absehbar. Sorgfältige Beobachtung der weiteren Entwicklung und entsprechende Reflexion sollten dazu beitragen, das Pervasive Computing in einem ‚verantwortbaren' Sinn in die Gesellschaft einzubetten (Hilty et al. 2004, Gabriel et al. 2006).

5.3 Technisierung des Menschenbildes?

Schließlich ist an eine weitere semantische Dimension einer ‚Technisierung des Menschen' zu erinnern: eine zunehmende Selbstbeschreibung des Menschen in technischen Begriffen und mit Analogien aus technischen Wissenschaften (z. B. Janich 1996). Eine Technisierung des Menschen findet hierbei *begrifflich* statt, im Medium der Sprache und der damit verbundenen Weltdeutung, als andere Seite der Medaille der von vielen Naturwissenschaftlern und einigen Philosophen versuchten Naturalisierung des Menschen (vgl. Janich 2008).

Menschenbilder sind begriffliche Aggregate aus Zuschreibungen von ‚Eigenschaften' des Menschen, die in einer *generalisierenden Rede* Verwendung finden. Sie decken ganz verschiedene Aspekte ab, z. B. die Körperlichkeit des Menschen, die geistige Verfasstheit, die kulturelle, soziale bzw. politische Seite etc. Der Begriff ‚Menschenbild' ist ein *Reflexionsbegriff* zur Erfassung von Eigenschaften, die wir Menschen ‚generell' zuschreiben.

In der Frage, ob Pervasive Computing zu einer Technisierung von Menschenbildern führt, fällt das Verständnis von Technisierung mit der Verwendung einer informationstechnischen Sprache in der Rede vom Menschen zusammen. Eine Technisierung des Menschen wie seine Deutung als (z. B. kybernetische) Maschine, die sich in die Regeln technischer Systeme einpasst, weil sie nur so die Vorteile der technischen Systeme nutzen kann, oder die mögliche Reduktion von Personen auf „Nutzermuster" wären in der Tat Formen einer Technisierung des Menschen (Janich 1996).

In den Tendenzen zur Reduktion des Menschen auf das naturwissenschaftlich Beobachtbare und damit auf das technisch Beeinflussbare (z. B. Habermas 2001) sind in der Tat verstärkt technische Deutungen des Menschen zu beobachten. In dieser Hinsicht wäre als Technisierung des Menschen der Prozess zu bezeichnen, in dem sich zunehmend technische Deutungen des Menschen als ‚technische' Menschenbilder durchsetzen. Dieser Prozess käme an ein Ende, wenn es zu einer ‚rein technischen' Beschreibung des Menschen käme, die nicht mehr der Konkurrenz oder Ergänzung durch andere, nichttechnische Beschreibungen des Menschen (z. B. als zoon politicon, als soziales Wesen, als Teilnehmer einer Kommunikationsgemeinschaft etc.) ausgesetzt wäre. Dies wäre eine Situation, in der Menschen sich mit der technischen Selbstbeschreibung zufrieden geben und sie als die einzig noch zulässige ansehen würden. Die Technisierung als technisch gewendete Seite fortschreitender Versuche einer Naturalisierung des Menschen wäre damit an ihr Ziel gekommen.

Für Aspekte des Menschlichen, die sich in dieser Maschinensicht auf den Menschen nicht erfassen ließen, wäre dann kein Platz mehr.

Der Deutlichkeit halber sei dies noch anders formuliert: Maschinenbilder vom Menschen oder andere technisierte Menschenbilder sind kein Problem *per se;* für viele Zwecke gerade wissenschaftlicher Art ist es unerlässlich oder wenigstens zweckdienlich, den Menschen technisch zu modellieren, etwa als ein Information verarbeitendes System. Um Systeme des Pervasive Computing technisch zu modellieren und zu gestalten, müssen Nutzer und die ‚Kommunikation' zwischen Nutzer und Umgebungssystem technisch modelliert werden. Mit derartigen Formen technischer Modellierung des Menschen ist solange keine Technisierung verbunden wie sie in ihrem jeweiligen Bedeutungs- und Funktionskontext verbleiben und in ihren, den jeweiligen Zwecken geschuldeten Restriktionen erkannt und reflektiert sind. Von Ansätzen einer sprachlichen Technisierung des Menschen durch z. B. ‚informationstechnische' Menschenbilder ist erst dann zu sprechen, wenn diese aus diesen Verwendungskontexten herausgelöst, von ihren Adäquatheitsbedingungen und Prämissen entkleidet und mit Absolutheitsanspruch als *Bilder vom Menschen generell* in die Debatte eingebracht werden.

Die mögliche Reduktion des Menschen auf eine besondere Art von EDV-Geräten oder kybernetischer Maschinen im Rahmen einer vollständigen Informatisierung des Menschen (Janich 1996) ist eine Entwicklung, die kritischer Beobachtung bedarf und die im Umfeld des Pervasive Computing aufgrund der vielfach virtuellen Kommunikationen besonders relevant ist (Müller et al. 2008). Hier zeigen sich möglicherweise Wissenschafts- und Technikfolgen darin, wie wir uns selbst verstehen. Reflexion und Gestaltung unter ethischen und sozialen Aspekten sind gefragt, um die ‚Bereicherung' des Menschen durch Pervasive Computing zu erlauben, ohne aber in Gefahr zu geraten, damit technische Menschenbilder zu verbreiten oder ihrer Dominanz Vorschub zu leisten. Es muss weiterhin möglich sein, den Menschen als ‚trans-technisches' Wesen zu thematisieren, als ein Wesen, das von der Technik in und an seinem Körper sowie in seiner Umgebung profitiert, aber in dieser Technik nicht aufgeht.

6 Epilog

Die ‚Entdinglichung der Technik' schreitet fort (trotz der Kritik daran bei Ropohl 2002): nicht mehr die Artefakte, die uns als solche gegenüberstehen, sind für die weitere Entwicklung des Mensch/Technik-Verhältnisses entscheidend, sondern ihre software- und ‚kommunikationsgestützte' Vernetztheit. Das Beharren auf einem artefaktbezogenen Technikbegriff wird angesichts moderner Entwicklungen, besonders im Pervasive Computing, zunehmend anachronistisch. Stattdessen schieben sich Technik- und Technisierungsebenen in den Vordergrund, die mit reflexiven Technikbegriffen und ihren Konsequenzen arbeiten (Grunwald/Julliard 2005, Hubig 2006).

Im Pervasive Computing ist nicht länger die Gegenüberstellung von Mensch und Artefakt entscheidend, um die Spezifika dieser Entwicklung zu verstehen, sondern es ist die Systemebene von Technik, die als (fast) einzige Schnittstelle zum Menschen verbleibt, verbunden mit einer Zunahme virtueller Kommunikation als ,Kommunikation' zwischen Mensch und System oder zwischen Systembestandteilen (Müller et al. 2008) und virtuellem Handeln als ein ,Handeln', das ganz oder in Teilen an technische Systeme überantwortet wird. Die Frage ist berechtigt, ob nicht Technisierungen des Menschen unmittelbar involviert sind, wenn für die Selbstbeschreibung des Menschen zentrale Begriffe wie Kommunikation oder Handeln zunehmend auf technische Systeme erweitert werden. Technisierungseffekte von Mensch und Gesellschaft (im Sinne ambivalenter Regelhaftigkeit und Anpassungserzwingung) durch Pervasive Computing sind denkbar, und die Frage nach der Autonomie des Menschen und der Abgabe von Autonomie an Technik stellt sich verstärkt. Daraus folgt aber nach der vorgelegten Analyse nicht *per se* eine Technisierung des Menschen. Sicher jedoch ist hermeneutische Aufmerksamkeit und Wachsamkeit erforderlich, wofür wiederum die Beteiligung der Philosophie an Reflexion und Gestaltung sinnvoll und erforderlich ist.

Literaturverzeichnis

Birnbacher D (1991) Ethische Dimensionen bei der Bewertung technischer Risiken. In: Lenk H, Maring M (Hrsg) Technikverantwortung. Frankfurt/New York, S. 136–147

Bohn J, Coroama V, Langheinrich M et al. (2005) Social, Economic, and Ethical Implications of Ambient Intelligence and Ubiquitous Computing. In: Weber W, Rabaey J, Aarts E (Hrsg) Ambient Intelligence. Berlin, S. 5–29

Bora A, Decker M, Grunwald A, Renn O (Hrsg) (2005) Technik in einer fragilen Welt. Herausforderungen an die Technikfolgenabschätzung. Berlin

Christaller T, Decker M, Gilsbach JM, Hirzinger G, Lauterbach K, Schweighofer E, Schweitzer E, Sturma D (2001) Robotik. Perspektiven für menschliches Handeln in der zukünftigen Gesellschaft. Berlin

Coenen C (2006) Der posthumanistische Technikfuturismus in den Debatten über Nanotechnologie und Converging Technologies. In: Nordmann A, Schummer J, Schwarz A (Hrsg) Nanotechnologien im Kontext. Berlin, S. 195–222

Decker M (2007) Angewandte interdisziplinäre Forschung in der Technikfolgenabschätzung. Bad Neuenahr-Ahrweiler, Europäische Akademie Graue Reihe Nr. 41

Gabriel P, Bovenschulte M, Hartmann E et al. (2006) Pervasive Computing: Entwicklungen und Auswirkungen. Bonn: Bundesamt für Sicherheit in der Informationstechnik; http://www.bsi.bund.de/literat/studien/percenta/Percenta_bfd.pdf (download 8.5.08)

Gehlen A (1962) Der Mensch. Seine Natur und seine Stellung in der Welt. 7. Aufl. Frankfurt/Bonn

Gethmann CF (1994) Die Ethik technischen Handelns im Rahmen der Technikfolgenbeurteilung. In: Grunwald A, Sax H (Hrsg) Technikbeurteilung in der Raumfahrt. Anforderungen, Methoden, Wirkungen. Berlin, S. 146–159

Gethmann CF (1999) Rationale Technikfolgenbeurteilung. In: Grunwald A (Hrsg) Rationale Technikfolgenbeurteilung. Konzeption und methodische Grundlagen. Berlin et al., S. 1–11

Gethmann CF, Sander T (1999) Rechtfertigungsdiskurse. In: Grunwald A, Saupe S (Hrsg) Ethik in der Technikgestaltung. Praktische Relevanz und Legitimation. Berlin et al., S. 117–151

Grunwald A (2002a) Technikfolgenabschätzung – eine Einführung. Berlin

Grunwald A (2002b) Philosophy and the Concept of Technology. On the Anthropological Significance of Technology. In: Grunwald A, Gutmann M, Neumann-Held E (Hrsg) On Human Nature. Anthropological, Philosophical and Biological Foundations. Heidelberg, S. 173–188

Grunwald A (2007) Orientierungsbedarf, Zukunftswissen und Naturalismus. Das Beispiel der „technischen Verbesserung“ des Menschen. Deutsche Zeitschrift für Philosophie 55:949–965

Grunwald A (2008a) Technik und Politikberatung. Philosophische Perspektiven. Frankfurt/M.

Grunwald A (2008b) Neue Gehirn-Computer-Schnittstellen – Technisierung des Menschen? In: Hildt E, Engels E-E (Hrsg) Der implantierte Mensch. Therapie und Enhancement im Gehirn. Freiburg/München, S. 183–208

Grunwald A (Hrsg) (1999) Rationale Technikfolgenbeurteilung. Konzeption und methodische Grundlagen. Berlin et al.

Grunwald A, Julliard Y (2005) Technik als Reflexionsbegriff – Überlegungen zur semantischen Struktur des Redens über Technik. Philosophia naturalis 42(2005)1:127–157

Grunwald A, Julliard Y (2007) Nanotechnology – Steps Towards Understanding Human Beings as Technology? NanoEthics 1(2):77–87

Gutmann M (2004) Erfahren von Erfahrungen. Dialektische Studien zur Grundlegung einer philosophischen Anthropologie. 2 Bd. Bielefeld

Habermas J (1968) Verwissenschaftlichte Politik und öffentliche Meinung. In: Habermas J (Hrsg) Technik und Wissenschaft als Ideologie. Frankfurt, S. 120–145

Habermas J (1988) Theorie des kommunikativen Handelns. Frankfurt

Habermas J (1992) Drei normative Modelle der Demokratie: Zum Begriff deliberativer Politik. In: Münkler H (Hrsg) Die Chancen der Freiheit. München, S. 11–124

Habermas J (2001) Die Zukunft der menschlichen Natur. Frankfurt

Heesen J, Hubig C, Siemoneit O et al. (2005) Leben in einer vernetzten und informatisierten Welt. Context-Awareness im Schnittfeld von Mobile und Ubiquitous Computing. Nexus-Schriftenreihe, Stuttgart, Universität Stuttgart

Hesse W, Müller D, Ruß A (2008) Information, information systems, information society: interpretations and implications. Poiesis&Praxis 5:159–184

Hilty LM, Som C, Kohler A (2004) Assessing the human, social, and environmental risks of pervasive computing. In: Human and Ecological Risk Assessment 10(5):853–874

Höffe O (1993) Moral als Preis der Moderne. Frankfurt

Hubig C (1993) Wissenschafts- und Technikethik. Ein Leitfaden. Springer et al.

Hubig C (2002): Mittel. Bibliothek dialektischer Grundbegriffe, Band 1. Bielefeld

Hubig C (2006) Die Kunst des Möglichen I. Technikphilosophie als Reflexion der Medialität. Bielefeld

Hubig C (2007) Die Kunst des Möglichen II. Grundlinien einer dialektischen Philosophie der Technik: Ethik der Technik als provisorische Moral. Bielefeld

Janich P (1996) Kulturalistische Erkenntnistheorie statt Informationismus. In: Hartmann D, Janich P (Hrsg) Methodischer Kulturalismus. Frankfurt, S. 115–155

Janich P (Hrsg) (2008) Naturalismus und Menschenbild. Hamburg

Jonas H (1979) Das Prinzip Verantwortung. Versuch einer Ethik für die technologische Zivilisation. Frankfurt

Lübbe W (1997) Expertendilemmata – ein wissenschaftsethisches Problem? GAIA 6:177–181

Marcuse J (1967) Der eindimensionale Mensch. Neuwied

Mittelstraß J (2000) Die Angst und das Wissen – oder was leistet die Technikfolgenabschätzung? In: Gethmann-Siefert A, Gethmann CF (Hrsg) Philosophie und Technik. München, S. 25–42

Müller D, Ruß A, Hesse W (2008) Communication without sender or receiver? On virtualisation in the information process. Poiesis&Praxis 5:185–192

Nennen H-U, Garbe D (Hrsg) (1996) Das Expertendilemma: zur Rolle wissenschaftlicher Gutachter in der öffentlichen Meinungsbildung. Berlin et al.

Nida-Rümelin J (1996) Risikoethik. In: Nida-Rümelin J (Hrsg) Angewandte Ethik. Die Bereichsethiken und ihre theoretische Fundierung. Stuttgart, 863–887

Orwat C, Grunwald A (2005) Informations- und Kommunikationstechnologien und Nachhaltige Entwicklung. In: Mappus S (Hrsg) Erde 2.0 – Technologische Innovationen als Chance für eine Nachhaltige Entwicklung? Berlin, Heidelberg, S. 242–273

Orwat C, Rashid A, Holtmann C, Wölk M, Scheermesser M, Kosow H (2008) Pervasive Computing in der medizinischen Versorgung. Einführung in den Schwerpunkt. Technikfolgenabschätzung – Theorie und Praxis 17:5–12

Ropohl G (1979/1999) Allgemeine Technologie. Eine Systemtheorie der Technik. München. Ältere Fassung: Eine Systemtheorie der Technik. Frankfurt

Ropohl G (1996) Ethik und Technikbewertung. Frankfurt

Ropohl G (2002) Wider die Entdinglichung im Technikverständnis. In: Abel G, Engfer HJ, Hubig C (Hrsg) Neuzeitliches Denken. New York, S. 141–156

Saha D, Mukherjee A (2003) Pervasive computing: a paradigm for the 21st century. IEEE Computer 36(3):25–31

Satyanarayanan M (2001) Pervasive computing: vision and challenges. IEEE Personal Communications 8(4)):10–17

Schwarz M (1992) Technology and Society: Dilemmas of the Technological Culture. Technology and Democracy, Proceedings of the 3rd European Congress on Technology Assessment. Copenhagen, 30–44

SPP - Science and Public Policy (2003) Schwerpunktheft zum Thema Democratizing Expertise, Band 30

Stone A (2003) The dark side of pervasive computing. IEEE Pervasive Computing 2(1):4–8

von Schomberg R (Hrsg) (1999) Democratizing Technology. Theory and Practice of a Deliberative Technology Policy. Hengelo

Wiegerling K (2008) Philosophische Aspekte der Mensch-Technik-Interaktion beim Ubiquitous Computing. Concordia 53:39–63

Total computerisiert – Szenarien zur allgegenwärtigen Technik-Gesellschaft[1]

Aaron Ruß, Wolfgang Hesse, Dirk Müller

1 *Einleitung*

Die vergangenen Jahrzehnte waren von umwälzenden Entwicklungen in der Informationstechnik geprägt, die unweigerlich auch wirtschaftliche und gesellschaftliche Veränderungen – z. B. im Kommunikations- und Konsumverhalten – zur Folge hatten. Entsprechend lassen sich auch für die nähere Zukunft weitere technische Neuerungen und damit einhergehend – möglicherweise gravierende – gesellschaftliche Veränderungen erwarten. Um sich nicht unvorbereitet – eventuell unerwünschten – Veränderungen auszusetzen, muss man sich explizit mit den Zukunftsfolgen auseinandersetzen – zu diesem Zweck lassen sich als konkrete Darstellungsform *Szenarien* nutzen.

Mit Szenarien kann man zum Beispiel beschreiben, wie sich Fortschritte und Techniken in den Alltag integrieren oder wie eine bestimmte Anwendung neuer Technik konkret aussehen könnte. Gerade in den Leitmetaphern *Ubiquitous Computing (UbiCom)* und *Ambient Intelligence (AmI)* werden nicht nur rein technische Aspekte angesprochen, sondern auch ganz wesentlich deren Einbettung in die alltägliche Umgebung – und damit deren gesamt-gesellschaftliche Integration. In entsprechenden Szenarien werden Zukunftsvisionen zur Informationsgewinnung, -verarbeitung, -nutzung und ganz allgemein zur Informationsgesellschaft entworfen. Dabei wird die Szenarienform nicht nur für ein ausgewähltes Zielpublikum von Experten – als rein technische Beschreibung – genutzt, sondern vor allem auch als ansprechende Darstellung, welche die Technik einem möglichst breiten und interessierten Leserkreis vermitteln soll. Dafür werden metaphorische Bezeichnungen und Darstellungen mit besonderer Vorliebe gewählt – etwa zur Beschreibung von Informationsvorgängen und der „Informations-Fähigkeit" von Technik (s. dazu auch Ruß et al. 2010).

Vor diesem Hintergrund sollen im Folgenden einige ausgewählte Aspekte der Leitbilder *Ubiquitous Computing (UbiCOM)* und *Ambient Intelligence (AmI)* angesprochen und erläutert werden. Sie stehen für eine neue Klasse von *Ambienten Informationssystemen (AmbIS)*, die sich gegenüber den *klassischen Informationssystemen (IS)* vornehmlich durch die Eigenschaften *Mobilität*, *Pervasivität* und *Adaptivität* auszeichnen.

[1] Dieser Artikel basiert zu Teilen auf dem Artikel: Ruß et al. (2008).

M. Bölker et al. (Hrsg.), *Information und Menschenbild*, DOI 10.1007/978-3-642-04742-8_6,

2 Grundsätzliche Eigenschaften von Ubiquitous Computing und Ambient Intelligence

Während sich Szenarien-Darstellungen häufig in Veröffentlichungen zu konkreten Projekten finden, um eine bestimmte technische Lösung in Kürze und möglichst allgemeinverständlich darzustellen, gibt es auch eine Reihe von Veröffentlichungen, die sich allgemein mit Szenarien zu *UbiCom* und *AmI* befassen (vgl. z. B. Scharioth et al. 2004, Ducatel et al. 2001, Coroama et al. 2003, Tangens und Rosengart 2003, Tangens 2006, Heesen et al. 2005, Punie et al. 2005, Bizer et al. 2006, Mattern 2003, Roßnagel 2007). Neben der gebräuchlichen Bezeichnung *Ubiquitious Computing (UbiCom)* gibt es eine geradezu verwirrende Vielfalt von Begriffen für die jeweils verschiedenen technischen Ausprägungen und Ausrichtungen[2] – je nach dem, welcher Aspekt speziell betont werden soll. Dennoch hat es sich weitgehend durchgesetzt, sie alle unter dem Begriff *UbiCom* – oder alternativ AmI – zusammenzufassen (vgl. Bizer et al. 2006:12). Auch wenn sich UbiCom und AmI nicht vollständig überdecken (vgl. z. B. Siemoneit 2005 und Brey 2005), so lassen sich deren Unterschiede im Wesentlichen an ihren verschiedenen Perspektiven festmachen: UbiCom betont die Technik-zentrierte, AmI dagegen die Nutzer-zentrierte Sicht (vgl. Friedewald et al. 2005:7).

Die wesentlichen Eckpunkte der UbiCom-Szenarien lassen sich folgendermaßen beschreiben:

1. (Nahezu) Alle Gegenstände sind mit *Computing*-Fähigkeiten ausgestattet.
2. Die Gegenstände können Daten austauschen, d. h., sie sind kommunikationstechnisch miteinander vernetzt.
3. Die Gegenstände fügen sich (nahtlos) in die Umgebung ein.
4. Nutzer haben immer und überall Zugriff auf dieses Netzwerk.
5. Darüber hinaus soll sich die Technik adaptiv verhalten, d. h. über Sensoren spezifische Kontexte erkennen können, um dann angepasst an individuelle Nutzer zu reagieren.

Idealerweise soll diese Technik so einfach und selbstverständlich werden, dass sie gar nicht oder nur noch ansatzweise von den Nutzern wahrgenommen wird (*Calm Technology*, vgl. Bizer et al. 2006, Weiser 1991) – beispielsweise propagierte M. Weiser (1994) *Ubiquitous Computing* als Ablösung der, seiner Meinung nach, nicht mehr zeitgemäßen Desktop-Metapher.

---

[2] Verschiedene Ausrichtungen von Computing: Mobile C., Nomadic C., Sentient C., Pervasive C., Ubiquitous C. sowie weniger gebräuchliche Begriffe: Invisible C., Disappearing C., Everyday C., Human-Centric C., User-centric C., Seamless C., Organic C., Autonomous C., Utility C., On-Demand C., Real-Time C., Disappearing Interfaces, Invisible Interfaces, Tangible Interfaces, Aware Environments, Smart Environments, Cooperative Environments, Calm Technology, Convivial Technology (vgl. z. B. Heesen et al. 2005:20).

Zusammenfassend beschreiben die Merkmale eine *mobile, pervasive* und *adaptive* Technik: *Mobile* Geräte als Sender oder Empfänger sind nicht länger ortsgebunden, sondern können von bewegten Objekten – oder in Form von tragbaren Kleinstgeräten – und Lebewesen ausgehen. *Pervasive* Technik erlaubt es, Datenverarbeitungs-Funktionalität in nahezu allen Objekten unterzubringen und durchdringt auf diese Weise – im Offenen oder Verborgenen – unsere alltägliche Umgebung. *Adaptivität* ermöglicht Dienste, die maßgeschneidert auf Nutzergruppen oder sogar einzelne Individuen ausgeführt werden können – etwa durch Profile oder aber auch durch Auswertung von gesammelten Nutzerdaten.

3 Ambiente Informationssysteme und ihre Nutzer

Wie unterscheiden sich die neuen, *ambienten* IS von ihren klassischen Vorgängern? Zunächst kann man in technischer Hinsicht die Frage stellen, ob man nicht herkömmliche IS dadurch zu AmbIS erweitern kann, indem man z. B. „einfach" neue Zugangsmechanismen hinzufügt, um damit etwa die Eigenschaften der Mobilität, Pervasivität und Adaptivität bereitzustellen, die charakteristisch für AmbIS sind.

Aber auch wenn eine Erweiterung um solche Merkmale zunächst als eine rein technische Angelegenheit erscheinen mag, so können dabei doch äußerst weitreichende Effekte auftreten mit grundlegenden Individual- und sozialgesellschaftlichen Auswirkungen. Als Beispiel kann man sich die Einführung und die darauffolgende Verbreitung von Mobiltelefonen vor Augen führen: Der neuartige (massenhafte) mobile Zugang zu Telekommunikationsnetzen hatte nicht nur einen tiefgreifenden Einfluss auf individuelles Kommunikationsverhalten, sondern er hatte auch weitreichende soziale und gesellschaftliche Auswirkungen zur Folge. Diese betreffen nicht nur die so genannten entwickelten Länder, sondern auch ganz besonders die Entwicklungsländer, wo z. B. die niedrigen Anforderungen an die Infrastruktur die Grundlage für den raschen Auf- und Ausbau von Telekommunikationsnetzen bot.

Dies verdeutlicht, dass es hier nicht um rein technische Erweiterungen von IS geht, sondern vor allem auch um deren Zusammenwirken mit ihren Nutzern und weitergehend ihre Integration unter individual-psychologischen und gesellschaftlichen Gesichtspunkten.

In den folgenden Abschnitten werden exemplarisch einige herausragende Merkmale von Ubiquitous Computing bzw. AmbIS und mögliche Probleme und Gefahren ihrer flächendeckenden Einführung betrachtet.

3.1 Explizite vs. implizite Schnittstelle

Herkömmliche IS werden *explizit* genutzt – etwa über Arbeitsplatzrechner oder Eingabeterminals als Schnittstellen. Für AmbIS werden *implizite* Mensch-Computer-Schnittstellen eine wachsende (wenn nicht sogar die führende) Rolle spielen – M. Weiser charakterisiert Ubiquitious Computing über *unsichtbare Schnittstellen* (vgl. Weiser 1991). Zu den Beispielen solcher Schnittstellen zählen Videokameras und Sensoren, die in Alltagsgegenständen sowie in der umliegenden Umgebung „implantiert" werden. Neue Arten von Ausgabeschnittstellen können Daten auf ganz andere Weise darstellen, als wir es von traditionellen 2D-Anzeigen gewohnt sind – z. B. Wasserfontänen zur Darstellung von Währungskursen (vgl. Tomitsch et al. 2007).

Während die Intention zur Systemnutzung im expliziten Falle, also mittels (stationärer oder mobiler) Eingabegeräte nicht weiter hinterfragt werden muss, ist bei ambienten Schnittstellen (z. B. verborgenen Sensoren) der Bewusstseinszustand des Nutzers ausschlaggebend: Nutzer sollten sich der Schnittstelle gewahr sein und die Absicht haben, sie zu benutzen; dies setzt unter anderem auch voraus, dass sie eine Vorstellung davon haben, wie das IS angesteuert werden muss, um die beabsichtigten Ziele zu erreichen – z. B. muss bei einer Gesten-Erkennung Wissen über die erkennbaren Gesten vorhanden sein und wie diese verarbeitet werden.

Die Forschung an impliziten Mensch-Computer-Schnittstellen nimmt eine wichtige Stellung in neuen Bereichen wie AmI ein. Zu den Visionen in diesem Bereich gehört auch, dass Computersysteme nicht mehr *interaktiv*, sondern *proaktiv* sein sollen (Tennenhouse 2000): Von jetzt an sollen die Systeme im Voraus – also präventiv – die Intentionen von (potentiellen) Benutzern erkennen und befriedigen, ohne dass etwas explizit geäußert werden müsste. Zu dem vorher geschilderten Problem, nutzungswillige von Nicht-Nutzern zu unterscheiden, kommt jetzt auch noch das Problem hinzu, die Absichten von Nutzern zu erkennen bzw. zu erraten – was selbst Menschen in Bezug auf andere Menschen nicht immer leicht fällt.

Nach P. Brey (2005) läuft eine Technik, die diesem Ansatz folgt, Gefahr, entweder Systeme hervorzubringen, die recht „dumm", dafür aber vorhersehbar funktionieren, oder aber – falls in der KI (Künstliche Intelligenz)-Forschung entsprechende Durchbrüche erzielt werden sollten – Systeme, die ihre Nutzer bevormunden, d. h. die per Konstruktion besser als ihre Nutzer wissen, was diese eigentlich wollen. Spiekermann und Pallas (2006) sprechen von *Technikpaternalismus*, wenn dann auch noch dem Nutzer die Kontrolle entzogen wird, d. h. wenn er keine Möglichkeit hat, Systementscheidungen außer Kraft zu setzen oder zu umgehen.

3.2 Personalisierung

Personalisierte AmbIS verrichten ihre Dienste auf individueller Basis und berücksichtigen spezifische Nutzer-Anforderungen, -Vorlieben und -Einschränkungen – gesteuert über persönliche Profile. Hier lassen sich zwei Vorgehensweisen unterscheiden: Zum einen kann man es dem Nutzer überlassen, sein eigenes Profil zur Verfügung zu stellen, z. B. über das Tragen eines persönlichen Gerätes, das abgefragt wird – d. h., im AmbIS selbst werden keine Nutzerdaten dauerhaft gespeichert. Im anderen Fall nutzen die AmbIS permanent gehaltene Daten – entweder durch Erweiterung von anfangs abgefragten Nutzerprofilen oder vollständig über *Profiling*-Mechanismen des Systems. Vor allem im letzteren Fall ist oft unklar, auf welche Weise ein Profil erstellt und aktualisiert wird, sowie zu welchem Grad es durch die Nutzer beeinflusst werden kann.

Prinzipiell ist derartige Personalisierungs-Funktionalität bereits im Einsatz, wobei sie allerdings zurzeit meist nur im Zusammenhang mit expliziter Systemnutzung zum Einsatz kommt – selbst wenn die entsprechenden Daten verborgen vom Nutzer gesammelt und ausgewertet werden. Beispielsweise ist bei Web-Anwendungen der Gebrauch von *Cookies* oder von Nutzer-konfigurierten Profilen keine Seltenheit.

Bei AmbIS wird der *impliziten* Personalisierung eine größere Bedeutung zugemessen. Beispielsweise indem die Nutzer von (ambienten) Sensoren analysiert oder deren Profile von ihren (mobilen) Geräten abgefragt werden – in beiden Fällen könnte dies ohne explizite Aufforderung durch die jeweiligen Nutzer geschehen oder sogar unerwünscht sein.

3.3 Autonomie und Kontrolle

Eine weitere wichtige Frage betrifft AmbIS und menschliche Autonomie. Definiert man Autonomie „als Selbst-Führung, das heißt die Fähigkeit, die eigenen Ziele und Werte zu konstruieren sowie die Freiheit zu haben, eigene Entscheidungen zu treffen und nach ihnen zu handeln“[3] (Brey 2005:160), so lässt sich erkennen, dass Information eine entscheidende Rolle für die menschliche Autonomie spielt – z. B. im Zusammenhang mit *informationsbasierten Entscheidungen*. Oberflächlich betrachtet könnte der Eindruck entstehen, dass Systeme, die Nutzern mehr Informationen zur Verfügung stellen, grundsätzlich ihre Autonomie fördern. Allerdings arbeiten IS mit *Daten,* nicht mit Informationen. Deshalb hängt die Frage, ob AmbIS zu besser informierten Nutzern beitragen, im Wesentlichen davon ab, inwiefern sie es ihren Benutzern ermöglichen, bedeutungsvolle und nützliche *Informationen* von den ausgewählten und dargestellten Daten abzuleiten.

Dies wird umso wichtiger, wenn von den Systemen erwartet wird, dass sie Absichten und Wünsche des Benutzers automatisch erkennen und befriedigen – wie etwa im Fall von AmI. Eine Zielsetzung von AmI liegt darin, Menschen mehr Kontrolle über ihre Umgebung zu ermöglichen und die Umgebung „empfänglicher“ für menschliche Bedürfnisse zu machen, wobei „paradoxerweise […] diese Kontrolle durch eine Delegation von Kontrolle an Maschinen erlangt werden soll“[4] (Brey 2005:160).

---

[3] Engl. Originaltext: „as self-governance, that is, the ability to construct one's own goals and values, and to have the freedom to make one's own decisions and perform actions based on these decisions“.

[4] Engl. Originaltext: „paradoxically, […] this control is supposed to be gained through a delegation of control to machines“.

Bizer et al. (2006) analysieren quantitative und qualitative Untersuchungen, die unter anderem darauf hinweisen, dass die Akzeptanz von Ubiquitous Computing (bzw. AmI) stark mit der wahrgenommenen Kontrollmöglichkeit über solche Systeme korreliert, d. h. Nutzer wollen sich eine Option auf das „letzte Wort" vorbehalten. Nutzer bevorzugen es, explizit darüber Bescheid zu wissen, wo und zu welchem Grad sie beobachtet und beeinflusst werden.

3.4 Privatsphäre und Kontrolle

AmbIS könnten die Privatsphäre zu einem bisher nicht gekannten Grad berühren – nicht nur in quantitativer, sondern auch in qualitativer Hinsicht. Weiser bemerkt dazu, „[soziale] Problemstellungen [die mit UC in Verbindung gebracht werden], kommen zwar häufig in der Verpackung der Privatsphäre daher, während es sich tatsächlich um Fragen der Kontrolle handelt"[5] (zitiert nach Bizer et al. 2006:82) – eine Beobachtung, die sich im deutschen Recht, unter anderem im Recht auf *informationelle Selbstbestimmung* widerspiegelt, d. h. dem grundsätzlichen persönlichen Recht, über die Verbreitung und Verwendung der eigenen Daten bestimmen, sie kontrollieren zu können.

Zur Durchsetzung neuer Technologien, die zu fragwürdigen Zwecken missbraucht werden können, wird häufig das Argument vorgebracht, dass hier nichts gemacht würde, was nicht – zumindest im Prinzip – auch vorher schon möglich gewesen wäre (vgl. z. B. Kinder et al. 2008). Aber es besteht ein grundsätzlicher Unterschied, ob beispielsweise Daten in einer zeitaufwendigen und teuren Observation zusammengetragen werden müssen oder ob sie über einen einfachen Zugriff auf jemandes – bereits fertig gesammelte – persönliche Daten erfolgt. Ebenso gibt es einen Unterschied zwischen der Installation und dem Betrieb einer als solche erkennbaren Überwachungskamera und der „ambienten" Lösung, einfach einen Schalter umzulegen, um Zugriff auf ein *Smart House*-System zu erhalten. Im Gegensatz zu traditionellen Beobachtungswerkzeugen, die *in situ*, d. h. vor Ort, installiert werden mussten, sind AmbIS in der Regel mit globalen Kommunikationsnetzen verbunden – d. h., allein der Kreis von Personen, die Zugriff auf persönliche Daten oder Überwachungssysteme erhalten oder erzwingen können, ist erheblich größer.

Darüber hinaus müssen sich Anwender in Zukunft darüber bewusst werden, dass ihre persönlichen Daten nicht nur gesammelt werden können, wenn sie ein Computersystem explizit nutzen, sondern auch von nicht wahrgenommenen, verdeckt („*calm*") arbeitenden, ubiquitären Computergeräten (Sensoren und Effektoren), die in unsere Alltagsumgebung integriert sind.

---

[5] Zusätze mit eckigen Klammern aus der zitierten Quelle – engl. Originaltext: „[social] problem [associated with UC], while often couched in terms of privacy, is really one of control".

Die Absicht, Sensoren in unsere Umgebung zu integrieren – und dies in Kombination mit der Vision einer *calm technology* – lässt die Frage nach den *Sendern* und *Empfängern* in AmbIS aufkommen (s. auch Müller et al. 2008). Wird hier das Individuum mittels AmbIS besser über seine Umgebung informiert oder werden Andere, also Dritte, besser über das Individuum informiert? Ein entscheidender Faktor zur Beantwortung dieser Frage liegt im Entwurf solcher AmbIS: Erlauben sie den Benutzern die Kontrolle über ihre Daten? Kann der beobachtete Nutzer entscheiden, ob es einem Computersystem erlaubt ist, die über ihn gesammelten Daten zu verarbeiten, zu speichern oder weiterzuleiten?

Durch das Konzept der AmbIS werden die Vorstellungen von einem *Panoptikum* in besonderem Maße wiederbelebt. Im klassischen Panoptikum besitzt ein einziger Wächter die Möglichkeit der vollständigen Überwachung über alle Insassen eines Gefängnisses, wobei Letztere nicht sehen können, ob sie gerade überwacht werden oder nicht. Die Kernidee dieser Konstruktion liegt darin, dass die persönliche Anwesenheit oder die tatsächliche Ausführung der Überwachung überflüssig geworden ist: Bereits das Wissen um eine mögliche Überwachung reicht aus, das Verhalten der Insassen entsprechend zu beeinflussen. Zum Beispiel warnt H. Rheingold davor, dass eine „Panoptikum-Installation“ auf Basis des Internet durchaus im Bereich des Möglichen liege (Rheingold 1994).

Mit kommenden AmbIS ist das Risiko sogar noch größer: Die Nutzer können nicht mehr nur beobachtet werden, wenn sie *Online-Aktivitäten* nachgehen, sondern auch in ihrer alltäglichen, „analogen“ Umgebung – ermöglicht durch verborgene und still operierende, *ambiente* Technik. In Konsequenz könnte dies dazu führen, dass Menschen gezwungen werden, sich fortlaufend selbst zu zensieren – ohne Chance auf einen verbleibenden Bereich von Privatsphäre.

4 Implikationen der neuen Techniken für die Informationsgesellschaft

Mit neuen Techniken scheint die maschinenbasierte *Daten*verarbeitung der menschlichen *Informations*verarbeitung immer näher zu rücken. Dennoch bleibt ein prinzipieller qualitativer Unterschied zwischen diesen beiden Verarbeitungsarten. Grundlegende philosophische und semiotische Grenzen lassen sich auch nicht mit Hilfe von AmbIS überbrücken:

Naiv betrachtet könnte sich mit RFID-basierter Technik – als Teil der UbiCom-Vision – ein qualitativ neuer Zugang zur (materiellen) Welt eröffnen. Diese Vorstellung wird häufig mit Schlagwörtern wie *Internet der Dinge* kolportiert. In der Vergangenheit (der „klassischen“ IS) konnte die (linke) „Referenz“-Ecke des semiotischen Dreiecks – der „Weltbezug“ bzw. das „Bezugsobjekt in der Welt“ (vgl. Falkenberg et al. 1998 und Abb. 1) –

immer nur durch unvollkommene oder anfechtbare Beschreibungen oder Beobachtungen „angenähert" werden (s. auch Hesse et al. 2010, Abschn. 4). Nun scheint sich jedoch der Zugang zu dieser Ecke mit Hilfe eines einfachen technischen Tricks erschließen zu lassen: dem *RFID-Tag*, einem elektronischen „Etikett".

Zwar lassen sich Objekte durch Anheften solcher *Tags* identifizierbar für Maschinen (d. h. „berührbar" für Sensoren und Effektoren) machen – dabei ist aber immer zu berücksichtigen, dass die *Tags* ihre Objekte bestenfalls mit einer eingeschränkten Auswahl von Attributen beschreiben. Deshalb bleibt jedwede Weiterverarbeitung und Berechnung auch immer beschränkt durch die – nach wie vor inhärent unvollständige – *digitalisierte Repräsentation*. Sogar bei der Identifizierung selbst bleibt eine Reihe von ungelösten – möglicherweise auch unlösbaren – Problemen. Was passiert, wenn ein derart ausgezeichnetes Objekt in weitere Einzelteile zerlegt wird oder in Stücke zerbricht – oder allgemeiner, wenn sich das physische Objekt verändert oder es modifiziert wird, ohne dass der Chip dies „erkennt"? Für eine weiterführende Betrachtung siehe Hesse (2008) oder Hesse et al. (2010), Abschn. 4.

Einen Einblick in mögliche Probleme und Implikationen beim Einsatz von RFID-Tags in Kombination mit AmbIS vermittelt zum Beispiel eine Schilderung von Torin Monahan:[6] In einem Krankenhaus, das RFID-Tags für seine Patienten nutzt, führte ein Defekt dazu, dass Fehler im

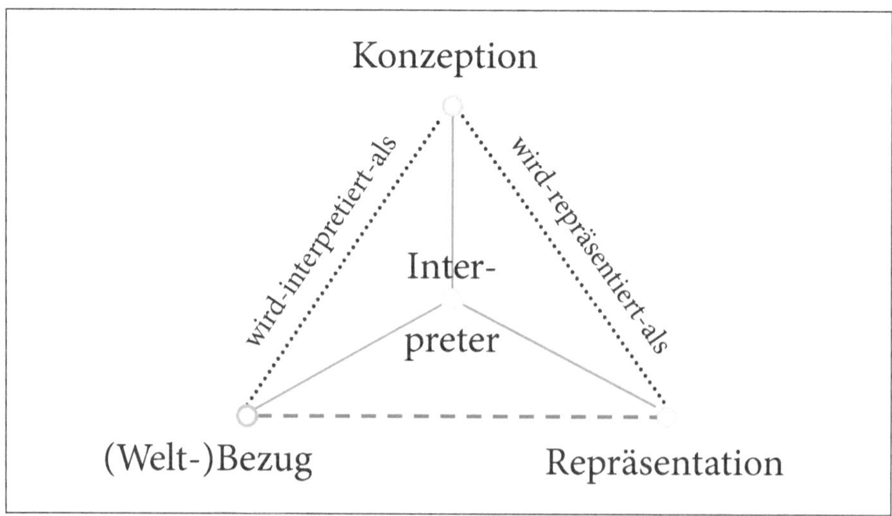

Abb. 1: Im erweiterten semiotischen Dreieck „konstruiert" ein Interpreter die Konzeption und Repräsentation. Zwischen dem (Welt-)Bezug (dem „Bezugs-Objekt") und der Repräsentation besteht nur eine indirekte Verbindung.

[6] Siehe Online-Meldung Borchers (2008) und Leland, Irwin (Hrsg) (2007).

Informationssystem auftraten. Das medizinische Personal vertraute jedoch zunächst mehr den (falschen) Informationen des Systems als den Angaben der (geistig gesunden) Patienten. Die Problemsituation beruht hier nicht allein auf einem (fehlfunktionierenden) technischen System, sondern vor allem auf dem Umgang mit diesem – hier spielte im Wesentlichen das *Vertrauensverhältnis* eine Rolle, das dem technischen System etwa im Vergleich zu anderen Menschen entgegen gebracht wurde.

In den Zukunftsvisionen von UbiCom und AmI geht es also nicht nur um technische Entwicklungen, sondern vor allem auch um Entwürfe einer zukünftigen Informationsgesellschaft. Dies bedeutet unter anderem auch, dass ihre Mittel, Zwecke und Ziele im gesellschaftlichen Diskurs ausgehandelt und zur Disposition gestellt werden müssen. Um die Technik und ihre Implikationen einem breiten Publikum zugänglich zu machen und einen gesellschaftlichen Diskurs zu ermöglichen, bietet sich unter anderem die Darstellungsform von Szenarien an. Hier spielen Metaphern eine unverzichtbare Rolle, müssen dabei aber auch mit besonderer Sorgfalt behandelt werden, um beim Zielpublikum keine falschen Vorstellungen zu erwecken.

Die Problematik von *metaphorischer* vs. *eigentlicher* Beschreibung lässt sich exemplarisch anhand M. Weisers Charakterisierung von UbiCom als *calm* bzw. *hidden technology* verdeutlichen: Zwar war mit dieser Bezeichnung auch der eigentliche Sinn angesprochen – dass die Technik „versteckt" agieren soll – aber im Wesentlichen wollte Weiser (1991) damit ausdrücken, dass die Technik von ihren Nutzern als Selbstverständlichkeit, d. h. nicht mehr *bewusst* in ihrem Lebensalltag wahrgenommen werden sollte. Dieses gesellschaftliche Ziel der *calm technology* wird dagegen häufig im Sinne einer *hidden technology* interpretiert, bei der z. B. die Schnittstellen verschwinden – bzw. „unsichtbar" werden – sollen (s. auch Abschn. 3.1).

Gesellschaftlich könnte die wachsende Durchdringung und der von AmbIS gebotene Komfort – möglicherweise verstärkt durch unkritisches und unhinterfragtes Vertrauen in und den Glauben an solche Systeme – eine neue Qualität für unser Zusammenleben zur Folge haben – und damit auch unser Menschenbild neu prägen.

In welche Richtung eine Veränderung des Menschenbildes verlaufen mag, ist – einmal mehr – nicht eindeutig absehbar. Die Möglichkeiten reichen von *informierten*, *inspirierten* und *befreiten* Menschen, die von mehr Komfort, physischer Gesundheit und Sicherheit profitieren, bis hin zu *abhängigen*, *unterwürfigen* und *süchtigen* Kreaturen, die einer allgegenwärtigen Beobachtung ausgesetzt sind, der Überwachung und Kontrolle durch begierige Vertriebsunternehmen, Orwell'sche Polizeistaaten oder einfach „nur" der ihrer neugierigen Nachbarn.

Literaturverzeichnis

Bizer J, Dingel K, Fabian B, Günther O, Hansen M, Klafft M, Möller J, Spiekermann S (2006) TAUCIS – Technikfolgenabschätzung Ubiquitäres Computing und Informationelle Selbstbestimmung. BMBF (Bundesministerium für Bildung und Forschung) FKZ 16I1532, Juli 2006. http://www.bmbf.de/pub/ita_taucis.pdf (letzter Zugriff 15.1.2008)

Bölker M, Gutmann M, Hesse W (Hrsg) (2010) Menschenbilder im Informationszeitalter. LIT Verlag Berlin/Münster/Wien/Zürich/London (im Druck)

Borchers D (2008) RFID: Kann man Ethik unter die Haut implantieren? http://www.heise.de/newsticker/meldung/115420 (letzter Zugriff 8.12.2008)

Brey P (2005) Freedom and Privacy in Ambient Intelligence. Ethics and Information Technology 7(3):157–166. Springer Netherlands, DOI 10.1007/s10676-006-0005-3

Coroama V, Hähner J, Handy M, Rudolph-Kuhn P, Magerkurth C, Müller J, Strasser M, Zimmer T (2003) Leben in einer smarten Umgebung – Ubiquitous Computing Szenarien und Auswirkungen. Gottlieb Daimler- und Karl Benz-Stiftung. http://www.imd.uni-rostock.de/veroeff/szenarien.pdf (letzter Zugriff 28.7.2008)

Ducatel K, Bogdanowicz M, Scapolo F, Leijten J, Burgelman JC (2001) ISTAG – Scenarios for Ambient Intelligence in 2010. Final Report, IPTS Seville, Februar. http://cordis.europa.eu/ist/istag-reports.htm (letzter Zugriff 28.8.2008)

Falkenberg E, Hesse W, Lindgreen P, Nilsson BE, Oei JLH, Rolland C, Stamper RK, Van Assche FJM, Verrijn-Stuart AA, Voss K (1998) FRISCO – A Framework of Information System Concepts – The FRISCO Report. IFIP WG 8.1 Task Group FRISCO. http://www.mathematik.uni-marburg.de/~hesse/papers/fri-full.pdf (letzter Zugriff 8.12.2008)

Friedewald M, Vildjiounaite E, Wright D (Hrsg) (2005) The brave new world of ambient intelligence: A state-of-the-art review. A report of the SWAMI consortium (Safeguards in a World of Ambient Intelligence) to the European Commission under contract 006507, Deliverable D1, Juni, http://publica.fraunhofer.de/eprints/N-33766.pdf (letzter Zugriff 15.1.2008), siehe auch Wright et al. (2008)

Heesen, J, Hubig C, Siemoneit O, Wiegerling K (Hrsg) (2005) Leben in einer vernetzten und informatisierten Welt – Context-Awareness im Schnittfeld von Mobile und Ubiquitous Computing, Szenarien des Sonderforschungsbereichs 627 „Umgebungsmodelle für mobile kontextbezogene Systeme“. Univ. Stuttgart. http://www.informatik.uni-stuttgart.de/cgi-bin/NCSTRL/NCSTRL_view.pl?projekt=SFB-627&id=SFB627-2005-05&mod=0&engl=&inst= (letzter Zugiff 28.7.2008)

Hesse W (2008) Engineers Discovering the „Real World" – From Model-Driven to Ontology-Based Software Engineering. In: Kaschek R, Kop C, Steinberger C, Fliedl G (Hrsg) Information Systems and e-Business Technologies, 2nd International United Information Systems Conference UNISCON 2008, Klagenfurt/Austria. LN in Business Information Processing 5(2):136–147, Springer Berlin/Heidelberg, DOI 10.1007/978-3-540-78942-0_16

Hesse W, Müller D, Ruß A (2010) Information in der Informatik – Über Auslegungen und Verwendungen des Begriffs. In: Bölker et al. (2010) (im Druck)

Kinder KE, Ball LJ, Busby JS (2008) Ubiquitous technologies, cultural logics and paternalism in industrial workplaces. Poiesis & Praxis. 5(3-4):265–290, Springer Berlin/Heidelberg DOI 10.1007/s10202-007-0041-z

Leland K, Irwin S (Hrsg) (2007) ASU Annual Report Fiscal Year 2007: Discover, Create, Innovate – Transforming Society. OVPREA Arizona State University, 19. http://asuresearch.asu.edu/files/common/ovprea_annual_report_fy07.pdf (letzter Zugriff 8.12.2008)

Mattern F (Hrsg) (2003) Total vernetzt – Szenarien einer informatisierten Welt. 7. Berliner Kolloquium der Gottlieb Daimler- und Karl Benz-Stiftung. Springer, Berlin

Müller D, Ruß A, Hesse W (2008) Communication without sender or receiver? On virtualisation in the information process. In: Poiesis & Praxis, Bd. 5(3-4):185–192, Berlin/Heidelberg DOI 10.1007/s10202-008-0043-5

Punie Y, Delaitre S, Maghiros I, Wright D (Hrsg) (2005) Dark scenarios in ambient intelligence: Higlighting risks and vulnerabilities. A report of the SWAMI consortium (Safeguards in a World of Ambient Intelligence) to the European Commission under contract 006507, Deliverable D2, November. http://publica.fraunhofer.de/eprints/N-34007.pdf (letzter Zugriff 15.2.2009), siehe auch Wright et al. (2008)

Rheingold H (1994) Virtuelle Gemeinschaft – Soziale Beziehungen im Zeitalter des Computers. Addison-Wesley Bonn u. a.

Englische Ausgabe (1993) The Virtual Community: Homesteading at the Electronic Frontier. Addison-Wesley Reading. http://www.rheingold.com/vc/book/ (letzter Zugriff 8.12.2008)

Roßnagel A (2007) Datenschutz in einem informatisierten Alltag. Gutachten im Auftrag der Friedrich-Ebert-Stiftung. bub Bonner Universitäts-Buchdruckerei. http://library.fes.de/pdf-files/stabsabteilung/04548inf.html (letzter Zugriff 8.12.2008)

Ruß A, Hesse W, Müller D (2010) Metaphern für die Informatik und aus der Informatik. In: Bölker et al. (2010) (im Druck)

Ruß A, Hesse W, Müller D (2008) Ambient Information Systems – Do They Open a New Quality of IS? In: Proc. 3rd EuroSIGSAND Symposium 2008, Marburg/Lahn. GI-LNI P-129, Koellen-Verlag, S. 93–107

Scharioth J, Huber M, Schulz K, Pallas M (2004) Horizons2020 – Ein Szenario als Denkanstoß für die Zukunft. Untersuchungsbericht der TNS Infratest Wirtschaftsforschung im Auftrag der Siemens AG, München

Siemoneit O (2005) Der Sonderforschungsbereich 627 „Nexus" – Context-Awareness im Schnittfeld von Mobile und Ubiquitous Computing. In: Heesen et al. (2005) 11-38

Spiekermann S, Pallas F (2006) Technology paternalism – wider implications of ubiquitous computing. Poiesis & Praxis 4(1):6–18, Springer Berlin/Heidelberg

Tangens R (2006) RFID in der Kritik. In: Eberspächer J, Reden Wv (Hrsg) Umhegt oder abhängig? Der Mensch in einer digitalen Umgebung, S. 93-108, Springer Berlin/Heidelberg

Tangens R, Rosengart F (2003) Verbraucherschutz: Future Store Iniative, Metro AG. BigBrohterAwards.de. http://www.bigbrotherawards.de/2003/.cop (letzter Zugiff 28.7.2008)

Tennenhouse D (2000) Proactive computing. Communications of the ACM 43(5):43–50, DOI http://doi.acm.org/10.1145/332833.332837

Tomitsch M, Kappel K, Lehner A, Grechenig T (2007) Towards a Taxonomy for Ambient Information Systems. In: Proceedings of Pervasive ‚07 Workshop: W9 - Ambient Information Systems., S. 42–47, Toronto/Ontario/Canada

Weiser M (1991) The Computer for the 21st Century. Scientific American 265(3):94–104

Weiser M (1994) The world is not a desktop. interactions 1(1):7–8, DOI http://doi.acm.org/10.1145/174800.174801

Wright D, Gutwirth S, Friedewald M, Vildjiounaite E, Punie Y (Hrsg) (2008) Safeguards in a World of Ambient Intelligence. Springer Netherlands

Kognitive Metaphern

Mathias Gutmann, Benjamin Rathgeber

1 Einleitung

Kognitive Begriffe werden sowohl in der kognitionswissenschaftlichen als auch in der erkenntnistheoretischen Literatur uneinheitlich und missverständlich verwendet: Fragt man nämlich, was mit Ausdrücken wie *vorstellen, denken, verstehen, wahrnehmen, intendieren* gemeint ist, eröffnet sich ein weites Spektrum, das von reiner Kontextabhängigkeit bis hin zur expliziten Undefinierbarkeit der Ausdrücke reicht.[1]

Unzweifelhaft ist zunächst: Kognitive Begriffe sind in dem Maße als *uneigentliche* Ausdrücke zu identifizieren, als sie nicht in derselben Weise zu kontrollieren sind, wie beispielsweise Bezeichnungen von lebensweltlichen Handlungsvollzügen. Letztere weisen sich schon dadurch als *eigentliche* Ausdrücke aus, dass jene sowohl aufforderbar und unterlassbar sind als auch (bzgl. ihres jeweiligen Handlungsschemas) gelingen bzw. misslingen können.[2] Folglich bilden sie überhaupt erst den Maßstab, bezüglich dessen etwas als *abgeleitet* und dadurch *uneigentlich* zu bezeichnen wäre. Losgelöst von dieser eigentlichen Handlung bliebe es demzufolge sinnlos – zumindest hinsichtlich der Beurteilung der Gelingensbedingungen –, z. B. zum *Denken* aufzufordern.

Dementsprechend treten kognitive Ausdrücke als *uneigentliche* Bezeichnungen auf, indem für sie diese Unterscheidungen nur in einem übertragenen Sinne zutreffen: Zum *Denken* oder *Verstehen* kann nur insofern aufgefordert werden, als eine konkrete Aufgabenstellung im Rahmen eigentlicher Handlungsvollzüge vorliegt. Diese entscheidende Einsicht, dass nämlich mit *Denken* kein eigentümliches Handeln verbunden ist, welches ostensive

---

1 „Explizite Definitions- und Abgrenzungsversuche sind in neuerer Zeit kaum noch unternommen worden; inflationäre Tendenzen hinsichtlich der Gebrauchshäufigkeit und des Bedeutungsumfanges sind die Folge: Bisweilen deckt der Terminus ‹kognitive Prozesse› fast den gesamten Bereich der Allgemeinen und auch Differentiellen Psychologie ab, bisweilen hauptsächlich Perzeption, Imagination und verwandte Kategorien, oder der Anwendungsbereich der Ausdrücke wird auf Denkvorgänge beschränkt. Einige lehrbuchartige Texte liegen hinsichtlich des Bedeutungsumfangs zwischen diesen Polen. Eine gewisse Einigkeit besteht allenfalls in der Auffassung, dass für das Studium kognitiver Funktionen die Untersuchung von Vorgängen der Begriffsbildung geradezu paradigmatisch ist. Im übrigen gilt, dass der Umfang der systematischen Ausdrücke ‹Kognition› oder ‹kognitive Funktionen› zur Zeit nicht festliegt (...).“ Prinz (1976:866ff).

2 Vgl. dazu Janich (2001).

M. Bölker et al. (Hrsg.), *Information und Menschenbild,* DOI 10.1007/978-3-642-04742-8_7,

oder exemplarische Einführung erlaubt, hat radikale Folgen für die logische Grammatik des mit diesem Ausdruck jeweils Gemeinten. Denn folgen wir der hier weiter zu entwickelnden Intuition, so ist die mit dem *Denken* verbundene Tätigkeit nicht einfach eine andere, die sortal neben jenen Tätigkeiten zu stehen kommt, welche wir in genannter Form „einfachhin" zu erläutern in der Lage sind; sie ist vielmehr eine „als Tätigkeit" unterschiedene Tätigkeit. Die Sachlage wird – im Vorgriff – dadurch deutlich, dass wir mit solchen einsinnig zu klärenden Tätigkeiten wie z. B. dem *Laufen* beginnen. Hier scheint es auf der Hand zu liegen, dass sich mit der Erläuterung keine weiteren und sicher keine philosophischen Probleme verbinden: Denn was einer zu tun habe, der von sich behauptet oder von dem behauptetet wird, *dass er laufe,* ist sinnfällig anzugeben und nötigenfalls sowohl vorführbar als auch nachvollziehbar (beides wörtlich zu nehmen). Die hier zugrundeliegende Struktur erlaubt uns die direkte Observation des Gemeinten und wir könnten zu klassischen Zuschreibungen übergehen, denen gemäß *das Laufen* wesentlich auf die Aktualisierung eines Laufen-*Könnens* zurückzuführen sei. Dementsprechend wäre *das Laufen* also als eine echte Eigenschaft eines Wesens anzusprechen, die ihm selbst entweder zukommt oder nicht zukommt. Für das *Denken* gilt dies aber nicht: denn in Bezug auf ein sowohl auszuführendes als auch ausgeführtes Tun ist die Zuschreibung nur angelegentlich eines ausgeführten (anderen) Tuns möglich. Diese eigentümliche Eigenschaft von kognitiven Ausdrücken, dass sie nur bzgl. ihrer Resultate bestehen und demzufolge nur *rückwärtsgewandt* vorliegen,[3] lässt sogleich erkennen, dass es sich hier *nur uneigentlich* um ein Tun (wie z. B. *Laufen*) handeln kann.[4]

Die Beurteilung des jeweiligen Denkprozesses wird vielmehr an die gelungene Ausführung des Sprechaktes gebunden. Damit zeigt *Denken* eine weitere, es von anderen Handlungsformen unterscheidende Eigenschaft. Während es nämlich jederzeit sinnvoll möglich ist, über das *Laufen* zu Reden, ohne dabei zugleich zu laufen, gelingt dasselbe im Falle des *Denkens* in signifikanter Weise nicht. Vielmehr könnte es ein weiteres „ausnehmend besonderes Handeln" – nämlich das Sprechen – sein, anhand dessen *das Denken* zu attribuieren ist. Diese Attribuierung ist jedoch nicht bezüglich eines jeden Redens vorzunehmen, sondern nur angelegentlich gewisser Formen desselben.

Damit ist aber genau das zu untersuchende Feld abgesteckt, indem jetzt nach jenen Sprachmitteln gefragt werden soll, welche die Darstellung kognitiver Vorgänge ermöglichen. Unter Darstellung lässt sich allerdings nicht nur die Repräsentation von *etwas* durch *etwas* verstehen,[5] sondern vielmehr die analytische Strukturierung eines Gegenstandes, welcher erst

---

[3] Dadurch erhält der Ausdruck des *Denkens* als *Reflexion* eine neue Konnotation.

[4] Diese eigentümliche grammatische Struktur zeigt sich auch bei weiteren kognitiven Ausdrücken, also etwa dem *Wahrnehmen, Erfahren* oder *Begreifen.*

[5] Dies ist eine Vermutung, welche sogleich Denken lediglich wieder zu einer Eigenschaft neben anderen werden lässt, welche das Wesen *H. sapiens* in seinen einzelnen Exemplaren entweder besitzt oder nicht besitzt.

in dieser Form der weiteren systematischen Behandlung zugänglich wird (hier ist durchaus an die aus Anatomie und Chemie vertraute Rede zu denken). Dies wird jedoch zugleich nur möglich sein, indem zumindest exemplarisch einige der relevanten Ausdrücke rekonstruiert werden.

2 Funktionen von Metaphern

Die Verwendung von Metaphern unter erkenntnis- und bedeutungstheoretischer Perspektive ist unbestreitbar Gegenstand zahlreicher Disziplinen:

> Die *Metapherntheorie* wird arbeitsteilig von der Linguistik und der Sprachphilosophie betrieben und untersucht die Funktionsweise metaphorischen Sprachgebrauchs, wobei in der zweiten Hälfte des 20. Jahrhunderts die bedeutungstheoretische Perspektive die früher vorherrschende rhetorische weitgehend abgelöst hat. (Keil 2010, in diesem Band)

So richtig diese Feststellung ist, so wenig ist damit ein spezifisch philosophisches Interesse auch nur benannt. Es zeigt sich jedoch für die aufgeführten Formen wissenschaftlicher Behandlung des Metaphernproblems signifikant, dass diese in Gegenstandsstellung auftreten; d. h. es sind gewisse Ausdrücke – zum Teil ganze Sätze oder gar textliche Gebilde (man denke an den Fall der *Allegorie*) – welche Gegenstand der jeweiligen Untersuchung sind. Es lassen sich insbesondere im linguistischen Fragehorizont bestimmte Darstellungen solcher Redewendungen finden, deren Funktion in Bezug auf die Verwendung anderer typischer Ausdrücke – also etwa Tatprädikate wie das genannte *Laufen* oder das *Sehen* – definiert wird.

Eine ganz ähnliche Form der gegenständlichen Rede über Metaphern besteht darin, diese auf „grundlegende Strukturen" zurückzuführen, als deren Repräsentanten sie *eigentlich* dienen. Solche Strukturen bzw. Schemata (vgl. Dodge und Lakoff 2005) mögen analytisch primitiv sein, sie mögen ferner eine bio- und damit letztlich neurowissenschaftliche Deutung zulassen oder nicht, sie bestimmen jedenfalls Metaphern als Gegenstand einer selber nicht mehr dem Sprechen, sondern der objektwissenschaftlichen Analyse zugewandten Form der Darstellung. Nach dieser Heuristik fänden etwa räumliche Metaphern dadurch ihre Erklärung, dass sie auf Container-Schemata oder ähnliches bezogen werden:

> In support of this idea, Langacker and Casad (1985), Lindner (1982, 1983), Vandelois (1984, 1991) and Brugman (1988) have provided detailed image-schematic analyses of spatial terms showing how their meanings may be decomposed into such primitives (though there is some controversy about which decompositions are cognitively correct). (Dodge and Lakoff 2005:65f)

Ganz unabhängig von der zu beantwortenden Frage nach der „korrekten" Dekomposition bleibt festzuhalten, dass deren Beantwortung letztlich als *empirisches* Problem gesehen wird. Wenn sich nun zeigen ließe, dass Metaphern auf solche primitive Schemata zurückbezogen werden könnten und ferner für bestimmte kognitive Vorgänge gewisse Ausdrücke gleichermaßen natürlich in Anspruch genommen werden, so wäre es in der Tat sinnvoll, die Interpretation kognitiver Metaphern als ein letztlich neurobiologisches Projekt zu formulieren.

Auch außerhalb eines solchen direkten Zugriffs erscheinen Metaphern als gegenständliches Problem. Nimmt man beispielsweise eine wahrheitswertanalytische Perspektive ein, so lässt sich ein Spektrum zeichnen, das von extremen Polen gekennzeichnet ist: So wird einerseits das Sprechen und die Sprache vollständig als metaphorisch ausgewiesen, andererseits jegliche Form der Metapher als Dysfunktion des Sprechens aufgefasst. Geht man von ersterem Pol aus, werden sprachliche Ausdrucksformen zu unpräziskontexualisierten Mitteln, welche jeglichen Wahrheitsanspruch verlieren. So heißt es bei Nietzsche:

> Was ist also Wahrheit? Ein bewegliches Heer von Metaphern, Metonymien, Anthropomorphismen, kurz eine Summe von menschlichen Relationen, die, poetisch und rhetorisch gesteigert übertragen, geschmückt wurden, und die nach langem Gebrauch einem Volke fest, canonisch und verbindlich dünken: die Wahrheiten sind Illusionen, von denen man vergessen hat, daß sie welche sind, Metaphern, die abgenutzt und sinnlich kraftlos geworden sind, Münzen, die ihr Bild verloren haben und nun als Metall, nicht mehr als Münzen in Betracht kommen. (Nietzsche 1988)

Wenn Wahrheit als Standard vollständig metaphorisch wäre, kann genauso gut nichts als metaphorisch gelten, weil jeder Maßstab und jede Kennzeichnung, etwas als uneigentlich zu bezeichnen, verloren geht – der Status also eben jener Aussage (welche mithin genau genommen keine sein will und kann) bliebe unbestimmt.

Stellte man demgegenüber die Metapher als Dysfunktion menschlichen Sprechens heraus, die sich vollständig auflösen lässt, dann verliert gleichermaßen die Metapher ihre Geltung und Funktion. Wenn also Davidson behauptet:

> Im Allgemeinen geschieht es nur dann, wenn ein Satz für falsch gehalten wird, dass wir ihn als Metapher anerkennen und uns daranmachen, seine verborgene Implikation aufzuspüren. Dies ist wahrscheinlich der Grund, warum die meisten metaphorischen Sätze *eklatant* falsch sind, ebenso wie alle Vergleiche trivial wahr sind. In einem metaphorischen Satz gewährleisten Absurdität und Widersprüchlichkeit, dass wir nicht daran glauben werden, und so werden wir unter geeigneten Umständen dazu angeregt, den Satz als Metapher aufzufassen. (Davidson 1978:361)

dann muss in einer wissenschaftlich-semantischen Analyse jegliche Metapher als uneigentliche Redeform identifiziert werden, um sie sodann in eigentliche Aussagen zu überführen. Die Metapher wird hier also wiederum zum Ornament, ohne dass dieses eine Bedeutung für wissenschaftliches

Sprechen selber bereitstellen kann bzw. nur in der Transformation eigentlicher Rede zu nutzen wäre:

> Viele von uns benötigen Hilfe, um zu sehen, was der Autor der Metapher uns zu sehen anregen wollte und was ein feinfühliger oder gebildeter Leser erfasst. Die legitime Funktion der sogenannten Paraphrase besteht darin, dafür zu sorgen, dass der träge oder unwissende Leser das gleiche in den Blick bekommt wie der erfahrene Kritiker. Dieser steht sozusagen in ersprießlichem Wettbewerb mit dem Urheber der Metapher. Der Kritiker versucht, seine eigene Kunst in manchen Hinsichten einfacher oder durchsichtiger zu gestalten als das Original, doch zugleich trachtet er, in anderen einige der Wirkungen erneut hervorzurufen, die das Original auf ihn ausgeübt hat. Dadurch (und vielleicht ist dies die beste Methode, die ihm zu Gebote steht) lenkt der Kritiker auch die Aufmerksamkeit auf die Schönheit oder das Treffende – die verborgene Kraft – der Metapher selbst. (Davidson 1978:370f)

Dabei wird den uneigentlichen Redeformen die wesentliche Pointe genommen und das *eigentliche* Interessante dieser Sprachstücke verkannt: dass nämlich möglicherweise erst *in* und *durch* die jeweiligen Metaphern das *Denken* (und andere kognitive Vorgänge) als solches nicht nur dargestellt, sondern als Tätigkeit bestimmt werden *kann*. Es wäre dann allerdings die Arbeit an metaphorischen Redewendungen nicht eine objektwissenschaftliche Analyse eines durch die Rede referierten und außer derselben (am besten neurobiologisch) Vorgegebenen, sondern es wäre die Darstellung des *Denkens selber* (der Genitiv hier als *objectivus* wie *subjectivus* verstanden).

2.1 Kognitive Metapherntheorie von Lakoff und Johnson

Die von Lakoff und Johnson vorgestellte Kognitive Metapherntheorie gilt allgemein als erster Versuch, metapherntheoretische Reflexionen auf kognitive Konzepte anzuwenden. Leitend ist dabei die Überlegung, dass das *Produzieren, Verwenden* und *Verstehen* von Metaphern ein grundlegender und zentraler Bestandteil allgemeiner Sprachkompetenz darstellt. Uneigentliche Redeformen sind demzufolge nicht allein Ausdruck poetischer Kreativität und effektheischender Rhetorik, sondern durchdringen allgegenwärtig die Alltagssprache. Um dies terminologisch zu markieren, differenzieren Lakoff und Johnson zwischen sogenannten *konzeptionellen* bzw. *strukturellen* und rein *poetischen* Metaphern. Erstere sind dadurch gekennzeichnet, dass sie eine systematische Verbindung zwischen verschiedenen konzeptionellen Domänen herstellen. So lassen sich über die metaphorische Übertragung *(metaphorical mapping)* Verbindungen zwischen einem Ursprungsbereich *Y (source domain)* und einem Zielbereich *X (target domain)* im Sinne einer Projektion von *Y* nach *X* bilden. Beispielsweise wird der Ausdruck *Zeit* im Sinne des Sprichwortes „Zeit ist Geld“ dadurch erschlossen, dass er über kommerzielle Konnotationen als *Ressource*, als *Wertgegenstand*, als *Gegenstand allgemein* etc. strukturiert wird.

Eine Pointe der Kognitiven Metapherntheorie besteht nun darin, dass nicht allein einzelne konzeptionelle Metaphern ausgezeichnet werden können, sondern auch komplexe Strukturzusammenhänge: „...we organize our knowledge by means of structures called idealized cognitive models, or ICMs. Each ICM is a complex structured whole, a gestalt." (Lakoff 1987:68) Diese komplexen Strukturzusammenhänge ermöglichen die Erschließung eines neuen, wissenschaftlich zu bestimmenden Bereiches, der unabhängig von den komplexen Metaphern als Bereich gar nicht identifizierbar wäre. Erschlossen wird dieser dadurch, dass ein abstrakter und komplexer Zielbereich durch den metaphorischen Rückgriff auf den konkreten, einfach strukturierten Ursprungsbereich konzeptualisiert wird:

> The [conceptual] metaphors come out of our clearly delineated and concrete experiences and allow us to construct highly abstract and eleborate concepts, like that of an argument. (Lakoff und Johnson 1980:105)

Im Unterschied zu klassisch interaktionistischen Metapherntheorien (wie z. B. bei Max Black)[6] ist die Projektion des Bereiches von Y nach X unumkehrbar. D. h. die Einführung und Strukturierung des abstrakteren und komplexeren Bereiches erfolgt über die konkreten bzw. schon strukturierten Felder. Diese von Lakoff und Johnson terminologisch als Unidirektionalität bezeichnete Asymmetrie der Metapher ist hierbei nicht heuristisch zwingend, sondern ist vielmehr durch den „kognitiven Apparat" des Menschen selber geschuldet: „Metaphors allow us to understand a relatively abstract or inherently unstructured subject matter in terms of a more concrete, or at least a more highly structured subject matter." (Lakoff 1993:245)

Wenn die Metapher also die Möglichkeit bietet, einen neuen nach einem bereits strukturierten Bereich zu erschließen, stellt sich die Frage, was genau bei konzeptionellen Metaphern vom Ursprungsbereich in den Zielbereich übertragen wird. Um dies zu explizieren, stellt Lakoff eine sogenannte Invarianz-Hypothese *(Invariance Hypothesis)* auf. Diese besagt, dass im Ursprungsbereich der Metapher sogenannte Vorstellungs-Schemata *(image schemata)* bereitgestellt werden, die dann auf den Zielbereich übertragen werden. Unter diesen Schemata lassen sich wiederkehrende dynamische Muster präkonzeptueller, sensomotorischer Körpererfahrungen verstehen, die als Prototypen fungieren. Die Prototypen haben dabei folgende Doppelfunktion: Einerseits strukturieren sie erst den Ursprungsbereich als Grundgerüst menschlicher Ausdrucksformen; andererseits dienen sie aber auch als diejenigen Invarianten, welche im Rahmen der metaphorischen Übertragung auf den Zielbereich eines neu zu erschließenden Feldes abgebildet werden. Insofern diese Schemata das Grundgerüst menschlichen Sprechens bilden, lassen sie sich auch bei der Sprachentwicklung des Kindes identifizieren. Exemplarisch führen dies Dodge and Lakoff anhand des sogenannten *Container-Schemas* vor:

[6] Vgl. Black (1962).

> For example, we experience many things as containers – boxes, cups, baskets, our mouth, rooms, an so on. Prior to learning language, children go through a stage of exploration in which they repeatedly put things in and take them out of many different kinds of objects, thus treating these objects as containers. Starting at an even earlier age, they observe actions such as these being performed by others. As Mandler (...) describes, infants show some understanding of containment well before their first birthday. (Dodge & Lakoff 2005:60)

Wesentlich für das Container-Schema ist, dass es spezifische Bedingungen der (mentalen) Formung des Umfeldes liefert – und zwar anhand der Differenz von *Innen* und *Außen*. Insofern nämlich der Mensch seinen eigenen Körper von der Umwelt abgrenzt und dadurch eine Grenze zwischen Innen und Außen konstruiere, wird diese Unterscheidung auf die Gestaltung der Umwelt übertragen. So lassen sich physische Objekte und deren Anordnung dadurch strukturieren, dass sie entweder innerhalb oder außerhalb räumlicher Verhältnisse liegen. Genau diese räumlichen Verhältnisse werden durch das Container-Schema präfiguriert. Demzufolge bildet dieses Schema die basale Möglichkeit für die Strukturierung physischer Objekte. Nach Dodge und Lakoff ließe sich dies schon seit der frühen Juvenilphase des Menschen zeigen.

Wenn dieses Schema als eine Grundform für den Aufbau und die Gestaltung der Umwelt gilt, dann könnte sich daran die Struktur menschlichen Denkens (als *kognitive Universalie)* identifizieren lassen. Hier scheint also eine Möglichkeit für die Erschließung kognitiver Funktionen zu liegen. Als wesentlicher Schlüssel hierfür treten die Metaphern ins Blickfeld: Anhand ihrer Rekonstruktion, die auf die dahinterliegenden Invarianten führen, könnten die Prototypen menschlichen Denkens herausgefiltert werden.

Allerdings führen die Invarianten aus dem Bereich menschlicher Sprache heraus – so heißt es: „Image schemas structure our experience independently of language." (Dodge und Lakoff 2005:60) –, indem sie auf die dahinterliegenden neuronalen Strukturen verweisen. Nicht also die sprachlichen Prototypen, sondern die neuronalen Strukturen bilden jetzt die *eigentliche* Grundform kognitiver Leistungen. Damit wird das anfängliche Explikationsverhältnis genau umgekehrt: An die Stelle der metaphorischen Erläuterung treten nun die kognitiven Faktoren als neuronale Leistungen, sodass plötzlich die neuronalen Funktionen die sprachlich-metaphorischen Resultate explizieren sollen.[7] Dies gelänge dadurch, dass nun die grundlegenden kognitiven Schemata als verschiedene Module cerebral verankert seien. So ließen sich neuronale Bereiche identifizieren, die als Module einerseits grundlegende Funktionen menschlicher Fähigkeiten und Fertigkeiten steuerten, andererseits aber auch durch Vernetzung mit anderen Modulen den jeweiligen Austausch und die jeweilige Verknüpfung verschiedener Basisbereiche ermöglichten:

---

[7] Dementsprechend formulieren Dodge und Lakoff: „The brain is thus the seat of explanation for cognitive linguistic results." (Dodge und Lakoff 2005:71)

> Many different brain areas, for instance, include object boundaries as part of their computations. However, the schematic structures computed within a given area will differ in at least some respects from those computed in other areas. These differences will presumably be related to what functions an area performs, and what types of information it needs to perform those functions. Working together, these active areas will compute a wide range of schematic structures. We might therefore consider these active brain areas as somehow supplying an "inventory" of different image schemas that structure experiences of walking and running. Notice that such schematic structuring of motion experience occurs independently of the language which expresses these image schemas. (Dodge & Lakoff 2005: 83)

Sowohl die Bestimmung der Grenzen dieser neuronalen Module als auch die Steuerung und Wechselwirkung zwischen den einzelnen Arealen ist also – nach Dodge und Lakoff – vollständig losgelöst von einer sprachlichen Artikulation. Sprachliche Schemata und deren Übertragung in der Form metaphorischer Ausdrücke seien vielmehr nur ein nachträglicher Ausdruck dieser Grundstruktur menschlicher kognitiver Funktionen, die Rückschlüsse auf dahinterliegende Gehirnbereiche zulassen. Kognitive Leistungen als cerebrale Areale und den darin verankerten neuronalen Module sind folglich – unabhängig davon, wie sie jeweils beschrieben werden – bereits da und müssen nur erschlossen oder analysiert werden: zu dieser nachträglichen Analyse trägt die Explikation metaphorischer Formen bei, indem ihre Invarianten bzw. deren Übertragungen die neuronalen Module und deren Vernetzung repräsentieren. Damit sind Metaphern als *uneigentliche* Formen *uneigentlicher* Rede deklassiert. Der Maßstab für den *eigentlichen* Gebrauch von kognitiven Funktionen liegt in der cerebralen Struktur des Gehirns *selber*.

So *naheliegend* diese Folgerungen der kognitiven Metapherntheorie sein mögen, so *vorschnell* sind sie doch: Wenn sprachlich-metaphorische Formen die cerebralen Strukturen nur „repräsentieren" und „reflektieren" (Dodge und Lakoff 2005:86), dann bleibt der Ausdruck der *Funktion* und deren *Reflexionsleistung* als spezifisch kognitiver Faktor neuronaler Module völlig unklar. Weder lassen sich anhand der cerebralen Struktur alleine Funktionsleistungen ableiten – vor allem keine kognitiven Funktionen – noch kann eine Abgrenzung verschiedener neuronaler Areale im Gehirn vollzogen werden, ohne dass vorher bereits deren kognitive Leistungen geklärt sind, welche sie repräsentieren können. Schon die Unterscheidung von kognitiv relevanten Arealen zu kognitiv wenig-relevanten Bereichen (z. B. des vegetativen Nervensystems) kann dadurch nicht geleistet werden. *Erst* wenn die Funktionen kognitiver Leistungen expliziert sind, lassen sich Abgrenzungskriterien und daran deren Vernetzungen von neuronalen Modulen bestimmen. *Erst* genau dann können Verortungen auf die jeweiligen cerebralen Areale angewendet werden.

Wenn also kognitive Metapherntheorien den Anspruch haben, *wissenschaftlich* die erkenntnistheoretisch relevanten Funktionen menschlichen

Sprechens und Handelns zu klären, dann dürfen sie sich nicht auf cerebrale Strukturen berufen, sondern müssen an der Struktur des Sprechens *selber* die wesentlichen kognitiven Leistungen identifizieren. Um explizierbar zu bleiben, können diese Identifizierungsbemühungen weder unabhängig von der Sprache selber sein noch aus der Sprache herausführen. Vielmehr muss hier die besondere Funktion menschlichen Sprechens zum Ausdruck kommen, sich selber in seinen Leistungen zu bestimmen und zu explizieren. Genau diese Selbstidentifizierung könnte ein Wesensmerkmal kognitiver Funktionen sein.

Der kognitiven Metapherntheorie von Lakoff und Johnson glückt dies allerdings nicht; denn auch die Identifizierung von Invarianten als kognitive Universalschemata (bei denen sich schon die Frage stellt, wie hier sicherzustellen ist, *welche* und *wie viele* Universalschemata faktisch genau existieren) entspricht, vornehmlich in der Weiterführung bei Dodge und Lakoff, nicht den Gelingensbedingungen einer Theorie kognitiver Begriffe: Sie führt nämlich aufgrund ihrer Beschreibungsunabhängigkeit notwendig aus der Sprache heraus in die (dogmatische) Annahme, dass kognitive Module jeweiliger cerebraler Strukturen darstellungsunabhängig existieren. Dementsprechend disqualifiziert sich diese Theorie kognitiver Metaphern für *kognitionswissenschaftliche* Zwecke: Sie bleibt unbestimmt, indem sie keine eindeutigen Aussagen darüber machen kann, *wie* Metaphern als kognitive Funktionen relevant werden und wie sie sich im Einzelnen bilden lassen.

2.2 Notwendige Metaphern bei Josef König

Stellt die Kognitive Metapherntheorie von Lakoff und Johnson wesentliche Komponenten und Funktionen metaphorischer Ausdrücke bereit, so bleibt die Einführung und Gegenstandsbestimmung für die kognitiven Ausdrücke unklar. Demgegenüber versuchte J. König in dem 1937 vorgelegten Aufsatz *Bemerkungen zur Metapher* einen Metaphernbegriff einzuführen, anhand dessen die Bestimmungen des Denkens zum Gegenstand werden: Genau *in* und *an* der Verwendung metaphorischer Ausdrücke werde nämlich überhaupt die Möglichkeit gegeben, über kognitive Ausdrücke sinnvoll zu reden.

König beginnt, indem er zwei Metapherntypen einführt: *bloße* und *eigentliche* Metaphern. Die bloßen Metaphern sind dadurch gekennzeichnet, dass sie prinzipiell vollständig auflösbar sind. Lassen sich nämlich die Ausdrücke auch anders, d. h. nicht metaphorisch ausdrücken, ohne dass ein Bedeutungsverlust entsteht (z. B. *herausragende* statt *blendende Leistung)*, dann fungiert die Metapher rein rhetorisch-ornamental. Ihre Funktion besteht also ausschließlich darin, dass sie die Möglichkeit gibt, etwas Gleiches auf andere Weise auszudrücken.

Dagegen sind eigentliche Metaphern echte Metaphern, indem sie einen Gegenstand als Gegenstand erst einführen. Insofern sind sie für die Einführung bestimmter Ausdrücke *notwendig* – und dies in einem mindestens doppelten Sinne:[8]

1. Erstens lassen sich bestimmte Begriffe nicht anders als über metaphorische Ausdrücke explizit einführen. Indem bestimmte Metaphern nämlich benutzt werden, wird dadurch überhaupt ein neuer Bereich *als* Bereich erst verfügbar.[9] König führt dies exemplarisch am Ausdruck des *Denkens* vor.
2. Zweitens ist der neu erschlossene Bereich nicht vollständig in den Ursprungsbereich auflösbar. Eigentliche Metaphern geben nicht den Ursprungsbereich in „neuem Gewande" (wie bei Lakoff und Johnson), sondern sind als Metaphern genau dieser neu erschlossene Bereich selber. Sie sind „nicht nur verschiedene, sondern prinzipiell verschiedene Metaphern." (König 1994:157)

Um diese *doppelte Notwendigkeit* im Einzelnen zu explizieren, muss hier gefragt werden, was der Ausdruck *prinzipiell verschiedene Metaphern* bedeutet. König erläutert dies folgendermaßen:

> Wenn wir z. B. etwas erhebend oder ergreifend oder niederdrückend finden, so haben wir da zweifelsohne Metaphern vor uns (...). Die Verschiedenheit dieser Metaphern ist rein die, dass z. B. die eine eben die Metapher *erhebend*, die andere eben die Metapher *niederdrückend* ist. Man kann sich in bezug darauf kurz so ausdrücken, daß diese einfache Verschiedenheit in dem Inhalt gründet, während die Form dieselbe ist. (...) Das Merkwürdige ist nun dies, daß sich unschwer Metaphern aufweisen lassen, die nicht nur verschiedene Metaphern sind, sondern die als Metaphern verschiedene Metaphern sind. Es sind Metaphern, rücksichtlich derer es keinem Zweifel unterliegt, daß sie beide in der Tat Metaphern sind, und die dennoch über die Verschiedenheit ihres Inhalts hinaus einen Formunterschied in der Weise ihres Metapher-seins vor Augen stellen. (König 1994:157f)

Dies lässt sich an folgendem Beispiel exemplarisch erläutern: Man kann z. B. eine Person *blendend* oder *strahlend* schön finden „und dies nun doch in einem mindestens mehr eigentlichen Sinn, als wenn wir z. B. von einer blendenden Leistung sprechen." (König 1994: 160) Beide Ausdrücke stehen metaphorisch zum Ausdruck „Blendung durch das Sonnenlicht"; dennoch wären hier gewisse Abstufungen bezüglich eigentlicher Ausdrücke zu sehen. So würde vermutlich eine blendende Leistung stärker metaphorisch wirken als z. B. die „stärker physiologische Blendung" durch eine Person. Hier liegen also inhaltlich verschiedene Metaphern, die nicht allein aus der Äquivokation des Prädikats „ist blendend" hervorgehen. Vielmehr sind die Metaphern *als* Metaphern verschiedene.

---

8 Für eine weitere Verwendungsform siehe Gutmann und Rathgeber in diesem Band.

9 Hier ist zunächst keine unmittelbare Differenz zu der Kognitiven Metapherntheorie von Lakoff und Johnson zu finden. Unterschiede zeigen sich erst in der expliziten Einführung kognitiver Prädikate.

Prinzipiell verschieden sind Metaphern also dann, wenn der Ausdruck *Metapher* selber etwas Formales darstellt. So ist eine eigentliche Metapher nicht in dem Sinne und in der Weise eine Metapher, wie z. B. „ein Baum ein Baum oder ein Stück Gold ein Stück Gold ist." (König 1994:161) Vielmehr verkörpert sie eine formal-abstrakte Wesenheit. Exemplarische Wesenheiten wären Ausdrücke wie „Verhältnis", „Teil", „Phänomen", „Begriff", „Produkt", „Gattung" oder „Beziehung". Prinzipiell verschieden sind diese Abstrakta deshalb, weil sie nicht mehr vollständig in- und aufeinander übertragbar sind. So ist beispielsweise die Beziehung zwischen zwei mathematischen Größen etwas *prinzipiell* anderes als die Beziehung zwischen zwei Menschen:

> Für alle diese formalen Sachen gilt nun generell, daß sie nicht nur verschieden, sondern prinzipiell verschieden sein können. Es gibt also beispielsweise nicht nur verschiedene Beziehungen, nicht nur also Beziehungen, die lediglich dem Inhalt nach verschieden sind, sondern auch prinzipiell verschiedene Beziehungen, so daß, in der zuvor angewandten Sprechweise gesagt, das Beziehung-sein solcher Beziehungen ein je verschiedenes ist. (König 1994:162)

Metaphern nehmen in der Reihe der prinzipiell verschiedenen und formal-abstrakten Wesenheiten eine Sonderstellung ein. König stellt nämlich die Vermutung auf, dass die Metaphern genau diejenigen sprachlichen Mittel sind, um die Abstrakta *als* abstrakte Ausdrücke überhaupt einzuführen:

> Von daher möchte ich in diesem so dunklen Gebiete zwar nicht behaupten, wohl aber zur Erwägung anheimstellen, ob nicht zuletzt das uns beschäftigte Phänomen einer möglichen prinzipiellen Verschiedenheit im Was-sein *formaler* Sachen und also das Problem, das sich zunächst nur beispielsweise und unter anderem auch an der Metapher stellt, – ob nicht dieses generelle Problem insofern zugleich spezifisch eng mit dem Problem der Metapher zusammenhängt, als die Vermutung naheliegt, daß an seinem Grunde das Verhältnis zwischen einem rein eigentlichen Gebrauch von Verben und in sich dann wieder in vielfacher Weise möglichem metaphorischen Gebrauch eben dieser Verben liegt. (König 1994:165)

Um seine These zu erhärten, führt König vor, dass diese formal-abstrakten Ausdrücke offensichtlich Ableitungen von Verben darstellen. So stehe beispielsweise das Abstraktum „Ding" nach Kluges Wörterbuch in der Ableitung des Verbums „bedingen". Genau dieser auf Verben zurückzuführende Ableitungszusammenhang gilt auch für Ausdrücke wie „Beziehung", „Begriff" und „Phänomen" etc.

Eine mögliche prinzipielle Verschiedenheit des Gebrauches ist nun darin zu identifizieren, ob das Verb in einem eigentlichen oder übertragenen Sinne verwendet wird. „So ist ja wohl, wenn ich etwas hinüber, z. B. über einen Fluss, trage, dieses Sprechen kein metaphorisches; während dasjenige Übertragen, dessen Resultat eine Metapher ist, selber schon ein metaphorisches Übertragen ist." (König 1994:165) Das Wesentliche dieser

Überlegung besteht darin, dass die Metapher es erst erlaubt, einen abstrakten Bereich *als* Bereich überhaupt auszuweisen. Die eigentliche Metapher wäre also in diesem Sinne eine notwendige Form sprachlichen Übertragens, die es erst ermöglicht, *Abstrakta* einzuführen. Für die Konstitution formaler Wesenheiten wäre die Metapher dementsprechend (in einer erweiterten Kantischen Formulierung) die notwendige Bedingung der Möglichkeit formal-abstrakter Rede.

Als problematisch erweist sich allerdings diese neu gewonnene Einsicht in das Wesen uneigentlichen Redens darin, indem sie auf die Bestimmung der Metapher selber angewendet wird. Wenn die eigentliche Metapher genau dasjenige Mittel ist, welches überhaupt Abstrakta einzuführen ermöglicht, die Metapher als eigentliche Metapher aber selber ein Abstraktum verkörpert, dann entsteht eine *petitio principii:* Die Metapher müsste sich nämlich als Abstraktum selber einführen können.

Um diesen Zirkel aufzulösen, muss erstens auf Königs Konzeption der Wechselwirkung rekurriert werden. Diese lässt sich dann im zweiten Schritt anhand der Differenz von *Beginn* und *Anfang* methodisch rekonstruieren:

1. König führt den Ausdruck der *Wechselwirkung* exemplarisch anhand des Verhältnisses von Maß*zahlen* und Maß*einheiten* ein: Für die Konstituierung der *Messung* müssen Maßzahlen und Maßeinheiten *zugleich* sein, obgleich vermutlich unter rein zeitlicher Perspektive erst die Maßeinheiten da sind, bezüglich derer die Zahlen dann abgeleitet werden. Um allerdings die Maßeinheiten *als* Einheiten zu erkennen, muss gezählt werden. Dementsprechend besteht ein wechselseitiges Verhältnis, welches *zugleich* gelten muss.[10]
2. Um hier jetzt die *petitio principii* nicht als bloße Wechselwirkung zu belegen, soll dieses wechselseitige Verhältnis als begriffliche Differenz von zeitlichem Beginn und geltungstheoretischem Anfang rekonstruiert werden. Unter dem geltungstheoretischen Anfang wäre die methodische Ordnung zu verstehen, etwas *als* etwas auszeichnen zu können. Ein Beispiel: eine Skizze setzt sich aus einer bestimmten Anzahl von Strichen zusammen. Diese Striche müssen zeitlich nach und nach getätigt werden, um dann die fertige Skizze zu erhalten. Die Darstellung der Skizze (z. B. eines Bauplans) kann aber nicht aus den zeitlich sukzessiven Strichen entnommen werden. Für die Beurteilung der Darstellung muss vielmehr die Skizze als Bauplan, Kunstwerk, Abbildung oder Hinweis etc. selber verstanden werden. Stellt also der geltungstheoretische Anfang die Darstellung der Skizze (beispielsweise *als* Bauplan) bereit, wird der zeitliche

[10] So formuliert König: „In der Analogie der Zahlen gesprochen, sind sie Maßzahlen und mögliche Maßeinheiten zugleich; und die unterirdische Rückwirkung des zweiten Bereichs besteht darin, dass die der Zeit nach ersten Maßeinheiten auch ihrerseits Maßzahlen werden, ohne deshalb aufzuhören, Maßeinheiten zu sein." (König 1994:175)

Beginn umgekehrt durch die angefertigten Striche auf dem Papier geleistet. Hier liegen also unterschiedliche Perspektiven vor.

Für die Bestimmung der Metapher gelten nun dieselben Überlegungen. So formuliert König anhand der oben eingeführten Analogie von *Messzahlen/Messeinheiten* diesbezüglich für metaphorisches Sprechen:

> Der Bereich des dem Sinnfälligen zugewandten nicht-metaphorischen Sprechens ist gleichsam *die Eins* zu dem Bereich des ihm *folgenden* metaphorischen Sprechens als der Reihe der übrigen Zahlen. Die unterirdische Rückwirkung degradiert diese Eins zu einer Zahlenreihe, als *deren* Eins nun umgekehrt der Bereich des metaphorischen Sprechens angesehen werden könnte, wenn nicht unverrückbar bliebe, dass der Bereich des Sinnfälligen der Zeit nach Anfang ist. (König 1994:175)

Genau dieses Wechselverhältnis als Selbstanwendung gilt nun auch für die Einführung und Konstitution von kognitiven Ausdrücken. König führt dies exemplarisch am *Denken* vor.

Der erste Schritt für die Einführung und Konstitution des Ausdrucks *Denken* liegt in einer metaphorischen Übertragung: Dabei wird zunächst die eigentliche Verwendung von Ausdrücken vorgeführt, um sie dann als uneigentliche Rede für die Bestimmung kognitiver Ausdrücke bereitzustellen. König führt diese eigentliche Verwendung exemplarisch am handwerklich-poetischen Hervorbringen vor. Wie z. B. der Schuster jeweils Schuhe hervorbringt, so hat immer jedes Produzieren auch ein Produkt. Genau diese Beziehung zwischen der Tätigkeit und dem Ergebnis der Tätigkeit übertragt König jetzt metaphorisch auf *das Denken:*

> Nun gibt es auch so etwas wie Denken. Und man denkt gleichfalls immer und wesentlich etwas. Und vielleicht liegt es nahe, das Denken gleichfalls als ein Produzieren oder Hervorbringen aufzufassen. Tut man dies, so ist das Etwas, welches man denkt, d. h. das Gedachte oder der sogenannte Gedanke das Produkt des Denkens. (König 1994:167)

Wenn sich nun einerseits metaphorisch *das Denken* überhaupt erst als ein Hervorbringen einführen lässt, wird andererseits natürlich sofort deutlich, dass *das Denken* kein einfaches Hervorbringen ist und zwischen Denken und handwerklichem Hervorbringen ein tiefgreifend prinzipieller Unterschied besteht:

> Ich würde in meiner Sprache hier kurz sagen, daß das Hervorbringen, welches ein Bauen oder Spinnen oder Bilden ist, nicht nur ein anderes Hervorbringen ist als dasjenige, als welches sich dieser Auffassung zufolge das Denken darstellt, sondern daß es *als* Hervorbringen ein anderes Hervorbringen ist. (König 1994:168)

Wie lässt sich dieser Ausdruck „*als* Hervorbringen ein anderes Hervorbringen“ explizieren? Es gibt mindestens zwei Möglichkeiten.

1. Entweder liegt ein Subsumierungsverhältnis vor: Bezüglich des Genus „Hervorbringen“ können spezifisch differente Arten des Hervorbringens z. B. als handwerkliches Produzieren, als denkendes Hervorbringen etc. subsumiert werden.

2. Oder aber es besteht ein wechselseitiges Vergleichen: Dazu müsste aber dann ein Kriterium angegeben werden können, hinsichtlich dessen das handwerkliche und denkende Hervorbringen überhaupt verglichen werden könnte. Dieses wäre dann vermutlich wiederum das Hervorbringen *selber.*

Beide Möglichkeiten disqualifizieren sich dadurch, dass sie weder das Spezifikum der prinzipiellen Verschiedenheit des Vergleichens oder Subsumierens herausstellen, noch aber die Asymmetrie zwischen dem handwerklichen und denkenden Hervorbringen berücksichtigen. So kann nämlich sicherlich das Handwerken unabhängig von dem Ausdruck *Denken* eingeführt werden; umgekehrtes gilt allerdings nicht:[11]

> Dieser Unterschied beider tangiert nicht, daß sowohl das Handwerken als auch das Denken je ein Hervorbringen ist. Aber der Blick auf das Denken als Hervorbringen hat den vergleichenden Hinblick auf das Handwerken notwendig immer schon hinter sich, der auf dieses hingegen nicht notwendig den auf das Denken. (König 1994:169)

Dementsprechend schlägt König einen anderen Weg vor. Das metaphorische Übertragen ist zunächst ein einseitiges. Erst indem wir das handwerkliche Hervorbringen expliziert haben, können wir *das Denken* als eine Form des Hervorbringens einführen. Dementsprechend ist das Übertragen kein wechselseitiges Verhältnis. Indem man aber dieses Übertragen leistet und das Denken so beschreibt, *als ob* es ein handwerkliches Hervorbringen wäre, wird deutlich, dass *das Denken* nicht ein handwerkliches Hervorbringen ist. Genau dadurch (d. h. indem es nur so beschrieben wird, als *ob es* so wäre) grenzt es sich zugleich auch vom Handwerken ab. Indem es sich aber rückwirkend abgrenzt, entsteht eine Wechselwirkung des ursprünglich einseitigen Vergleiches:

> Insofern nun dieses Vergleichen ein wechselseitiges ist, ist es eines „unter dem Gesichtspunkt" des Hervorbringens; aber als ursprünglich einseitiges Vergleichen des Denkens mit dem sinnfälligen Handwerken bezieht sich der Gesichtspunkt nicht auf etwas *an* diesem letzten, sondern ist *dieses* selbst. (König 1994:170)

Was aber heißt *„dieses selbst"*? Hier wird eine identifizierende Rede zwischen Vergleich und Gesichtspunkt hergestellt: Der über die Metapher gesteuerte Vergleich ist nämlich genau derjenige Gesichts- und Bezugspunkt, bezüglich dessen der Vergleich nun ein wechselseitiger ist. Damit ist der Vergleich zugleich *Übertragung* als auch *Übertragungskriterium* – letzteres zumindest in Hinsicht auf die rückwirkende Wechselwirkung. Lässt sich also der Vergleich bezüglich der Wechselwirkung auch als Kriterium ansprechen, das Kriterium aber als metasprachlich-abstrakte Bestimmung, dann konstituiert der Vergleich selber Abstrakta (s. o.).

---

[11] Bei Lakoff und Johnson war diese Asymmetrie über die sogenannte Unidirektionalität der Metapher bzw. des Vergleiches bestimmt.

Überträgt man das auf *das Denken*, so gilt: das ursprünglich einseitige Vergleichen mit dem Handwerken wird ein wechselseitiges Vergleichen. Damit ist es ein prinzipiell anderes Hervorbringen: „Erst die Wechselseitigkeit bringt es an den Tag, daß das Handwerken nicht einfach zusammenfällt mit dem Hervorbringen, sondern nur ein prinzipiell anderes Hervorbringen als Denken ist." (König 1994: 170)

Im Vergleich konstituiert sich selber *das Abstraktum:* Indem *etwas* mit *etwas* verglichen wird und indem ein einseitiges zu einem wechselseitigen Vergleichen wird, das durch die Metapher gesteuert wird, konstituiert sich die Möglichkeit abstrakter Bestimmungen. Wenn aber erstens diese abstrakten Bestimmungen *in* und *aus* den wechselseitigen Transferleistungen metaphorischen Sprechens erwachsen und zweitens die Rede über *das Denken* durch diese Abstraktionsleistungen gewonnen wird, dann ist genau die Metapher dasjenige, was *das Denken* überhaupt hervorbringt. *Das Denken* ist dann nicht losgelöst von der Metapher und hat einen separierten Bereich unabhängig von der metaphorischen Bestimmung, sondern vollzieht sich *in* und *durch* metaphorische Funktionen. Lässt sich diese Trennung von *Metapher* und *dem Denken* nicht mehr leisten, so kann sinnvoll behauptet werden, dass die Verwendung der Metapher *selber* das Denken *ist!*

Zusammenfassend lassen sich die Thesen von J. König zur kognitiven Metapher wie folgt rekonstruieren: Erstens lassen sich notwendige Metaphern – im Gegensatz zu bloßen Metaphern – dadurch auszeichnen, dass sie sich nicht vollständig semantisch in andere Ausdrücke auflösen, ohne dass spezifische Aspekte verloren gehen. Für kognitive Ausdrücke wie *das Denken* können diese notwendigen Metaphern anschließend genutzt werden, indem sie zunächst durch ein einseitiges Vergleichen den jeweiligen Gegenstandsbereich einführen, der sich z. B. durch handwerkliche Bereiche erschließen und kontrollieren lässt. Im dritten Schritt kann dann das einseitige Vergleichen als ein wechselseitiges ausgewiesen werden, indem das Vergleichen *selber* zum Gegenstand wird, anhand dessen sich die Kriterien für die Steuerung des Vergleiches und dessen Rückbeziehungen aufzeigen lassen. Genau diese Wechselseitigkeit erlaubt dann König die Mutmaßung, dass sich in dem wechselseitigen Verhältnis – d. h. der Verwendung der notwendigen Metapher – *das Denken selber* vollziehe.

3 Von der Metapher zum Modell

Die Bemühungen um eine explizite Klärung originär kognitiver Funktionen und Leistungen – wie die des *Denkens, Wahrnehmens, Erkennens, Verstehens, Intendierens, Problemlösens* etc. – sind vermutlich so alt wie philosophische Versuche rationaler und reflexiver Explizierung der menschlichen Existenz selber. Die Kognitionswissenschaften allerdings als originär natur- und technikwissenschaftliche Forschungsbemühungen mit einem einheitlich forschungsgeleiteten Betrieb sind erst ein interdisziplinäres

Produkt des 20. Jahrhunderts, das vornehmlich im angloamerikanischen Raum *institutionell* verankert werden konnte.[12]

Sollen indessen diese institutionalisierten Anstrengungen auch als *wissenschaftliche* auftreten können, so müssen dazu spezifische Kriterien erfüllt sein: entsprechend wissenschaftstheoretischen Ansätzen muss unter anderem sichergestellt werden, dass die jeweiligen Beschreibungsgegenstände explizit und eindeutig einführbar sind (vgl. dazu Carnap 1969, Lorenzen 1987). Dies kann *nicht* – zumindest nicht ausschließlich – an die jeweiligen Beschreibungsmittel der technischen und experimentellen Modelle angekoppelt werden, weil ansonsten die Auszeichnung von Geltungsansprüchen der wissenschaftlichen Resultate verloren geht: Erst nämlich an der Beurteilung der Adäquatheit der genutzten Mittel bezüglich der zu realisierenden Zwecke kann Gelingen und Gelten des jeweiligen Ansatzes als ein *wissenschaftlicher* ausgewiesen werden. Gerade in den Kognitionswissenschaften fehlt aber die explizite Ausweisung und Einführung kognitiver Ausdrücke und Prozesse.

Wenn aber die kognitiven Ausdrücke und Prozesse weder eindeutig noch einheitlich eingeführt und verwendet werden, dann zeichnet sich die Kognitionswissenschaft dadurch aus, dass sie sich in einer *vor*wissenschaftlichen Phase befindet, deren wissenschaftstheoretisches Potential bisher unausgeschöpft blieb (Varela 1990:26).

Anhand der oben eingeführten Überlegungen von J. König lässt sich ein methodisch-hermeneutisches Instrumentarium bereitstellen, welches gerade für wissenschaftstheoretische und besonders kognitionswissenschaftliche Zwecke anwendbar und erweiterbar wäre: Königs Überlegungen zur Metapher sind nämlich wissenschaftstheoretisch insofern relevant, als sie kognitive Prozesse an *sprachliche* Leistungen des metaphorischen Redens anbinden. Obgleich die Metapher hierbei ein uneigentliches Mittel sprachlicher Kommunikation ist, erlaubt sie es doch erst, sinnvoll über nicht unmittelbar am Handeln kontrollierte Prozesse zu sprechen. Indem aber *in* metaphorischen und *durch* metaphorische Wendungen kognitive Leistungen bestimmbar werden, wird das anfängliche Mittel *Metapher* selber zum *eigentlichen* Zweck der kognitionswissenschaftlichen Rekonstruktion.

Wissenschaftstheoretisch knüpft sich das Problem an, wie dieses Mittel als Zweck *eigentlich* verstanden werden kann. *Eigentlich verstanden* heißt hierbei nichts anderes, als dass es handlungstheoretisch verfügbar und kontrollierbar wird.[13] Um dies zu leisten, müssen explizite und eindeutige

[12] Die internationale Institutionalisierung kognitionswissenschaftlicher Bemühungen geht dabei vornehmlich auf die 1979 gegründete *Cognitive Science Society* mit der von ihr herausgegebenen internationalen Zeitschrift *Cognitive Science* zurück. In der Hochschulausbildung ist die Kognitionswissenschaft unter Vorreiterstellung der *UCSD* (*University of California, San Diego*) im angloamerikanischen Raum seit ca. 1985 etabliert.

[13] Pointiert formuliert heißt das: wie kann die *Uneigentlichkeit* (der Metapher) *eigentlich* kontrolliert werden?

Einführungsregeln für kognitive Ausdrücke bereitgestellt werden. Der anfängliche *als-ob-Modus* der Metapher, welcher den zu erschließenden Bereich erst eröffnet, muss also operational so *verschärft* werden, dass er für wissenschaftlich reproduzierbare *Identitätsaussagen* genutzt werden kann.

Exemplarisch soll dies an einem einfachen Beispiel verdeutlicht werden: die Tätigkeit des Schach*spielens* kann beispielsweise so beschrieben werden, *als ob* sie ein regelgeleitetes Steuern spezifischer Zugregeln von einzelnen Figuren ist. Für spezifisch technische Zwecke ist dies entscheidend, bietet sie doch erst die Möglichkeit, die einzelnen Schachzüge technisch so zu strukturieren, dass sie sowohl operationalisierbar als auch sogar digital implementierbar sind. Das reicht soweit, dass die Leistungen der technisch-kybernetischen Systeme die kognitiven Funktionen menschlicher Handlungen nicht nur *ersetzen*, sondern auch problemlos *überbieten* (vgl. dazu Gehlen 1986:148). Die anfängliche *als-ob*-Beschreibung des Schachspielens als kybernetischer Prozess kann demzufolge technisch soweit verschärft werden, dass er immer neue Leistungssteigerungen ermöglicht.

Indem also die anfängliche Metapher eine Substitution einleitet und diese erfolgreich erweiterbar ist, da sie die ursprünglich menschlichen Leistungen überbieten kann, wird die metaphorische Beschreibung selber derart modifiziert, dass aus der *als-ob*-Beschreibung eine *Identitäts*aussage abgeleitet wird: Die Substitution suggeriert nämlich, dass beispielsweise das Schachspielen *nichts anderes* als ein regelgeleitetes Steuern von spezifischen Zugregeln *ist*. Für die weitere Strukturierung der jeweiligen technischen Mittel ist diese Identitätsaussage zunächst auch durchaus legitim. Wird allerdings der kybernetische Zusammenhang verlassen und nach den Zwecken der anfänglichen Strukturierung gefragt – d. h. nach den Funktionen des Schachspielens selber – dann zeigt sich, dass die Identitätsaussage *falsch* ist. Schach*spielen* ist nämlich nicht *nur* ein regelgeleitetes Steuern von einzelnen Figuren. Vielmehr kann es durchaus *funktional* – relativ zu den jeweiligen Zwecken – auch anders beschrieben werden: *als* Wettkampf, *als* Freizeitbeschäftigung, *als* Ablenkung, *als* kommunikatives und soziales Mittel, *als* intellektuelle Herausforderung, *als* mentales Training etc. Alle diese unterschiedlichen Funktionen bieten sodann wiederum Möglichkeiten weiterer technischer Strukturierungen, denen aber die funktionale Bestimmung und deren metaphorische Übertragung im Rahmen des *als-ob*-Modus methodisch vorausgeht.

Ein Beispiel: Sehen und Wahrnehmen

Die methodologische Rekonstruktion soll nun exemplarisch an einem durchgeführten Beispiel vorgestellt werden, welches sich mit dem gleichsam an sich metaphorischen Ausdruck *Wahrnehmen* befasst. Dieser erweist sich schon im ersten Zugriff als nicht rein eigentlich, insofern sich zwar zum *Sehen, Hören, Riechen* etc. sinnvoll und mit einer gewissen Aussicht auf Erfolg auffordern lässt, dies jedoch nicht einfachhin mit derselben Aufforderung des *Wahrnehmens* identisch ist. Der Unterschied zwischen dem – im weiteren exemplarisch verwendeten – *Sehen* und *Wahrnehmen* besteht also nach unseren Vorüberlegungen darin, dass wir für das *Sehen* eine Beschreibung angeben können, die bezüglich eines Sprachspieles (zum Beispiel eines geometrisch-optischen) explizit diese Sinnesleistung als letztlich physikalischen Vorgang zu verstehen gestattet. Insofern gehört *Sehen* als Tatprädikat objektsprachlichen Bestimmungen an und es ist gleichsam nur eine biologische und insofern kontingente Differenz, wenn wir vom *Sehen* eines Exemplars von *Sepia officinalis* oder *H. sapiens* sprechen.

Wir können in einem ersten Zugriff sagen, dass *Sehen* eine Eigenschaft von etwas (z. B. eines Lebewesens) bezeichnet, während *Wahrnehmen* die sprachliche Form bezeichnet, bezüglich welcher das *Sehen* als mögliche Darstellung desselben anzusehen wäre. Mindestens dieses ist ein wesentlich *sprachliches* Tun:

> Denn Wahrnehmung ohne unmittelbar verständliche Sprache ist blind. Und nach meiner Auffassung [...] würden wir, wenn wir nicht in einer Sprachgemeinschaft leben, nicht nur nicht im Stande sein auszusprechen, dass dieses Katheder sich in diesem Raum befindet, sondern würden auch gar nicht imstande sein, wahrzunehmen, dass es sich in diesem Raum befindet. (König 1994:154)

Allerdings ist zu bemerken, dass eine Zustimmung zu dieser scheinbar unproblematischen Feststellung eigentümliche Folgen für das Verhältnis von *Wahrnehmen* und *Sehen* hat, welche dann unannehmbar sind, wenn unter *Sehen* eben nicht mehr als ein nicht- oder gar außersprachlicher Vorgang verstanden werden soll. König unterscheidet nämlich nicht etwa zwischen einem nichtsprachlich sinnlichen Vorgang und dessen sprachlicher Repräsentation (die dann jederzeit auch als nachträgliche vorstellbar wäre), sondern zwischen zwei Formen des Sprechens, deren eine durch eine „unmittelbar verständliche Sprache" und deren andere durch eine auf diese bezogene Rede von *Wahrnehmen* besteht. Das daraus resultierende Verhältnis von *Wahrnehmen* und *Sehen* kann in Frageform wie folgt bestimmt werden:

> Die Frage, die uns entspringen wird, ist die, ob, dass uns bewusst ist, dass wir z. B. drüben ein Reh sehen, die Möglichkeit dessen ist, dass wir einem Partner mitteilen, dass wird dies sehen. Oder ob am Ende das Umgekehrte gilt, nämlich gilt, dass unser solches Mitteilen die Möglichkeit ist dessen, dass uns bewusst ist, dass wir sehen, was wir da sehen, und mithin die Möglichkeit ist dessen, dass wir um es wissen. (König 1994:229)

Es wäre hier also nicht primär das Verhältnis von (außersprachlichem) Gegenstand (z. B. das äsende Reh) und dessen sprachlicher Darstellung oder Repräsentation relevant, als vielmehr die Art und Weise in welcher und durch welche sprachliche Darstellung überhaupt erst zum Mittel der Darstellung von etwas werden kann. Das Mitteilen als echtes „etwas miteinander Teilen" ist in dieser Überlegung nicht das Weitergeben von etwas, das schon besessen wird, sondern die Veränderung eines Wesens, welches etwas sieht zu einem Wesen, das etwas sieht und weiß, *dass* es und *was* es sieht:

> Erst im Mitteilen werden wir uns bewusst, dass wir sehen, was wir sehen; genau dadurch, dass wir wissen, was wir sehen, indem wir es mitteilen, nehmen wir wahr und unterscheiden über das Kriterium der Bewusstheit Wahrnehmen von einem bloßen Sehen. (Weingarten 2003:42)

Die Differenz zwischen *Sehen* und *Wahrnehmen* lässt sich dann so beschreiben, dass das Wissen um das *Sehen-von-etwas* die Möglichkeit des *Bewusstseins-von-etwas* darstellt.[14] Genau dieses *Wissen-um-etwas-als-etwas* ist es, was sich im Mitteilen als eine Form der Selbst-Bestimmung verstehen lässt. König drückt dies als „Entstehung" aus:

> Somit gilt: Indem ich dies, was ich äußerlich sehe, jemandem mitteile, entstehe ich als derjenige, der weiß, dass er etwas äußerliches sieht (wahrnimmt). Im Unterschied zum Sehen ist das Wahrnehmen immer gebunden an die Bestätigung des Wahrgenommenen durch Andere; nur wenn ein Anderer als Antwort auf meine Beschreibung von etwas sagt: »Das sehe, empfinde, fühle ich auch so«, dann haben wir Etwas als bestimmtes Etwas wahrgenommen. (Weingarten 2003:46)

Es kommt hier systematisch nicht auf den Konsens der *Aushandelnden* an, als vielmehr auf die *In-Besitznahme* des („äußerlich") Gesehenen durch den Sehenden. Und eben diese Inbesitznahme ist das *Wahrnehmen:* Denn erst jetzt können *durch* das Wahrgenommene jeweils Gelingensbedingungen ausgemacht werden, welche das Gesehene selber als Kriterium begreifen um daran Wahrheitsbedingungen für den Sprechakt auszuzeichnen. Die Teilnahme des Wahrnehmenden am *Sehen* kommt nicht – wiewohl zeitlich durchaus zunächst – mittels einer Lichtreizung auf der Retina des Auges zustande, sondern durch sein sprachliches Tun, welches das Gesehene erst zu einem Kriterium des Wahrgenommenen werden lässt. Die An-Teilnahme bezeichnet damit eine – jedenfalls im Anfang und für praktische Verhältnisse – unaufhebbare Form des Selbstbezuges, der nicht aufgelöst werden kann in die Konjunktion des propositionalen Gehaltes einer Aussage (z. B. „Dies ist ein äsendes Reh") und dessen Adressierung im Sprechakt (z. B. „Ich bin derjenige, welcher ein äsendes Reh sieht.").

Damit kann zugleich ein Problem zumindest angegangen werden, welches im Falle der Nivellierung von *Sehen* und *Wahrnehmen* regel-

---

[14] In den Konzepten der *Theory of Mind* wird zumeist genau das Gegenteil angeboten.

mäßig durch Aufteilung in einen passiven (wahrnehmenden bzw. sehenden)[15] und einen aktiven Pol (das Wahrgenommene bzw. das Gesehene) aus dem Blick gerät. Ist das Gesehene ein mögliches Kriterium des Wahrgenommenen, so erscheint es gerechtfertigt, dass klassisch sensualistische Primat zwischen Gesehenem und Wahrgenommenem umzukehren:

> Von daher müssen wir im Sprechen beachten: Nicht zu allen diesen oder jenen Dingen, die beispielsweise Hunde sind, verhalten wir uns in einer bestimmten Weise, eben weil sie Hunde sind oder dem Typus ›Hund‹ entsprechen. Sondern richtig ist: Alle ›Diese-da‹, zu denen wir uns in bestimmter Weise so verhalten, sind Hunde. »Wir können sagen: was diesen oder jenen Hund dazu befähigt (zum Zurückspiegeln befähigt) sind wir selbst, insofern wir Wesen sind, die sich zu einem Dies-da ursprünglich verhalten.« (Weingarten 2003:47)

Es wäre also unser – sprachlich artikuliertes – Verhalten-Zu, welches „Dieses-da" als einen Hund bestimmt, und nicht umgekehrt die gleichwohl ebenso naheliegende wie gewohnte Vermutung eines so-existierenden Dieses-da, welches uns zum Verhalten-Zu nötigt. Wahrnehmen ist damit dem Wortsinne nach *echtes*, wiewohl seiner logischen Grammatik gemäß *mediales* Handeln:

> Das Wahrnehmen-Können eines Etwas als ein bestimmtes Etwas, im Beispiel: eines Hundes als eines Hundes, ist also immer an die Verfügung eines Typusbegriffs gebunden. Indem wir Etwas, z. B. als ein Etwas wahrnehmen, das sich so verhält, wie sich typischer Weise Hunde verhalten, nehmen wir daher nicht das typische Verhalten eines Hundes als eine ihm natürlicherweise zukommende Eigenschaft wahr, sondern – in der Fassung als Rückspiegeln – unser typisches Handeln im Umgang mit einem Etwas. Die Bestimmtheit des Etwas als eines Etwas dieser Art oder dieses Typus ist Resultat unseres Handelns an einem Etwas und nichts, was diesem Etwas unabhängig von unserem handelnden Umgang mit ihm selbst zukäme. (Weingarten 2003:47)

Die Explikation praktischer Verhältnisse, welche wesentlich auf der Unterscheidung praktischer und theoretischer Sätze aufruht, kann hier nicht vorgenommen werden (dazu Gutmann 2004). Für unseren Klärungsgegenstand ist aber von Bedeutung, dass die hier vorgenommene Rekonstruktion kognitiver Ausdrücke – am Beispiel von Wahrnehmen und Sehen – wesentlich an metaphorischen Ausdrücken ansetzt: d. h. solchen Ausdrücken, für

[15] Man sieht an der Rede selbst, dass die Medialität der behandelten Verben eine solche Aufteilung schon rein grammatisch zum Problem werden lässt: denn selbstverständlich ist das „Gesehene" grammatisch passiv, insofern als es von einem Sehenden gesehen wurde (der mithin zum Tätigen wird, wie es das Tatprädikat ja auch nahelegt). Zugleich muss es aber „gesehen werden *können*", eine aktivische Komponente, die wiederum die genannte Zerlegung erlaubt. Da der Umgang mit Dispositionsprädikaten hier nicht Thema ist (dazu etwa Janich 1997, Hubig 2006), sei nur darauf verwiesen, dass sich diese Bestimmung auf ein schon Wahrgenommenes beziehen muss. Es kann also durchaus ein sachlich früheres zeitlich später in Erscheinung treten.

welche König die Bezeichnung „modal" wählt.[16] Wesentlich ist hier, dass wir es mit einer sprachlichen Differenz zu tun haben, deren Nivellierung den methodischen Anfang der Rekonstruktion kognitiver Ausdrücke und deren Überführung in modellierende Rede verdeckt:

> Das praktische Tun und die in der Reflexion auf das praktische Tun gebildeten Typus-Begriffe, die begrifflich genauer als Handlungsschemata benannt werden müssen, ermöglichen erst den Umschlag vom ›Sehen‹ zum ›Wahrnehmen‹. König führt mit diesen Überlegungen die kategorial wichtige Differenz von (kausal strukturiertem) ›Sehen‹ und (reflexiv durch Sprache und Wissen vermitteltem) ›Wahrnehmen‹ ein, die gerade auch für die Rekonstruktion der gegenwärtigen Kognitionswissenschaften wichtig ist. (Weingarten 2003:48)

Praktisches Wissen, das somit als umgängliches Wissen bestimmt wird, erlaubt es erst, der Besonderheit kognitiver Ausdrücke gerecht zu werden und diese innerhalb kognitionswissenschaftlicher Fragestellungen zu thematisieren.

4 Schluss

Wir können nun auf unsere eingangs gemachte Vermutung mit Gewinn zurückkehren, dass nämlich über das *Laufen* (oder anderes einsinniges Handeln) zu sprechen wohl möglich sei, ohne zugleich laufen zu müssen, umgekehrt aber über *Denken* zu sprechen wohl kaum gelingen würde, ohne zugleich zu denken. Wie im Falle des *Wahrnehmens* und des *Sehens* ist es wohl auch hier möglich, das *Denken* einsinnig aufzufassen. Es wäre dann ein Hervorbringen oder Produzieren. Als solches könnten wir z. B. die Versuche, das *Denken* durch Maschinen vollbringen zu lassen, jederzeit als möglich und eventuell sogar als schon realisiert zugestehen. Danach wäre z. B. das Befolgen bestimmter Regeln im Zuge der Lösung gewisser Probleme als *Denken* zu begreifen und das Resultat dieses Tuns als *Gedanke* aufzufassen.[17] Im Ganzen läge hier dasselbe Verhältnis wie im Falle des *Sehens* vor: denn es könnte jederzeit die Turing-Simulierbarkeit als Gelingenskriterium angegeben werden,[18] welche *eine* funktionalisierte Darstellung dessen vornimmt, was es heißt, wenn von *Denken* gesprochen wird. Dennoch würde hier allerdings nur *eine* funktionalisierte Dar-

---

[16] Dass damit nicht auf modale Ausdrücke im engeren Sinne referiert wird (etwa „möglich", „notwendig", „kontingent") liegt auf der Hand. Zu einer Darstellung der mit dem „ursprünglichen Schätzen" verbundenen systematischen Probleme s. König (1937) sowie Gutmann (2004).

[17] Der Gedanke wäre in diesem Sinne als Produkt des *Denkens* zu verstehen.

[18] Wir sehen hier ganz explizit von den methodologischen Problemen ab, die sich mit dem sog. Turing-Test selber verbinden. Immerhin ist – genaugenommen – weder klar, was eigentlich ein solcher Test sein soll, noch wann wir ihn als bestanden anzusehen hätten. Das erste referiert auf die – nach wie vor diskutierten – „Bestandteile" der Turingmaschine ebenso wie auf die Bedingungen unter welchen sie einzusetzen wäre, das zweite auf die noch grundsätzlicheren Schwierigkeiten der Turing-Berechenbarkeit der Turing-Berechenbarkeit (hierzu im Einzelnen Boden 2006).

stellung vorliegen. Streng genommen wird nämlich allein dasjenige Tun funktionalisiert, welches des eigentümlichen Selbstbezugs – nämlich das *Denken selber* zu denken – entbehrt. *Denken*, welches nicht sogleich auch *Denken-des-Denkens* ist, wäre danach z. B. mit Regelbefolgen und dessen Resultat gleichzusetzen. In dem Maße als das *Denken* des Selbstbezuges befreit wäre – zum Zwecke nämlich der Formalisierung, Implementierung und Kalkülisierung – ist es lediglich ein als Hervorbringen bestimmtes Denken. Versteht man diese Defiziensform jedoch im hier vorgeschlagenen Sinne als modellierte Variante einer notwendig metaphorischen Rede – welche ihrerseits notwendig metaphorisch ist –, dann sind all jene Versuche der technischen Emulation des *Denkens* selber als Explikationen zu verstehen, deren Bezug auf die ursprüngliche Metapher das ausnehmend Besondere überhaupt erst hervorbringt, was wir unter dem nicht rein eigentlichen Tun des *Denkens* verstehen.

Literaturverzeichnis

Black M (1962) Models and Metaphors. Studies in Language and Philosophy. Cornell University Press, Ithaca

Boden M (2006) Mind as Machine. Volume 1. Clarendon Press, Oxford

Carnap R (1969) Einführung in die Philosophie der Naturwissenschaft, Nymphenburger Verlagshandlung, München

Davidson D (1978) What Metaphors Mean. In: ders.: Inquiries into Truth and Interpretation. Oxford University Press, Oxford, 1984, S. 245–264

Dodge E, Lakoff E (2005) Image schemas: From linguistic analysis to neural groundign. In: Hampe B, From Perception to Meaning. Image Schemas in Cognitive Linguistics. Mouton de Gruyter, Berlin & New York, S. 57–93

Gehlen A (1986) Anthropologische und sozialpsychologische Untersuchung. Rowohlt, Hamburg

Gutmann M (2004) Erfahren von Erfahrungen. Dialektische Studien zur Grundlegung einer philosophischen Anthropologie. 2 Bd., transcript, Bielefeld

Hubig C (2006) Die Kunst des Möglichen. Technikphilosophie als Reflexion der Medialität. Transcript, Bielefeld

Jäkel O (2003) Wie Metaphern Wissen schaffen. Die kognitive Metapherntheorie und ihre Anwendung in Modell-Analysen der Diskursbereiche Geistestätigkeit, Wirtschaft, Wissenschaft und Religion. Verlag Dr. Kovac, Hamburg

Janich P (1997) Kleine Philosophie der Naturwissenschaften. Beck, München

König J (1969) Sein und Denken. Studien im Grenzgebiet von Logik, Ontologie und Sprachphilosophie. Max Niemeyer Verlag, Tübingen

König J (1994) Bemerkungen zur Metapher. In: Dahms G (Hrsg) König. Kleine Schriften. Alber Verlag, Freiburg & München, S. 156–176

König J (1994) Probleme des Begriffs der Entwicklung. In: Dahms G (Hrsg) König. Kleine Schriften, Alber Verlag, Freiburg

Lakoff E, Johnson M (1980) Metaphors We Life By, The University of Chicago Press, Chicago & London

Lakoff E (1987) Women, Fire and Dangerous Things: What Categories Reveal about the Mind. The University of Chicago Press, Chicago & London

Lakoff E (1993) The Contemporary Theory of Metaphor. In: Ortony A (Hrsg) Metaphor and Thought. Cambridge University Press, Cambridge, S. 202–251

Lorenzen P (1987) Lehrbuch der Konstruktiven Wissenschaftstheorie. Bibliographisches Institut, Zürich

Janich P (2001) Logisch-pragmatische Propädeutik. Ein Grundkurs im philosophischen Reflektieren. Velbrück Wissenschaft, Weilerswist

Nietzsche, F (1988) Über Wahrheit und Lüge im außermoralischen Sinne. In: Nietzsche F, Sämtliche Werke, Kritische Studienausgabe in 15 Einzelbänden. Colli G, Monitnari M (Hrsg) dtv, München. Bd. 1, S. 873–890

Prinz W (1976) Kognition. In: Ritter J, Grunder K (Hrsg) Historisches Wörterbuch der Philosophie, Band 4, Wissenschaftliche Buchgesellschaft, Darmstadt, S. 866–875

Varela FJ (1990) Kognitionswissenschaft-Kognitionstechnik. Eine Skizze aktueller Perspektiven. Suhrkamp, Frankfurt a.M.

Weingarten M (2003) Wahrnehmen, Transcript, Bielefeld

Mobilität als Metapher – Zum Gebrauch von Metaphern in den Sozialwissenschaften

Antje Gimmler

Die Metapher übt auf die Wissenschaften eine eigentümliche Anziehungskraft aus. Ohne Metaphern – und dies wissen wir nicht erst seit Lakoff und Johnson (Lakoff, Johnson 2003) – scheinen die verschiedenen Wissenschaften nicht auszukommen. Was auf den ersten Blick als Mangel an Präzision erscheint – ein Mangel, den die Wissenschaften mit der im Alltag verwendeten lebensweltlichen Sprache teilen – erweist sich auf den zweiten Blick als Notwendigkeit. Ohne Metapher, so auch Susan Sontag (Sontag 1981), können wir nicht denken. In seiner Metaphorologie präzisiert Hans Blumenberg diese Ambivalenz von Mangel und Notwendigkeit. Es handelt sich um eine Art „logische Verlegenheit" (Blumenberg 1998:10), in die alle Wissenschaften notwendig geraten und aus der die Metapher heraushilft. Mithilfe von Analogiebildungen schließt die Metapher Aussagen zu einem Zusammenhang zusammen, verbindet Disziplinen und überschreitet damit heterogene Gegenstandsfelder und Erkenntnisperspektiven. In diesem Sinn fasst auch Max Black zusammen: „A memorable metaphor has the power to bring two seperate domains into cognitive and emotional relation using language directly appropriate to the one as a lens for seeing the other (...) in a new way." (Black 1962:236) Die Zeitdiagnose der ‚flüssigen Gesellschaft' beispielsweise, die Zygmunt Bauman vertritt, überträgt aus der Chemie und der alltäglichen Erfahrung das Prinzip der Auflösung aller festen Bestandteile in fließende Übergänge und Ungeordnetheit auf die moderne Gesellschaft, in der dann, nun ‚flüssig' geworden, traditionelle Festschreibungen wie Klasse, Geschlecht und Herkunft nicht mehr aussagekräftig sind.[1] Auch pars pro toto-Kennzeichnungen wie ‚homo oeconomicus' sind metaphorische Leitvorstellungen, bei denen ein Kennzeichen sowohl des Menschen als auch des ökonomischen Funktionsbereichs als ausgezeichnetes und maßgebliches Kennzeichen individuellen und kollektiven Verhaltens gilt – hier eine bestimmte rationale, den Nutzen abwägende Einstellung. Die metaphorische Leitvorstellung muss allerdings funktionieren – ihr Funktionieren zeigt sich darin, dass die Metapher einen Sinnzusammenhang eröffnet und ihn damit erkenntnisfähig macht.

---

[1] Bauman 2000: „'Fluidity' is the quality of liquids and gases. (…) These are reasons to consider 'fluidity' and 'liquidity' as fitting metaphors when we wish to grasp the nature of the present, in many ways novel, phase in the history of modernity." (S. 1f.)

M. Bölker et al. (Hrsg.), *Information und Menschenbild*, DOI 10.1007/978-3-642-04742-8_8,

Paradoxerweise ermöglicht damit die metaphorische Rede gerade Wissenschaft und Logizität.

Der folgende Beitrag folgt einer einfachen Hypothese: Um die Rolle der Metapher zu verstehen, sollte man nicht bei der wissenschaftlichen, logischen Aussage beginnen, um dann in einem zweiten Schritt zu untersuchen, wie die Metapher diesen scheinbar metaphernfreien Raum bereichert oder verfälscht, sondern – und hier folge ich der pragmatischen Vorstellung von Wissenschaft[2] – es ist vielmehr mit der Metapher zu beginnen und ihre Unhintergehbarkeit zu akzeptieren, um ihre Rolle als Werkzeug im Prozess der Wissenserzeugung zu entfalten. Metaphern sind also Werkzeuge, mit denen man Wissenschaft „macht" – ‚doing knowledge' – wie man es in Anlehnung an den von Andrew Pickering diagnostizierten Wechsel vom repräsentationalistischen zum performativen Grundverständnis in der Wissenssoziologie nennen könnte.[3] Metaphern funktioneren, wenn sie operativ werden, wenn wir mit ihnen neues Wissen erzeugen, wenn wir mit ihnen altes Wissen in neue Zusammenhänge bringen können, wenn sie Kontexte des Erfindens herstellen und gleichzeitig die Legitimation von Wissen ermöglichen. Ganz in diesem Sinn hebt auch Mary Hesse hervor, dass mit einer neuen Metapher ein neues wissenschaftliches Paradigma etabliert werden kann und damit neue Gegenstände und Methoden auftauchen können (Hesse 1980). Donald Davidsons sprachphilosophische Konzeptualisierung der Metapher passt gut zu Hesses Betonung des Innovations- und Revolutionscharakters von Metaphern. Davidson weist die, oft auf Aristoteles zurückgeführte, Vorstellung ab, dass Metaphern auf einer Bedeutungsübertragung beruhen, bei der die ursprüngliche, genuine Bedeutung die eigentliche ist. Es ist daher für Davidson falsch, dass „der Teil der Metapher, der sich durch Bezugnahme auf Bedeutung erklären lässt, durch Berufung auf die buchstäbliche Bedeutung der Wörter erklärt werden kann, ja muss." (Davidson 1990:360) Wichtiger als eine Rückübersetzung der Metapher in ihre ursprüngliche Bedeutung ist daher das Verstehen ihrer pragmatischen Funktion im Forschungsprozess. Davidsons Kritik der traditionellen, sprachanalytischen Theorie der Metapher läuft demnach auf eine pragmatische Gebrauchstheorie der Metapher hinaus.[4]

Im Folgenden werde ich zunächst kurz auf den Status, der der Metapher in der Soziologie zugewiesen wird, eingehen, um dann einige der gebräuchlichen Metaphern der Soziologie und der angrenzenden Sozialwissenschaften vorzustellen. Ich werde mich dann in einem zweiten Schritt der Mobilitätsmetapher zuwenden. Mobilität wird u. a. von John Urry als herausragendes Kennzeichen unserer Spätmoderne angesehen. Die Mobilitätsgesellschaft ist mobil in verschiedener Hinsicht: das klassische soziologische Thema der

2 Siehe beispielhaft Dewey (1991).
3 Siehe dazu: Pickering (1995).
4 Siehe dazu auch: Kügler (1984) und Gimmler (2007).

sozialen Mobilität (Transformation der Sozialstratifikation) wird verbunden u. a. mit räumlicher Mobilität (Transport, Migration, Pendeln, Tourismus) und mit virtueller Mobilität (Informations- und Kommunikationsflüsse im Internet oder mit Mobiltelefonie). Schon hier zeigt sich, dass die Mobilitätsmetapher ansonsten voneinander abgegrenzte und kaum in Verbindung gebrachte soziologische Teilbereiche und Phänomene miteinander zu verbinden vermag und so das zu erzeugen hilft, was Urry als ein ‚neues Paradigma'[5] bezeichnet. Die Mobilitätsmetapher erweist sich daher als fruchtbar für ein ganzes Forschungsprogramm, bei dem nicht nur Teildisziplinen, sondern ganz verschiedene wissenschaftliche Disziplinen (wie Soziologie, Geographie, Informatik und Architektur) zusammenarbeiten. Im Folgenden zweiten Teil wird es also darum gehen, den ‚Operationen' und Anschlussmöglichkeiten der Mobilitätsmetapher im Rahmen der methodisch-systematischen Wissenserzeugung in den Sozialwissenschaften zu folgen.

Metaphern des Sozialen

„All the world's a stage,
And all the men and women merely players;
They have their exits and their entrances,
And one man in his time plays many parts,
His acts being seven ages."
William Shakespeare, As You Like It

Zwar weisen die Soziologie und die angrenzenden Sozialwissenschaften eine Fülle von Metaphern und uneigentlichen Redeweisen auf, diese werden aber in der klassischen Soziologie und denjenigen Traditionen, die einem eher empiristischen oder positivistischen Wissenschaftsverständnis verpflichtet sind, eher abgewertet:

In the traditional philosophies of the social sciences, figures of speech are regarded as adornments that dress up statements to make them more pleasing, palable, and rhetorically effective but contribute nothing to the cognitive dimension of their meaning (to what they say about something.)" (Shapiro 1985/86:193)

Die darin zum Ausdruck kommende wissenschaftliche Zielvorgabe einer korrekten Darstellung der Wirklichkeit ist wohl am häufigsten in der quantitativ-statistisch orientierten Sozialwissenschaft anzutreffen – Tabellen und Korrelation sind somit aus der Sicht dieser Vertreter als wissenschaftliche Resultate gerade der Metapher entgegengesetzt und dieser in Bezug auf Objektivität und Präzision überlegen.

Etwas komplexer sieht die Haltung zur Metapher in den interpretativistischen Schulen, beispielsweise der Phänomenologie von Alfred Schütz, aus. Die Metapher taucht hier zunächst gleichsam unverdächtig im zu

[5] Siehe dazu: Urry 2007:17.

interpretierenden Material der sozialen Akteure auf und stellt dann aber in einem zweiten Schritt den Sozialwissenschaftler in seiner verstehend-interpretierenden Tätigkeit vor eine Herausforderung. Im Rahmen der doppelten Hermeneutik des Interpretierens dessen, was auf Seiten der Akteure schon Interpretation ist, tritt das Problem der Adäquanz auf. Dieses Problem beschreibt, wie Objektsprache und Beobachtungs- bzw. Beschreibungssprache sich zueinander verhalten. Zugespitzt auf die Frage der Rolle der Metaphern kann man dieses Problem reformulieren als Problem der Übersetzung und Neuschöpfung von Metaphern auf der Ebene der Beschreibungssprache. Damit taucht aber die Frage auf, welche Metaphern erlaubt sind und welches Übersetzungs- oder Neuschöpfungsverhältnis hier besteht? Oft wird in interpretativistischen Ansätzen, ähnlich wie im empiristisch-positiven Wissenschaftsverständnis, die Metapher an ihrer Darstellungsleistung in Bezug auf die Wirklichkeit, hier die subjektive Perspektive der Akteure, bewertet. Gefragt wird z. B. ob die sozialen Akteure sich in der Beschreibung ihrer sozialen Praxis wiedererkennen können. Die Frage nach der Rolle der Metapher auf der Beschreibungsebene spitzt aber nur zu, was ohnehin schon problematisch am abbildungstheoretischen Verständnis von Darstellung ist – und dies gilt sowohl für empiristische und positivistische Ansätze, als auch für die interpretationistischen und hermeneutischen Schulen. Was es nämlich genau bedeutet, soziale Strukturen bzw. das soziale Verhalten oder die subjektiven Einstellungen von Akteuren möglichst genau wiederzugeben, und wie dies gelingen soll, ist im repräsentationalistischen Wissenschaftsverständnis weder unstrittig noch eindeutig geklärt.[6]

Von denjenigen neueren soziologischen Theorien und Forschungsprogrammen, die das repräsentationalistische Vorverständnis von Wissenschaftlichkeit problematisieren und zu verändern versuchen, hat sicherlich Pierre Bourdieu den größten Einfluss entwickelt. Aus seiner Sicht ist die Metapher „purely emblematic“ (Bourdieu 1985:18) und er spielt diese gegen die wissenschaftliche Präzision und Funktionalität sichernde Analogie aus, die auf der strukturellen und funktionalen Homologie verschiedener Gegenstandsbereiche beruht. Die Präzision der Analogie ist allerdings nur dann gegeben, wenn eine relativ stabile Ontologie der Gegenstandsbereiche vorliegt. In der Theorie Bourdieus wird diese Ontologie mit dem Begriff des Feldes – einer räumlichen Metapher also – begrifflich erfasst. Bourdieu ist sich der Problematik des Feldbegriffs durchaus im Klaren. Dem Vorwurf einer Festlegung auf eine bestimmte Ontologie des Sozialen (und damit auch darauf, dass soziale Akteure durch Felder und Habitus determiniert sind) versucht er dadurch zu entgehen, dass er die sozialen Felder relativ zueinander bestimmt. Inwieweit Bourdieu damit ein nicht-repräsentationalistischer Gegenentwurf gelingt, kann an dieser Stelle nicht

6 Vgl. zum repräsentationalistischen Wissenschaftsverständnis und dessen Problematisierung in den Sozialwissenschaften: Gimmler 2008.

diskutiert werden. Bourdieus Theorie und die darin entwickelte Sprachauffassung aber weisen auf eine andere, wichtige Dimension der Metapher hin: nicht auf der Ebene der wissenschaftlichen Beschreibung, aber auf der Ebene der sozialen Relationen nehmen symbolische Bedeutungen, ritualisierte Sprechweisen und Konventionen eine konstitutive Rolle ein. An der Ausübung symbolischer Gewalt – sedimentiert u. a. in Metaphern oder Symbolen – lassen sich Machtverhältnisse und Machtkämpfe zwischen den sozialen Akteuren ablesen. Damit lenkt Bourdieu unseren Blick auf die ideologische Funktion, welche Sprache und Metapher innehaben.[7]

Ein ebenso komplexes Verhältnis zur Metapher lässt sich dem Sozialkonstruktivismus konstatieren. Unter Sozialkonstruktivismus verstehe ich hier alle Theorieansätze, bei denen vorausgesetzt ist, dass Sprache, Diskurse oder Denkstrukturen den zu untersuchenden Realitätsbereich strukturieren und – so kann man vereinfacht sagen – konstruieren. Damit einher geht eine relativistische Epistemologie, die verschiedene, wiederum konstruktive Zugänge zur konstruierten Wirklichkeit zulässt.[8] Im Sozialkonstruktivismus lässt sich ein beinahe uneingeschränktes Lob der Metapher finden, das mit dem „Linguistic Turn" zusammenhängt, den die Sozialkonstruktivisten auf je verschiedene Weise vollzogen haben. Beeinflusst vom „Linguistic Turn" hat ein neues Verständnis für die sprachliche Verfasstheit von Welt auch ein neues Wissenschaftsverständnis hervorgebracht. Derrida ist einer der Fürsprecher dieser Auffassung, die davon ausgeht, dass schon auf der epistemologischen Ebene eigentliche und uneigentliche Sprechweisen vermischt sind.[9] Die Lichtmetaphorik, die das aufklärerische Ideal der Wissenssuche bezeichnet, ist nur ein Beispiel dafür wie metaphorische Sprechweisen, werden sie konventionell und kanonisch, als gleichsam neutrale Erkenntnisprozeduren wirken und anerkannt sind: Sachverhalte ‚aufzuhellen' oder zu ‚erklären' gilt nicht mehr als metaphorische Redeweise. Das Gleiche gilt denn auch vice versa für die Beschreibungsebene der konkreten sozialwissenschaftlichen Analyse:

> However, if we „textualize" and thus foreground the writing practices that distinguish various approaches to human conduct, we recognize that the language of analysis itself, far from being transparent, is an opaque medium, and once that opacity is penetrated we discover grammatical, rhetorical, and narrative

---

[7] Goatly benützt die klassische Unterscheidung zwischen konventioneller und origineller Metapher um die ideologische Funktion von Metaphern näher zu bestimmen: konventionelle Metaphern haben eine größere ideologische Wirkung als originelle Metaphern, da diese noch für Interpretationen offen sind. Siehe Goatly 2007:28f.

[8] Siehe dazu Hacking (1999). Hacking hat nicht nur eine Darstellung der unterschiedlichen Typen und Traditionen des Sozialkonstruktivismus gegeben, sondern hat auch eine meisterliche Kritik der Paradoxa und Probleme geliefert, in die insbesondere starke, d. h. ontologische Versionen des Sozialkonstruktivismus geraten.

[9] Siehe dazu: Derrida 1982.

> structures that create value, bestow meaning, and constitute (in the sense of imposing from upon) the subjects and objects that emerge in the process of inquiry. (Shapiro 1985/86:192)

Die kreative und strukturierende Kraft der Metapher hat allerdings, wie Derrida und ihm folgend auch Shapiro hervorheben, zwei Dimensionen: Zum einen eröffnet die Metapher einen Erkenntnisraum, zum anderen verfestigt oder perpetuiert die nicht-reflektierte Metapher auch Machtverhältnisse und Strukturen, die im vorherrschenden öffentlichen Diskurs gelten.[10] Die u. a. von Foucault inspirierte Diskurs- und Governmentality-Analyse untersucht denn auch gerade die in Metaphern sedimentierten gesellschaftlichen Machtstrukturen.

Diese Janusköpfigkeit von einerseits Ermöglichung von Erkenntnisräumen und andererseits von ideologischer Festlegung ist auch den sogenannten Leitmetaphern oder ‚Master Metaphors' zueigen.[11] Diese konstituieren auf anschauliche Weise einen begrifflich-theoretischen Rahmen und legen so fest, was als Sozialität, Gesellschaft, als soziale Relationen oder soziale Akteure gilt. Eine erste Gruppe von Leitmetaphern sind die Metaphern des Spiels, des Theaters und der Rolle. Diese Leitmetapher hat eine lange Tradition, bekanntlich ist schon der Begriff der ‚Person' der „Dramatis Personae" der Bühne entlehnt.[12] Soziale Relationen werden mit dieser Leitmetapher als Spiel in verschiedener Hinsicht aufgefasst. Entweder in der Form, dass soziales Verhalten und die Entstehung von Selbstbewusstsein auf das Erlernen und Einüben von Interaktionen in Spielen oder spielähnlichen Situationen zurückgeht, so etwa in George Herbert Meads einflussreicher Intersubjektivitätstheorie (Mead 1993). Das Spiel wird damit zur konstitutiven Urszene und Urzelle der Gesellschaft. Oder aber in der Form der Spieltheorie, wo Akteure als rationale Spieler auftreten, die ihren Einsatz und den zu erwartenden Gewinn abwägen und sich damit innerhalb der Spielregeln in ihrem Verhalten orientieren.[13] Eine weitere berühmte Variante der Spielmetaphorik ist die Metapher der Welt als Theater oder Bühne. Erving Goffmans „Wir alle spielen Theater" (Goffman 1983) untersucht die Selbstdarstellungsrituale und Interaktionen im Alltag, die es den sozialen Akteure erlauben, ein geregeltes und erwartbares Zusammenspiel zu agieren. Die sozialen Akteure werden hier zu Schauspielern in Rollen, die nach einem festgelegten Manuskript spielen – einem intersubjektiv geteilten Manuskript, das der Sozialwissenschaftler durch geeignete Methoden wie teilnehmende Beobachtung, gezielte Interventionen oder Interviews zu verstehen versucht. So einflussreich und wirksam die Spielmetapher auch sein mag – insbesondere die Spieltheorie

---

[10] Siehe dazu auch: Goatly 2007.

[11] Vgl. zum Begriff der Leitmetapher oder ‚Master Metaphor' Silber 1995 und: Jacobsen 2007.

[12] Siehe dazu z. B. Rorty 1983.

[13] Siehe dazu z. B. den einflussreichen Entwurf von Coleman (1990).

hat einen bedeutenden Einfluss bis in die praktische Politik und Ökonomie hinein erhalten – deren Grundannahmen können auch problematische Konsequenzen aufweisen. Habermas hat z. B. in seiner Kritik an Goffmans Handlungstheorie aufgezeigt, dass das Verständnis der sozialen Welt als eine Bühne und der sozialen Akteure als Rollen dazu führt, dass die Dimension des subjektiv Authentischen jenseits der Bühne und der Rolle und auch die normativ-intersubjektiven Bestandteile von Sozialität gewissermaßen unthematisierbar werden (Habermas 1981:135f).

Weitere Beispiele solch klassischer ‚Master Metaphors' sind die Gesellschaft als Organismus oder Maschine. Beide Metaphern arbeiten mit der Vorstellung von der Gesellschaft als Verhältnis von Ganzem und Teil und haben eine lange Tradition, die in die griechische Polistheorie oder die aufklärerische Staatstheorie und Anthropologie zurückreicht[14]. Während die Theatermetapher die Gesellschaft von einem gesellschaftlichen Teilphänomen ausgehend beleuchtet, übernimmt die Metapher von der Gesellschaft als Organismus die Leitvorstellung einer anderen Wissenschaft, nämlich der Biologie, und wiederbelebt Vorstellungen des Verhältnisses des Individuums zum Gesamtkörper der Gesellschaft als organisch.[15] Nicht nur, dass die Gesellschaft als ein lebender Organismus vorgestellt wird, z. B. in allen Teilen einem organischen Körper entspricht[16], die Gesellschaft weist dann auch organische Entwicklungsmuster wie Evolution (Herbert Spencer) oder Lebenszyklen (Auguste Comte) auf. Wie Donald Levine hervorhebt, hat die Organismusmetapher die sozialwissenschaftliche Forschung dahingehend beeinflusst, naturalistische Forschungsmethoden und Strategien anzuwenden. Ein Beispiel dafür ist die Annahme von homöostatischer Regulation sozialer Systeme, wie sie u. a. bei Talcott Parsons zu finden ist. Die Metapher der Gesellschaft oder des Menschen als Maschine kehrt heute wieder in ihrer kybernetischen oder digitalen Version: Begriffe wie Feedback oder Black Box, Hardware und Software begegnen uns ubiquitär, sowohl in der Alltagssprache wie auch in den unterschiedlichen wissenschaftlichen Disziplinen.[17] Am häufigsten aber begegnet uns das Netzwerk

---

[14] Auch die Gegenüberstellung von organischer und mechanischer Gesellschaft spielt eine Rolle in den Sozialwissenschaften; einschlägiges Beispiel ist das Gegensatzpaar von Gemeinschaft und Gesellschaft, das von Tönnies unter Verwendung der Organismus-Mechanismus-Metaphorik eingeführt wird. Während Tönnies die Moderne durch den Mechanismus geprägt ansieht, argumentiert Durkheim gegen Tönnies, dass moderne Gesellschaften gerade aufgrund von Arbeitsteilung und Gemeinschaftsverlusten durch organische Solidarität und eine Vielzahl von sozialen Bindungen integriert sind, während mechanische Solidarität die Integrationsform traditionell segmentierter Gesellschaften darstellt. Das gleiche Metaphernpaar kann also durchaus in unterschiedlicher oder geradezu gegensätzlicher Weise benutzt werden.

[15] Siehe Levine (1995) über „The Organism Metaphor in Sociology".

[16] Siehe dazu Schäffle (in Levine 1995), der z. B. die Familie als den grundlegenden Zellbaustein des sozialen Körpers ansieht.

[17] Vgl. dazu Edge (1974).

als Metapher für Organisationseinheiten, Strukturen oder gar für die Gesellschaft als solche – das Netzwerk ist komplex, rhizomatisch oder einfach nur unübersichtlich. Die vielgebrauchte Netzwerkmetapher erweitert das Repertoire der funktionellen Maschine hin zu Vorstellungen von Reflexivität, Flexibilität und Komplexität. Daher ist es auch nicht verwunderlich, dass die Netzwerkmetapher in ihrer Funktion, die Maschine als Leitmetapher der Gesellschaft zu verabschieden, als Baustein in die Mobilitätsmetapher integriert wird. Auch darin spiegelt sich die überragende Rolle der Leitmetapher der Mobilität wieder: sie kann andere Metaphern integrieren, diese gleichsam übertönen und überformen. Darauf wird im zweiten Teil diese Beitrages noch genauer einzugehen sein.

Eine weitere Gruppe von Metaphern stellen die räumlichen Metaphern dar. Eine der klassischen Metaphern ist sicherlich der Horizontbegriff, der aus der Hermeneutik stammend, in Lebensweltanalysen eine strukturierende Funktion erhält. Bourdieus Feldbegriff und seine explizite „social topology"(Bourdieu 2000:134)[18] stellen dagegen konkrete räumliche Vermittlungsmetaphern dar, die das Soziale und den konkreten geografischen Raum zueinander in Beziehung setzen. Auch die von Goffman eingeführten Begriffe ‚Back Stage' und ‚Front Stage' für die Vorbereitung der Rolle und das Inszenesetzen der Rolle gehören zu den oft verwendeten räumlichen Metaphern. Im Rahmen der Globalisierungsdebatte verwendet Ulrich Beck (2002) in seiner Kritik des methodologischen Nationalismus treffend und plakativ den Begriff der ‚Containerstaaten'. Der Container macht hier anschaulich, dass relevante soziale Beziehungen und Strukturen sich dem Prinzip des auf Nationalstaaten begrenzten Untersuchungsrahmen entziehen – sie lassen sich nicht mehr in einer Kiste einschließen und durch diese begrenzen. Kosmopolitanismus und Globalisierung verunmöglichen dies Beck zufolge. Der Containerstaat drückt im Gegensatz zur Dynamik der Globalisierung einen statischen Zugang zur Gesellschaft und zum Sozialen aus. Dieses traditionelle Verständnis wurde in den vergangenen 20 Jahren herausgefordert von einem neuen begrifflichen und metaphorischen Rahmen, der stattdessen Veränderung und Beweglichkeit, Komplexität und Ungleichzeitigkeit sowie Brüche und Turbulenzen als generelle Kennzeichen der Gesellschaft annimmt. Der Mobilitätsmetapher ist es gelungen, diese neueren Ansätze und Entwicklungen zu sammeln, verbindbar zu machen und als Forschungsprogramm umzusetzen.

18 Der soziale Raum stellt damit eine neue Variante der sozialen Differenzierung dar: “It follows that all the divisions and distinctions of social space (high/low, left/right, etc.) are really and symbolically expressed in physical space appropriated as reified social space (with, for example, the opposition between the smart areas – rue du Faubourg Saint-Honoré or Fifth Avenue – and the working-class areas or suburbs).” (134).

Flüssig – mobil – komplex: die neue soziale Grammatik

> *„For me, architecture starts with the concept of mobility. Without mobility there is no architecture. I would go further; it is always said that architecture is static, that it is about substructures, foundations, shelter, safety ... Exactly the opposite is true: architecture is always in confrontation with movement, the movement of the bodies that pass through it."*
>
> *Bernard Tschumi*

Wer nun spätmoderne Gesellschaften als erster als flüssig oder komplex, als hypermobil oder nomadisch bezeichnet hat, lässt sich nicht ohne eingehende Recherche beantworten. Aber schon eine oberflächliche Sichtung der Literatur macht deutlich, dass spätestens seit dem Ende der 1970er Jahre der Schwerpunkt der sozialwissenschaftlichen Sichtweise auf Gesellschaften sich von derjenigen der Stabilität hin zu einer Sichtweise der Flexibilität, der Veränderung und der Komplexität verschoben hat. Selbstverständlich gehörte die Transformation von Gesellschaften immer schon zu einer der Kernfragen der Soziologie seit ihrem Bestehen; Rationalisierung, Differenzierung oder Modernisierung sind nur einige der hier einschlägigen Prozessdiagnosen. Die Mobilitätsmetapher aber behauptet nun, dass Mobilität auf eine neue, andere und durchdringende Weise moderne Gesellschaften bestimmt. „Metaphors of home and displacement, borders and crossings, nomads and tourists, have become familiar within public life and academic discourse", (Urry 2000:26) wie John Urry in einer seiner zahlreichen Arbeiten zu Mobilität als Signatur unserer Zeit hervorhebt. In diesem Sinn versteht auch Tim Creswell "mobility as a *root metaphor* for contemporary understandings of the world of culture and society." (Creswell 2006:25) Die Mobilitätsmetapher, die derzeit ubiquitär in der Soziologie und angrenzenden Wissenschaften auftaucht, fasst ganz unterschiedliche Theoriekomplexe und Zeitdiagnosen zusammen oder nimmt diese produktiv auf. ‚Globalisierung' z. B. stellt eine der Rahmenbedingungen einer mobilen Gesellschaft dar und die Zeitdiagnose der ‚Wissensgesellschaft' verweist auf technologische Entwicklungen und deren Konsequenzen. Beide, Globalisierung und Wissensgesellschaft erweisen sich im Rahmen der Mobilitätsmetapher als anschlussfähig. Damit trifft auch auf die Mobilitätsmetapher zu, was Sabine Maasen und Peter Weingart recht treffend der Metapher zugeschrieben haben: „metaphors indicate a certain promiscuity of knowledge". Und sie führen weiter aus: „they [metaphors, AG] bear the traces of their journeys through diverse areas of knowledge more obviously." (Maasen, Weingart 2000:2) Für die Mobilitätsmetapher gilt, dass in ihr die Spuren nicht nur verschiedener sozialwissenschaftlicher Rahmenerzählungen, sondern auch verschiedener Wissenschaftsdisziplinen gefunden werden können. Diesen Spuren wird im Folgenden nachgegangen, ohne dass jedoch Anspruch auf Vollständigkeit erhoben wird. Vielmehr gilt es, die Adaptionsfähigkeit und Integrationsfähigkeit der Mobilitätsmetapher hervorzuheben.

Die konstatierte Verschiebung der sozialwissenschaftlichen Perspektive in Richtung auf Flexibilität und Mobilität lässt sich, wie schon erwähnt, gut auf dem Hintergrund der Globalisierungsdiagnosen erklären. Migration, weltumspannende und Zeit und Raum flexibilisierende Kommunikationstechnologien, neue Abhängigkeiten der globalen Finanzmärkte, globalisierte Arbeitsprozesse und Konsummuster sowie politische Globalisierung haben nicht nur im globalen Maßstab zu einer unübersichtlicheren Weltlage beigetragen, sondern haben auch für einzelne Gesellschaften und ihre Mitglieder neue Unübersichtlichkeiten mit sich gebracht.[19] Insbesondere die neuen Kommunikationstechnologien wie das Internet oder das Mobiltelefon haben eine neue mobile Lebens- und Arbeitsweise ermöglicht, die soziale Relationen auf allen Ebenen grundlegend verändern. Auch hier sind eine Flut von Metaphern zu finden, die diese neuen Befindlichkeiten und Strukturen erfassen sollen: der Nomade als Variante des Migranten oder des reisenden Wissensarbeiters, die Patchworkfamilie als Kennzeichnung neuer mobiler Paarbeziehungen oder das Netzwerk als neue, flexible Arbeitsorganisation. Aber auch die Mobilitätsmetapher hat historische Wurzeln.[20] Walter Benjamins Flanéur stellt die Verbildlichung des modernen Konsumenten des 19. Jahrhunderts dar und verweist damit auf die aufkommende neue Kultur des Konsums und des Erlebnisses. (Benjamin 1983:524f). Der Flanéur streift durch die Passagen von Paris auf der Suche nach Ablenkung und neuen Reizen; Mobilität ist hier das Remedium gegen die erstarrte bürgerliche Welt des 19. Jahrhunderts. Auch Georg Simmel hat die Stadt als Szenerie der neuen mobilen Moderne geschildert, wo Menschen einander begegnen und gleichzeitig eine gewisse Blasiertheit an den Tag legen (Simmel 2006). Da wo die sozialen Relationen sich schnell verändern können, bedarf es besonderer Affektbeherrschung und emotionaler Distanz. Die Mobilitätsmetapher nimmt diese historische Erfahrung auf und ermöglicht den Anschluss an sozialpsychologische Einsichten in die psychische Kultur der Moderne – auch an die um die Jahrhundertwende grassierenden pessimistischen Verfallsdiagnosen.

Diese Tendenz zur Auflösung gesellschaftlicher Strukturen und Identitäten wird in der zeitgenössischen Diagnose der ‚flüssigen Gesellschaft' von Zygmunt Bauman fortgesetzt. Als soziologischer Moralist zeigt er die negative Kehrseite der flexiblisierten Gesellschaft der Spätmoderne auf:

> Ours is, as a result, an individualized, privatized version of modernity, with the burden of pattern-weaving and the responsibility for failure falling primarily on the individual's shoulders. It is the patterns of dependency and interaction whose turn to be liquefied has now come. They are now malleable to an extent unexperienced by, and unimaginable for, past generations; but like all fluids they do not keep their shape for long." (Bauman 2000:8)

[19] Zusammenfassend dazu: Saskia Sassen (2007).
[20] Vgl. dazu: Adey (2010).

Was Bauman suggeriert, ist die Verflüssigung aller gesellschaftlichen Strukturen und Beziehungen, wo den Individuen eine widerständige Mobilitätsarbeit zugemutet wird. Solche neuen Wechselverhältnisse von Bewegung und Stillstand durchziehen beinahe alle Gegenstandsbereiche, die von der Mobilitätsmetapher durchdrungen werden. Wo Bewegung und Dynamik vorherrschen, muss als Kontrast auch Stabilität und Dauer zu finden sein. Besonders deutlich wird dies dort, wo die Mobilitätsmetapher in politisch-moralischer Hinsicht verwendet wird. Der Nomade, den Gilles Deleuze und Felix Guattari (1992) schildern, marginalisiert das politische und gesellschaftliche Zentrum, er dezentralisiert systematisch und verflüssigt so Machtstrukturen und Hierarchien. Ihm wird der Migrant zur Seite gestellt, der selbst dieser Marginalisierung unterworfen wird und daher auch den Machtprozessen hilflos ausgesetzt ist. Der typische Migrant wird festgehalten in einem Lager, einem Ghetto, und sein Pass (wenn er denn einen besitzt) erlaubt ihm nicht den ‚flüssigen' Übergang über Grenzen (Deleuze, Guattari 1992:522f).[21] Die Mobilitätsmetapher erlaubt also, Verflüssigung und Erstarrung, „the metaphysics of fixity and flow" (Creswell 2006:26) als Untersuchungsperspektive für spätmoderne Gesellschaft, Kultur, Politik und Ökonomie anzuwenden. Eng mit dieser Dynamik von Verflüssigung und Erstarrung ist eine Umdeutung des Raumes verbunden. Damit erhält der sog. ‚Spatial Turn', den Nigel Thrift konstatiert, seine spezifische mobile Einfärbung.[22] Jetzt nämlich wird der Raum verzeitlicht und dynamisiert, er wird zum Knotenpunkt von Reisen, von Bewegungen der Körper und von Zusammenhängen mit anderen Räumen. Erst durch Dynamik also wird der Raum als solcher konstituiert. Damit ergibt sich z. B. für Stadtplaner ein neues Raumkonzept, bei dem die Bewohner nicht mehr als diejenigen vorgestellt sind, die einen fertigen Platz bevölkern oder ein erstelltes Gebäude bewohnen, sondern Platz und Gebäude finden ihre finale Form nur durch die Bewegungen, mit der die Benutzer diese Räume transformieren.[23]

Eng verbunden mit dem sog. ‚Spatial Turn' ist die Einführung von Materialität als Thema der Sozialwissenschaften – auch hier findet sich selbstverständlich der Versuch, einen neuen Turn auszumachen, den ‚Material Turn'.[24] Ihren Ausgangpunkt hat dieses neue Verständnis von Materialität mit den Studien von Bruno Latour und der von ihm in-

---

21 Und zur Person des Migranten noch eindringlicher: Agamben (1998).

22 Vgl. dazu: Thrift (2004).

23 Für diese neue Sichtweise gibt es zahlreiche Forschungsliteratur aus dem Bereich der Stadtplanung und der Architektur, z. B. Marling, Kiib, Jensen (2009).

24 Siehe zum ‚Material Turn': Dant (2004). Die Anzahl der ‚Turns' und die zunehmende Geschwindigkeit ihrer Abfolge konterkarieren allerdings in der Zwischenzeit deren eigentliche Bedeutung, nämlich dass durch diese eine bedeutende Wende im theoretischen Begriffsrahmen anzeigt sei. Die Metapher des ‚Turn' scheint aber eine so große Anziehungskraft zu besitzen, dass derzeit noch kein Ende dieser Inflation abzusehen ist.

augurierte Aktor-Netzwerk-Theorie[25] innerhalb der Science and Technology Studies genommen und hat von hier den Weg in die breiter orientierten Sozialwissenschaften gefunden. Bruno Latour hebt immer wieder hervor, dass mit dieser neuen Relevanz von Materialität keineswegs eine neue Grand Theory der Gesellschaft bereitgestellt wird und dass damit auch keineswegs ein bestimmtes Gegenstandsfeld, etwa das der Technologien, besonders im Blickfeld steht. Vielmehr handelt es sich um eine Methode, bei der Akteure in ihren Interaktionen und Übersetzungsleistungen untersucht werden. Was Latour der klassischen Ethnomethodologie und den Science and Technology Studies, die ihn maßgeblich beeinflusst haben, hinzufügt, ist die Einbeziehung und Anerkennung von nicht-humanen Akteuren, d. h. von Materialität als gleichsam gleichberechtigtem Partner in Interaktion mit humanen Akteuren. Latour – und andere, die mit diesem Ansatz arbeiten – untersuchen die Relationen und Interaktionen zwischen humanen und nicht-humanen Akteuren. Sie untersuchen wie Dinge, Systeme, Institutionen oder Technologien in einem Netzwerk von Interaktionen und Übersetzungen (z. B. in Form von Gesetzen oder operationellen Vorschriften) interagieren:

> the network pole of actor-network does not aim at all at designating a Society, the Big Animal that makes sense of local interactions. Neither does it designate an anonymous field of forces. Instead it refers to something entirely different which is the summing up of interactions through various kinds of devices, inscriptions, forms and formulae, into a very local, very practical, very tiny locus.“ (Latour 2004:17)

Materialität erhält damit einen neuen Status, der die Untersuchung von sozialen Relationen erweitert oder ihren Ort gänzlich verändert. Dieses neue Materialitätsdenken wird von der Leitmetapher der Mobilität verwendet. Architektur, Transportmittel, Kommunikationstechnologien, Reisebücher, Fotografie – all dies wird nun in einer Untersuchung, die Materialität und Mobilität als theoretischen Rahmen annimmt, miteinander kombiniert, neu gesehen und konstruiert.

Mit Bezug auf Latour lautet somit eine der neuen Regeln der Soziologie, die John Urry in seinem Standardwerk zum Mobilitätsparadigma vorschlägt: „to consider things as social facts – and to see agency as stemming from the mutual intersections of objects and peoples.“[26] (Urry 2007:9) Aber Urry kombiniert nicht nur das neue Materialitätsdenken, Baumans ‚flüssige Gesellschaft', die Globalisierungstheorie, Netzwerktheorie und den ‚Spatial Turn' miteinander, er fügt auch Varianten von Komplexitätstheorien hinzu, beispielsweise referiert er auf Ilja Prigogines Forschungen zur Thermo-

---

[25] Vgl. dazu Latour (2004). Latour hebt immer wieder hervor, dass die Netzwerkmetapher eigentlich nicht hilfreich zum Verständnis seines Ansatzes ist und eher zu Missverständnissen beiträgt. Da sich der Begriff aber eingebürgert hat, wird diese Bezeichnung beibehalten.

[26] Diese Regeln hat Urry zuerst in Urry (2000) vorgestellt.

dynamik fern vom Gleichgewicht oder auf Fritjof Capras New Age Physik (s. Urry 2007:28ff). An dieser Stelle sei dahingestellt, ob diese Kombination friktionslos zusammenpasst und ob sich das Ganze zu einem sinnvollen Theorieentwurf fügt. Beeindruckend ist, dass sich mit diesem Konglomerat aus Leitmetaphern aus den unterschiedlichen Wissenschaftsbereichen wiederum eine erstaunliche Menge an Forschungsfeldern eröffnet, die nun durch das Mobilitätsparadigma zusammengehalten werden. Dabei werden Mobilitätssysteme (mobilities) interdisziplinär untersucht: die körperliche Reise von Menschen (z. B. Pendeln, Freizeit, Urlaub, Migration, Flucht), die physischen Bewegungen von Dingen (z. B. Konsumgegenstände, Transport von Dingen zwischen Produzenten und Konsumenten, Souvenirs, Lufthäfen, Bahnhöfe etc. als Orte der Reise), die imaginativen Reisen (Phantasiereisen, Literatur, Kino) und Kommunikationsreisen (Internet, Telefon, Fax etc.). Wird dies nun kombiniert mit klassischen soziologischen Themen wie z. B. Ungleichheit und Armut, soziale Schichtung und Geschlechterdifferenz, so erhält man ein umfassendes Forschungsprogramm, bei dem alle Teile das übergeordnete Mobilitätslabel tragen. Und selbstverständlich lässt sich die ökologische Frage und der Klimawandel aus der Mobilitätsperspektive reformulieren.[27]

Mit der Mobilitätsmetapher lässt sich zeigen, wie sich eine wissenschaftliche Metapher – ihre Konnotationen und Assoziationen – ausbreitet und den wissenschaftlichen Diskurs disziplinenübergreifend durchdringt. Interessant ist hierbei, dass die Mobilitätsmetapher andere Leitmetaphern integrieren kann und zu verbinden vermag. Dabei scheint es eher zweitrangig zu sein, ob z. B. die Beweglichkeit des Flüssigen tatsächlich inhaltlich zur Diagnose einer mobilen Gesellschaft passt. Unter mobiler Gesellschaft verstehen wir gemeinhin eine Gesellschaft, in der viel Bewegung herrscht, zumeist Bewegung von einem Punkt A zu einem Punkt B. Die Metapher des Flüssigen suggeriert aber etwas ganz anderes, nämlich das Auflösen von Festem, eine ganz andere Art der Bewegung also. Offensichtlich scheint zwischen diesen beiden Zuständen nur ein sehr loser Zusammenhang zu herrschen. Diese Art der kritischen Analyse könnte fortgesetzt werden, etwa zum Verhältnis von virtueller und körperlicher Mobilität. Doch wäre mit einer solchen Analyse mehr gesagt, als dass die Metapher der Mobilität, wie Davidson das kritisch ausgedrückt hat, „durch Berufung auf die buchstäbliche Bedeutung der Wörter erklärt werden kann, ja muss" (Davidson 1990:360)? Und verfehlt man damit nicht genau dasjenige, was ihre Pointe ist, nämlich ihre Wirksamkeit und ihre forschungsleitende Reichweite?

---

[27] Siehe vor allem John Urry (2007).

Literaturverzeichnis

Agamben G (1998) Homo Sacer. Sovereign Power and Bare Life. Stanford: Stanford University Press

Adey P (2010) Mobility. London: Routledge

Bauman Z (2000) Liquid Modernity. Cambridge: Polity Press

Beck U (2002) The Cosmopolitan Society and its Enemies. In: Theory, Culture & Society 19(1-2):17–44

Black M (1962) Models and Metaphors. Studies in Language and Philosophy. Ithaca: Cornell University Press

Benjamin W (1983) Das Passagenwerk. Erster Band. Frankfurt a. M.: Suhrkamp Verlag

Blumenberg H (1998) Paradigmen zu einer Metaphorologie. Frankfurt a. M.: Suhrkamp Verlag

Bourdieu P (1985) The Genesis of the Concepts of Habitus and Fields. In: Sociocriticism. 2 Theories and Perspectives 2. Pittburgh: International Institute for Sociocriticism

Bourdieu P (2000) Pascalian Meditations. Stanford: Stanford University Press

Coleman JS (1990) Foundations of Social Theory. Cambridge: Belknap

Creswell T (2006) On the Move. Mobility in the Modern Western World. New York: Taylor & Francis/Routledge

Dant T (2004) Materiality and Society. Maidenhead/New York: Open University Press

Davidson D (1990) Was Metaphern bedeuten. In: Davidson D, Wahrheit und Interpretation. Frankfurt a. M.: Suhrkamp, S. 343–371

Deleuze G, Guattari F (1992) Tausend Plateaus. Berlin: Merve Verlag

Jacques D (1982) White Mythology: Metaphor in the Text of Philosophy. In: Margins of Philosophy. Chicago: University of Chicago Press, S. 207–271

Dewey J (1991) Logic. A Theory of Inquiry. The Later Works. Vol. 12. Carbondale und Edwardsville: Southern Illinois University Press

Edge D (1974) Technological Metaphor and Social Control. In: New Literary History 6(1):135–147

Goatly A (2007), Washing the brain: metaphor and hidden ideology. John Benjamins Publishing Company, digitale Ausgabe

Gimmler A (2007) Handeln und Erfahrung – Überlegungen zu einer pragmatischen Theorie der Technik. In: Hubig C. et al. (Hrsg.) Handeln und Technik – mit und ohne Heidegger. Münster: LIT Verlag, S. 61–75

Gimmler A (2008) Nicht-epistemologische Erfahrung. In: Rölli M et al. (Hrsg.) Pragmatismus – Philosophie der Zukunft? Weilersvist: Velbrück Wissenschaft, S. 141–157

Goffman E (1983) Wir alle spielen Theater. Die Selbstdarstellung im Alltag. München: Piper Verlag

Habermas J (1981) Theorie des kommunikativen Handelns. I. Frankfurt a. M.: Suhrkamp Verlag

Hacking I (1999) Was heißt ‚soziale Konstruktion'? Zur Konjunktur einer Kampfvokabel in den Wissenschaften. Frankfurt a. M.: Fischer Taschenbuch Verlag

Hesse M (1980) The Explanatory Function of Metaphor. In: Hesse M, Revolutions and Reconstructions in the Philosophy of Science. Bloomington: Indiana University Press, S. 11–124

Jacobsen MH (2007) Sociologiens metaforiske samfund – Metaforer om ‚samfundet', ‚samfundet' som metafor. In: Sociologisk Tidskrift 15(4): 285–316

Kügler W (1984) Zur Pragmatik der Metapher: Metaphernmodelle und historische Paradigmen. Frankfurt a. M.: Suhrkamp

Lakoff G, Johnson M (2003) Metaphors we live by. Chicago: University of Chicago Press
Latour B (2004) On recalling ANT. In: Law J, Hassard J (Hrsg.) Actor-Network-Theory and after, Oxford: Blackwell Publishers, S. 15–25
Levine D (1995) The Organism Metaphor in Sociology. In: Social Research 62(2):239–265
Maasen S, Weingart P (2000) Metaphors and the Dynamics of Knowledge. London: Routledge
Marling G, Kiib H, Jensen OB (2009) Experience City. DK, Aalborg: Aalborg University Press
Mead GH (1993) Geist, Identität und Gesellschaft. Frankfurt a. M.: Suhrkamp Verlag
Pickering A (1995) The Mangle of Practice: Time, Agency and Science. Chicago: University of Chicago Press
Rorty AO (1983) Ein literarisches Postscriptum: Charaktere, Personen, Selbste, Individuen. In: Siep L (Hrsg.) Identität der Person. Basel: Schwabe, S. 127–151
Sassen S (2007) A Sociology of Globalization. W.W. Norton
Shapiro MJ (1985/86) Metaphor in the Philosophy of the Social Sciences. In: Cultural Critique 2:191–214
Silber IF (1995) Space, Fields, Boundaries: The Rise of Spatial Metaphors in Contemporary Sociological Theory. In: Social Research 62(2):323–355
Simmel G (2006) Die Großstädte und das Geistesleben. Frankfurt a. M.: Suhrkamp Verlag
Sontag S (1981) Krankheit als Metapher. Frankfurt a. M.: Fischer Taschenbuch
Thrift N (2004) Movement-space: the changing domain of thinking resulting from the development of new kinds of spatial awareness. In: Economy & Society 33:582–604
Urry J (2000) Sociology beyond Societies. Mobilities for the Twenty-first Century. London: Routledge
Urry J (2007) Mobilities. Cambridge: Polity Press

Naturalismuskritik und Metaphorologie

Geert Keil

1 Einleitung

In natürlicher Sprache formulierte Theorien über welchen Gegenstandsbereich auch immer zeichnen sich wesentlich durch ihre zentralen Begriffe aus. In der Begrifflichkeit einer Theorie spiegeln sich ihre Klassifikationen und gegebenenfalls die angenommenen natürlichen Arten wider. Da von den natürlichen Arten unter anderem abhängt, welche induktiven Schlüsse möglich sind, kann man ohne Übertreibung sagen, dass die zentralen Begriffe einer Theorie einen Teil ihrer Erklärungslast tragen.

Eine *naturalistische* Theorie beansprucht, die von ihr behandelten Phänomene als Teile der natürlichen Welt verständlich zu machen, und das heißt im szientifischen Naturalismus, die Phänomene mit den Begriffen und Methoden der Naturwissenschaft zu erklären.[1] Bei naturalistischen Theorien über den Menschen geht es um Phänomene wie Geist, Sprache, Vernunft, Bewusstsein, Handlungsfähigkeit und Normativität. Naturalistische Erklärungen dieser Phänomene dürfen nicht auf begriffliche Ressourcen jenseits der Naturwissenschaften zurückgreifen. Was das im Einzelnen bedeutet, ist nicht leicht zu sagen. Folgendes sollte aber unkontrovers sein: Wenn gezeigt werden könnte, dass vermeintlich naturalistische Theorien humanspezifischer Phänomene an irgendeiner Stelle, und sei es an gut verborgener, unanalysierte und nichteliminierbare anthropomorphe Metaphern enthalten, dann wäre das ein gravierender Einwand gegen den behaupteten naturalistischen Charakter der fraglichen Theorie. Wenn darüber hinaus gezeigt werden könnte, dass anthropomorphe Metaphern in naturalistischen Theorien nicht aus Unachtsamkeit und sporadisch, sondern aus Erklärungsnot und endemisch vorkommen, dann wäre das ein Grund zur Skepsis gegen die Erfolgsaussichten des Großprojekts der Naturalisierung des Menschen und seiner Fähigkeiten.

Eine entsprechende Rolle der Metaphorologie für die Naturalismuskritik habe ich vor vielen Jahren in meinem Buch *Kritik des Naturalismus* vor-

---

[1] Ich unterscheide zwischen drei Arten des Naturalismus (vgl. z. B. Keil 2008). Der *metaphysische* Naturalismus sieht den Menschen mit allen seinen Eigenschaften und Fähigkeiten als Teil der natürlichen Welt an, der *szientifische* Naturalismus behauptet einen Erklärungsprimat naturwissenschaftlicher Methoden, der *semantisch-analytische* Naturalismus behauptet, dass sich hinreichende Bedingungen für mentale Phänomene in nichtintentionalen, nichtsemantischen und nichtteleologischen Begriffen angeben lassen.

M. Bölker et al. (Hrsg.), *Information und Menschenbild*, DOI 10.1007/978-3-642-04742-8_9,

geschlagen.[2] Man wird nicht sagen können, dass sich dieser Ansatz der Naturalismuskritik in der Forschung durchgesetzt hat. Ich nutze die Gelegenheit, einige Grundgedanken dieses Ansatzes noch einmal auf den Prüfstand und zur Diskussion zu stellen.

2 Metapherntheorie und Metaphorologie

Zur Terminologie: Die *Metapherntheorie* wird arbeitsteilig von der Linguistik und der Sprachphilosophie betrieben und untersucht die Funktionsweise metaphorischen Sprachgebrauchs, wobei in der zweiten Hälfte des 20. Jahrhunderts die bedeutungstheoretische Perspektive die früher vorherrschende rhetorische weitgehend abgelöst hat. Es geht in der Metapherntheorie um Fragen wie: Was sind überhaupt Metaphern? Welche Typen von Metaphern lassen sich unterscheiden? Wie lässt sich die Bedeutungskonstitution von Metaphern erklären? Gibt es einen semantischen „Mechanismus" der Metapher? Lässt sich metaphorische Rede durch synonyme oder kognitiv äquivalente nichtmetaphorische Rede ersetzen? Warum werden Metaphern überhaupt verstanden? Erhebt metaphorische Rede Wahrheitsansprüche? Einflussreiche sprachphilosophische Beiträge zur Semantik und Pragmatik der Metapher stammen von Max Black, Monroe Beardsley, Nelson Goodman, John Searle, Donald Davidson und Paul Ricoeur.[3]

Im Unterschied zur Metapherntheorie ist die *Metaphorologie* kein im engeren Sinne sprachtheoretisches Unternehmen, sondern ein erkenntnistheoretisches. Im deutschen Sprachraum ist die Bezeichnung „Metaphorologie" mit den Arbeiten von Hans Blumenberg verbunden. Blumenbergs langjähriges Projekt einer „historischen Metaphorologie" ist als Teil einer „Theorie der Unbegrifflichkeit" darauf angelegt, Ideen- und Geistesgeschichte als Geschichte von erkenntnisleitenden Hintergrundmetaphern zu begreifen: die Welt als ein Buch zum Lesen, das Leben als Schiffahrt, die Zeit als Fluss, der Mensch als Maschine, die nackte Wahrheit, das Licht der Erkenntnis. Metaphern sind nach Blumenberg „eine authentische Leistungsart der Erfassung von Zusammenhängen" (1979:77) und zeigen eine „noch nicht konsolidierte Begriffsbildung" an (1971:171). Dabei sehe man einer Aussage ihren metaphorischen Charakter nicht immer auf den ersten Blick an: „Metaphorik kann auch dort im Spiele sein, wo ausschließlich terminologische Aussagen auftreten, die aber ohne Hinblick auf eine Leitvorstellung, an der sie induziert und ‚abgelesen' sind, in ihrer umschließenden Sinneinheit gar nicht verstanden werden können" (1960:69).

2 Vgl. Keil 1993, bes. 229–359.

3 Eine Klassifikation und Kurzcharakteristik der in der jüngeren Sprachphilosophie vertretenen Metapherntheorien findet sich in Eckard 2005. Einen Überblick zum Metapherngebrauch in der Philosophie verschafft Konersmann 2007.

Ein allein an Blumenberg orientiertes Verständnis des Projekts der Metaphorologie empfiehlt sich nicht, weil in diesem Fall auch eigenwillige Elemente einzubeziehen wären: Blumenbergs sprachtheoretisch unbefriedigende Ausführungen zur „absoluten Metapher", seine fragwürdige Vernunft- und Wissenschaftskritik, seine großformatigen und spekulativen anthropologischen Thesen. Leider steht neben „Metaphorologie" kein anderer geeigneter Ausdruck zur Verfügung. Hier sei darunter das Unternehmen verstanden, die Funktion metaphorischer Darstellungsformen für unser Selbst- und Weltverständnis zu untersuchen, also ihre epistemischen und kognitiven Leistungen oder, in der emphatischen Diktion der transzendentalen Hermeneutik, ihre welterschließende Kraft.

Die Metaphorologie berührt sich mit in der Wissenschaftstheorie geführten Debatten über die epistemische oder zumindest heuristische Funktion von Analogien und Modellen in der Wissenschaft, insbesondere beim Theorienwandel. Der Buchtitel *The Role of Analogy, Model and Metaphor in Science* (Leatherdale 1974) ist in dieser Hinsicht instruktiv. Dass die Trias *Metapher, Modell, Analogie* in der wissenschaftstheoretischen Diskussion verbreitet ist, zeigt allerdings auch an, dass dort in der Regel mit einem weiten, sprachtheoretisch unkonturierten Metaphernbegriff gearbeitet wird. Dies gilt schon für Mary Hesse (1966) sowie für die Arbeiten von Lakoff und Johnson. George Lakoff ist zwar Linguist, bearbeitet aber mit Mark Johnson das Metaphernthema im Schnittfeld zwischen Linguistik von Kognitionswissenschaft, wobei sie mit einem denkbar unscharfen Metaphernbegriff arbeiten und wenig Interesse für die sprachtheoretischen Feinheiten aufbringen. Zum Begriff der Metapher erfährt man: „The essence of metaphor is understanding and experiencing one kind of thing in terms of another" (Lakoff/Johnson 1980:5). Mit dieser Unterbestimmung der Metapher haben Lakoff und Johnson die weitere Debatte in den Kognitionswissenschaften nachteilig beeinflusst.

Es liegt auf der Hand, dass Metaphorologie nicht unabhängig von Metapherntheorie betrieben werden kann, genauer: dass eine metapherntheoretisch naive oder unterkomplexe Metaphorologie wenig aussichtsreich ist. Eine Untersuchung der kognitiven Funktionen metaphorischer Darstellungsformen, ihrer Leistungen für die Formierung unseres Selbst- und Weltverständnisses, ist auf eine Klärung der Fragen angewiesen, was Metaphern sind, wie sie semantisch funktionieren und wie metaphorische Rede sich zur wörtlichen verhält. Legt man eine mangelhafte oder oberflächliche Metapherntheorie zugrunde, wird man auch in der Metaphorologie kaum zu erhellenden Ergebnissen kommen.

Mit der gleichwohl nötigen Vergröberung lassen sich fünf Metapherntheorien oder Theorienfamilien unterscheiden, davon drei, deren Schwächen größer sind als ihre Vorzüge, und zwei, bei denen es umgekehrt ist (vgl. Keil 1993:271–299). Zur ersten Gruppe zähle ich die *Vergleichstheorie*, die *Substitutionstheorie* und die *Filtertheorie*, zur zweiten die *Interaktionstheorie* und die *pragmatische Theorie der indirekten Mitteilung*.

3 Anthropomorphe, physiomorphe, soziomorphe und technomorphe Metaphern

Metaphern lassen sich nach verschiedenen Gesichtspunkten klassifizieren. Eine nützliche Unterscheidung ist die zwischen lexikalisierten, konventionellen und innovativen Metaphern. Sie betrifft den Grad der Konventionalität einer Metapher. *Lexikalisierte* Metaphern (Katachrese, tote Metapher) wie „Flaschenhals", „Flussbett", „Hochstapler", „großspurig", „kaltblütig" und „niedergeschlagen sein" sind in den Wortschatz der Sprache eingegangen und füllen Lücken im Lexikon. Sprecher verwenden sie in der Regel ohne Bewusstsein ihres metaphorischen Ursprungs. Als Jean Paul die ganze Sprache „ein Wörterbuch erblasseter Metaphern" nannte, hatte er diesen Metapherntyp im Sinn. *Konventionelle* Metaphern wie „ein Buch verschlingen", „hinkender Vergleich" und „einen Computer füttern" sind nicht als eigene Lexikoneinträge verankert, sondern als usuelle Kopplungen in der Sprachpraxis der Sprechergemeinschaft. Auch sie müssen von kompetenten Sprechern nicht eigens dekodiert werden. *Innovative* („poetische", „emphatische") Metaphern sind idiolektale Neubildungen oder -kopplungen. Sie kommen nicht nur in der Poesie vor, sondern auch in anderen Bereichen. Manche innovative Metaphern finden schnelle Verbreitung und werden zu konventionellen, andere verblassen nie.

Die Unterscheidung zwischen anthropomorphen, physiomorphen, soziomorphen und technomorphen Metaphern ist eine nach dem „Bildspendebereich" (Harald Weinrich). Bei jeder Metapher ist zwischen dem *Bildspender*, von dem die Merkmale übertragen werden, und dem *Bildempfänger* zu unterscheiden, auf den sie übertragen werden. Verbreiteter sind die Termini „tenor" und „vehicle" (Richards) sowie „focus" und „frame" (Max Black), aber Weinrichs Begriffe sind anschaulicher und weniger missverständlich.

In physiomorphen Metaphern werden Merkmale aus der Sphäre der Natur auf etwas Nichtnatürliches übertragen, in technomorphen Metaphern werden Merkmale aus dem Bereich der technischen Gegenstände auf Nichttechnisches übertragen, in soziomorphen Metaphern Merkmale aus dem Bereich des sozialen Lebens auf Nichtsoziales.

Bei den anthropomorphen Metaphern können wir nicht ohne Erläuterung von der Sphäre des Menschen als Bildspender sprechen, denn der Mensch ist ja nicht nur ein vernunft-, sprach- und handlungsfähiges Wesen, sondern zugleich ein Teil der physischen Welt, ein Stück Natur. Auf Menschen können Prädikate wie „wiegt 80 Kilogramm", „befindet sich im Treppenhaus" oder „besteht größtenteils aus Kohlenstoff" zutreffen. Wenn man diese Prädikate einem nichtmenschlichen Gegenstand zuspricht, wird man das keine anthropomorphe und auch keine metaphorische Beschreibung nennen. Auch die Nominaldefinition von „anthropomorph" – „nach Gestalt des Menschen" – ist deshalb keine große Hilfe. Wenn man einen zu weiten Anthropomorphismusbegriff zugrunde legt, wird einem die Pointe des Anthropomorphismus*vorwurfes* entgehen.

Einen Naturprozess anthropomorph beschreiben heißt, ihn *metaphorisch* beschreiben, und das bedeutet, ihn so zu beschreiben, als ob er in der relevanten Hinsicht menschlich wäre. In einem interessanten Sinne anthropomorph sind Beschreibungen, in denen einem nichtmenschlichen Gegenstand ein Prädikat zugesprochen wird, das im wörtlichen Sinn allein auf Menschen zutrifft. Um die Sache etwas abzukürzen: Es gibt gute Gründe dafür, als systematischen Kern eines interessanten Begriffes von Anthropomorphismus die Zuschreibung des *Handelnkönnens* anzusehen. Handeln impliziert im Unterschied zum bloßen Stattfinden von Körperbewegungen Intentionalität, demnach wäre es genauer das Modell des absichtlichen, zielgerichteten Handelns in seiner Anwendung auf nichtmenschliche Gegenstände, das dem Anthropomorphismus zugrunde liegt. Anthropomorph beschriebene Naturdinge, Naturprozesse oder Artefakte werden als intentional Handelnde vorgestellt. Dass diese Eingrenzung plausibel und für die Naturalismuskritik hochrelevant ist, zeigen einschlägige Beispiele wie die Konzeptualisierung der Evolution als eines selegierenden Akteurs, die des Computers als eines mit Repräsentationen arbeitenden, informations- oder symbolverarbeitenden Mechanismus oder die des Gehirns als einer den sensorischen Input auswertenden und entscheidungsfähigen Instanz. Alle diese Zuschreibungen münden, wie unten näher ausgeführt wird, in die Unterstellung intentionaler Leistungen, und sei es im Modus des Als-ob.

Was das Verhältnis des Anthropomorphismus zu den anderen -morphismen betrifft, so fallen soziomorphe und technomorphe Beschreibungen physischer Prozesse klarerweise auf die anthropomorphe Seite. Technomorphismus und Soziomorphismus sind Varianten oder Spezifikationen des Anthropomorphismus.

Konventionelle Personifizierungen bzw. Agentivierungen von Naturprozessen bieten ein Bild von abgestuften Intentionalitätsgraden. Die Wendungen „der Sturm wütet", „die Natur tut nichts umsonst" und „die Sonne lacht" konnotieren in stärkerem Maße Absichtlichkeit als „der Nebel steigt" oder „der Mond wandert über den Himmel". Dies liegt offenbar an den Verben. Je höher der implizierte Grad von Absichtlichkeit, desto eher ist ein Verb für menschliche Handlungen reserviert. Bei allen Abstufungen aber drücken alle Verben qua Verben eine *Tätigkeit* aus, die dem Subjekt des Satzes zugeschrieben wird. Insofern der Wind weht, *tut* er etwas. Die philosophische Kinderfrage, was der Wind denn tue, wenn er nicht weht (Erwachsenenantwort: Er schläft), erinnert an die Fragwürdigkeit der Anwendung des Täter-Aktions-Schemas auf Naturprozesse. Nietzsche sieht in der Subjekt-Verb-Struktur der indoeuropäischen Sprachen, die stets Akteure und Handlungen suggeriere, einen gleichsam grammatisch eingebauten Fundamentalanthropomorphismus am Werk. Unter den „großen Irrthümern" der durch die „älteste und längste Psychologie" geprägten Metaphysik führt Nietzsche auf: „alles Geschehen war ihr ein Thun, alles Thun Folge eines Willens, die Welt wurde ihr eine Vielheit von Thätern, ein Thäter (ein ‚Subjekt') schob sich allem Geschehen unter". Damit habe der Mensch „den Willen, den Geist, das Ich, aus sich herausprojicirt" (Nietzsche 1889:85).

Die Metaphysikkritik Nietzsches tritt also als Kritik anthropomorpher Projektionen auf. Zu dieser tief ansetzenden Anthropomorphismuskritik gibt es indes eine Gegenrechnung. Wenn man fragt, mit welchen Ausdrücken denn die Aktivitäten und Eigenschaften „des Willens, des Geistes oder des Ich" im Alltagsdeutsch beschrieben werden, stößt man auf zahllose physiomorphe Wendungen: „ich begreife etwas", „ich bin niedergeschlagen", „ich zerbreche mir den Kopf", „ich versteige mich zu einer These", „etwas berührt mich", „etwas macht einen Eindruck auf mich", etc. In diesen konventionellen Redewendungen fungieren physische Prozesse, also Vorgänge in der Körperwelt, als Bildspender, während mentale Vorgänge die Bildempfänger sind. Einige dieser Physiomorphismen haben eine somatische Basis. Empfindungsfähige Wesen haben einen affizierbaren Körper, und was diesem geschieht, geschieht auch ihnen. Wie einem zumute ist, wenn man sich niedergeschlagen fühlt, muss man niemandem lange erklären, weil das körperliche Niedergeschlagenwerden in diesem Ausdruck noch präsent ist. Auch bei „Fingerspitzengefühl haben" oder „ein dickes Fell haben" liegt die somatische Basis noch an der sprachlichen Oberfläche. Steigt man tiefer in die Etymologie unserer Rede über Mentales ein, so wird man erst recht fündig. Ivor Armstrong Richards bemerkt: „We can find no word or description for any of the intellectual operations which if its history is known, is not seen to have been taken, by metaphor, from a description of some physical happening" (Richards 1936:91). Und Lakoff und Johnson, kurz und bündig: „We typically conceptualize the nonphysical *in terms of* the physical" (Lakoff/Johnson 1980:59).

4 Das anthropomorph-physiomorphe Paradox und die Interaktionstheorie der Metapher

Es drängt sich die Frage auf, wie anthropomorphe Redeweisen über die Natur und physiomorphe Redeweisen über mentale Vorgänge sich zueinander verhalten. Auf den ersten Blick stehen die anthropomorphe Naturinterpretation und die physiomorphe Selbstinterpretation des Menschen in einem paradoxen Verhältnis. Auf den zweiten Blick wird die Lage noch unübersichtlicher, denn es gibt komplexe Prädikationsstrukturen, in denen ein Wechselspiel von Projektionen und Rückprojektionen vorliegt. Sprachlich kann dieses Wechselspiel ganz unauffällig realisiert sein. Eine Stelle bei Homer, auf die Bruno Snell aufmerksam gemacht hat, bietet ein Beispiel: „[Die Krieger] hielten aus [...] wie ein Fels im Meer, der Wind und Wellen zum Trotz verharrt". Nun „trotzen" Felsen aber nicht im wörtlichen Sinne. Snell kommentiert:

> Daß der Fels ein menschliches Verhalten deutlich macht [...], beruht darauf, daß dieser tote Gegenstand anthropomorph gesehen wird: das unbewegliche Stehen der Klippe in der Brandung wird gedeutet als Ausharren, so wie der Mensch ausharrt in einer bedrohten Situation. Der Gegenstand wird also tauglich, im Gleichnis etwas zu veranschaulichen, dadurch, daß in diesen Gegenstand das hineingesehen wird, was er dann seinerseits illustriert. (Snell 1946:268f)

Die wechselseitige Durchdringung von anthropomorphen und physiomorphen Elementen in unserem Selbst- und Naturverständnis ist verschiedentlich bemerkt, aber sprach- und metapherntheoretisch nur selten genauer beschrieben worden. Auch ich kann das hier nicht leisten, weil in diesem Beitrag nicht die Metapherntheorie, sondern die Rolle der Metaphorologie für die Naturalismuskritik im Mittelpunkt steht. Allgemein sind die meisten Metapherntheorien nicht zur Erklärung von Rückprojektionseffekten in der Lage, weil sie einen einsinnigen Mechanismus der Merkmalsübertragung annehmen. Paradigmatisch dafür ist Karl Bühlers Theorie der „selektiven Wirkung der Sphärendeckung", der zufolge die nicht passenden Merkmale des Bildspenders und des Bildempfängers weggefiltert werden und nicht zur Bedeutungskonstitution der Metapher beitragen (vgl. Bühler 1934:342–356). Allein die *Interaktionstheorie* der Metapher, die auf Richards zurückgeht und von Max Black weiterentwickelt wurde, rechnet mit semantischen Rückwirkungen des Bildempfängers auf den Bildspender. Den Menschen einen Wolf zu nennen rückt nicht nur den Menschen in ein besonderes Licht, sondern lässt auch „den Wolf dabei menschlicher als sonst erscheinen" (Black 1954:75). Die Interaktionstheorie nimmt eine semantisch produktive Interaktion der beiden einander Kontext gebenden Begriffssphären an. Der Bildempfangsbereich und der weitere Kontext unterdrücken nicht bloß Merkmale des Bildspenders, sondern es kommt zu einer wechselseitigen Übertragung und Modifizierung von Merkmalen:

> It is central to any interaction view of metaphor that the effect of the context is not wholly negative, but that it has an important positive role. [...] It is the virtue of good models or metaphors that they tend to exploit their novel contexts rather than be frustrated by them. (Leatherdale 1974:195)

Im Anschluss an Blacks Interaktionstheorie hat Mary Hesse ihre einflussreiche Auffassung der Metapher als einer „Neubeschreibung" des Gegenstands entwickelt. Hesse unterscheidet zwischen einer „positiven" und einer „negativen Analogie", wobei die positive Analogie die Schnittmenge der Merkmale angibt, die Bildspender und Bildempfänger gemeinsam haben, also das *tertium comparationis* der klassischen Metapherntheorie. Negative Analogie sind die Restmengen der nicht übereinstimmenden Merkmale.[4] Zusätzlich gibt es nach Hesse einen Bereich der

---

[4] Lakoff und Johnson (1980:52ff) sprechen von „used" und „unused parts" der Metapher.

„neutralen Analogie", von dem man bei der Einführung der Metapher noch nicht weiß, ob er zur Bedeutungskonstitution beiträgt oder nicht. Genau in dieser Unabsehbarkeit bestehe der heuristische Wert der metaphorischen Neubeschreibung. Wir wissen nicht vorab, wie weit sich die durch die Metapher behauptete Analogie erstreckt (vgl. Hesse 1966:162). Damit Metaphern und Modelle unser Verständnis dessen, wofür sie Metaphern und Modelle sein sollen, befördern können, müssen sie eine „richer substructure" und dadurch einen „surplus content" gegenüber der nichtmetaphorischen Beschreibung des Gegenstandes haben (vgl. Leatherdale 1974:60, 146). Michael Arbib spricht in diesem Sinne von „exploratory metaphors", mit deren Hilfe „both the similarities and the differences" erforscht werden können (Arbib 1972:4). In mancher Hinsicht mag die Welt wie ein Uhrwerk sein, in anderen Hinsichten nicht. In mancher Hinsicht gleicht die natürliche Selektion der bewussten Auslese anhand von Merkmalen, in anderen nicht. In mancher Hinsicht gleicht der menschliche Geist einem Computer, in anderen nicht.

5 Artefakte und Funktionen

Um die Rolle der Metaphorologie für die Naturalismuskritik genauer zu bestimmen, reicht die simple Gegenüberstellung von anthropomorpher und physiomorpher Metaphorik nicht aus. Nehmen wir die *technomorphe* Metaphorik hinzu, die in dieser Antithese nicht ohne weiteres zu verorten ist. Technik sei hier im ursprünglichen Sinn von *technê* verstanden, also als Kunstfertigkeit oder handwerkliche Kompetenz. Als Bereichsbezeichnung grenzt *technê* den Bereich des künstlich Hergestellten vom natürlich Vorfindlichen ab: Manche Dinge kommen erst durch Zutun des *homo faber* in die Welt, andere sind schon vorher da. Alle konstruktivistische Sophistik, die das Natürliche partout als Gemachtes entlarven will, kann nichts daran ändern, dass mit dieser Unterscheidung etwas getroffen wird.

Ein Produkt der Technik ist zunächst einmal ein *Artefakt* im Unterschied zu einem vorfindlichen Naturgegenstand. Artefakte stehen in der Mitte zwischen Menschen und Naturdingen. Einerseits sind sie etwas Menschengemachtes, andererseits sind sie durch ihre Materialität ein Stück Natur, und zwar ein Stück unbelebte Natur, dessen Verhalten unter Gesetze der Physik fällt. Ein technisches Artefakt im engeren Sinn ist ein Gegenstand, der mit einer bestimmten Absicht und zur Erfüllung eines bestimmten Zwecks konstruiert wurde. Da Artefakte keine Lebewesen sind, kommen ihnen im wörtlichen Sinn keine Erkenntnis-, Handlungs- oder Sprachfähigkeiten zu.

Der Mensch hat die Arbeitsweise seines Geistes stets im Hinblick auf die jeweils neuesten technischen Erfindungen interpretiert. Aristoteles verwendete viele Handwerksmetaphern, die mechanistischen Anthropologien seit dem 17. Jahrhundert orientierten sich am Modell der mechanischen Räderuhr. Im 19. Jahrhundert kamen die bis heute verbreiteten Elektrometaphern hinzu („eine lange Leitung haben", „abschalten", „Kurzschluss", „Kontakt suchen"), später dann Eisenbahnmetaphern. Seit der Mitte des 20. Jahrhunderts verbreitet sich die Computermetapher des Geistes, zunächst in der Begrifflichkeit der Kybernetik, später im Sinne der Software-Hardware-Analogie der computerfunktionalistischen Auffassung des Geist/Körper-Problems: der menschliche Körper entspreche der Hardware, der Geist dem Programm, welches auf einer beliebigen Hardware implementiert sein kann. Die Computermetapher des Geistes und die älteren Maschinenmetaphern sind für unseren Zusammenhang aufschlussreich, weil einerseits Naturalisierungsansprüche mit ihnen verbunden werden, andererseits aber ein technisches Artefakt alles andere als ein bloßes Naturding ist. Der allein den Gesetzen der Mechanik oder des Elektromagnetismus folgende Mechanismus ist ja zugleich ein zu einem bestimmten Zweck konstruierter und verwendeter Apparat. Wird er zur Unterstützung oder zum Ersatz einer menschlichen Leistung eingesetzt, so wird seine Funktionsweise typischerweise in Analogie zu derjenigen Leistung beschrieben, die er ersetzt. Der Mensch baut sich ein Gerät, damit er nicht mehr rechnen muss, und nennt es einen Rechner. Er kann schlecht Französisch und kauft sich einen elektronischen Übersetzer. Der Geheimdienst hat zu wenig Personal, um tausende Stunden Tonbänder abzuhören und setzt ein Spracherkennungssystem ein. Diese Apparate werden nicht über ihr Material oder ihre Struktur bestimmt, sondern über ihre Funktion. Die Leistungen, von denen der Mensch sich durch den Apparat entlasten will, werden dem Apparat selbst zugeschrieben.

Die Neuanwendung der Kognitions- und Handlungsverben, also ihre Übertragung von der menschlichen Tätigkeit auf den technischen Prozess, ist zunächst einmal nicht zu beanstanden. Wir alle reden ständig so. In den meisten Kontexten wäre jede andere, nichtfunktionale Rede über die fraglichen Artefakte umständlich, irrelevant und ein Verstoß gegen Gricesche Konversationsmaximen. Anders verhält es sich, wenn weitreichende philosophische Thesen mit dieser Übertragung verbunden werden, insbesondere Naturalisierungsansprüche. Die Annahme, funktionale oder intentionale Charakterisierung der Leistungen von Artefakten sprächen für eine naturalistische Auffassung des Geistes, ist naiv. Aus dem Umstand, dass eine menschliche Leistung wie beispielsweise das Schachspielen sich funktional äquivalent (aber was heißt das genau?!) durch einen technischen Apparat erbringen lässt, folgt nichts darüber, ob Phänomene wie Geist, Sprache, Vernunft, Bewusstsein oder Handlungsfähigkeit sich vollständig mit naturwissenschaftlichen Begriffen und Methoden erklären lassen.

6 Das Programm der Naturalisierung des intentionalen Idioms

In der neueren Philosophie des Geistes hat man es nicht mehr mit naiven Naturalisten zu tun, sondern mit aufgeklärten oder halbaufgeklärten. Diese Naturalisten glauben nicht mehr, ihr theoretisches Reduktionsziel schon dadurch erreicht zu haben, dass sie den fraglichen Gegenstand als zur Körperwelt gehörig erwiesen haben oder dass sie zu einer bestimmten kognitiven Leistung einen im Output hinreichend ähnlichen Algorithmus angeben können. Mit dem in der analytischen Philosophie des Geistes verfolgten Projekt einer „Naturalisierung der Intentionalität" ist eine *begriffliche* Reduktion des Mentalen auf Nichtmentales gemeint. Es geht dort nicht darum, den Menschen mit all seinen geistigen Fähigkeiten als ein Stück Natur zu erweisen. Im Projekt der Naturalisierung der Intentionalität ist Naturalisierung eine semantische Reduktionsbeziehung, keine ontologische.

Was damit gemeint ist, macht eine programmatische Formulierung von Jerry Fodor deutlich: Eine naturalistische Erklärung oder Analyse eines intentionalen Phänomens ist nach Fodor eine solche, die in nichtmentalen, nichtsemantischen und nichtteleologischen Begriffen notwendige und hinreichende Bedingungen für das Vorliegen des intentionalen Phänomens angibt (vgl. Fodor 1987:98, 126).

Gesucht sind also nichtintentional formulierte Bedingungen für das Vorliegen eines Phänomens, das man ohne Kenntnis solcher Bedingungen mit intentionalen Ausdrücken beschreibt. Fodors Konjunktion *nichtmental, nichtsemantisch* und *nichtteleologisch* hat eine lange Vorgeschichte in der Philosophie des Geistes. Erklärte Naturalisten warten oft mit Charakterisierungen intentionaler Phänomene auf, die nicht unmittelbar Mentales zum Gegenstand haben, die aber intentionale Präsuppositionen besitzen, ihren Sinn also daraus beziehen, dass an anderer Stelle noch intentionale Phänomene unanalysiert geblieben sind.[5] Ein Indiz für versteckte intentionale Voraussetzungen ist eben die Verwendung semantischer und teleologischer Begriffe, deren Verwendung Fodor deshalb zusätzlich verbietet.

Das Verbot semantischer Ausdrücke besagt, dass Begriffe wie *meinen, bedeuten, bezeichnen* oder *repräsentieren* nicht unanalysiert vorkommen dürfen. Die enge Verwandtschaft von semantischem und mentalistischem

[5] „From the fact that a statement is not explicitly about anything mental it does not follow that none of its presuppositions make any reference to our cognitive interests, our way of regarding different contexts, or our intentional powers" (Putnam 1992:57). Man kann auf das Problem der intentionalen Präsuppositionen reagieren, indem man den Begriff des Intentionalen von vornherein weiter fasst: „Say that a property is intentional if and only if either it is a propositional-attitude property – for example, the property of believing that such and such – or its instantiation presupposes instantiation of propositional-attitude properties" (Baker 1995:193).

Idiom hat vor allem Quine herausgestellt. Sie beruht darauf, dass propositionale Einstellungen, als Paradigmen des Mentalen, semantische Identitätsbedingungen haben: Zwei Sprechern schreiben wir zum Beispiel dann dieselbe Überzeugung zu, wenn die sprachlichen Ausdrücke ihrer Überzeugungen ineinander übersetzbar sind.

Das Verbot teleologischer Ausdrücke besagt, dass *Ziele*, *Zwecke* und *Funktionen* nicht unanalysiert vorkommen dürfen. Das Teleologieverbot ist ungleich umstrittener als das Semantikverbot, was daran ersichtlich ist, dass offen oder verdeckt teleologische Charakterisierungen häufig zur angeblich naturalistischen Einführung semantischer Begriffe benutzt werden, so in „teleofunktionalistischen" und „biosemantischen" Analysen der sprachlichen Bedeutung. Das Teleologieverbot ist auch deshalb umstrittener als das Semantikverbot, weil die Biologie als eine respektable Naturwissenschaft mit funktionalen Begriffen arbeitet. Galt noch Kant die Kategorie des Zwecks als „Fremdling in der Naturwissenschaft", sehen viele Naturalisten mittlerweile sowohl funktionale als auch teleologische Begriffe als unproblematisch an. Sie verweisen darauf, dass die Biologie „is already shot through with ascriptions of natural teleology and that such ascriptions are not going to go away, for without them we would lose valuable generalizations" (Lycan 1991:264). Der Hinweis darauf, dass die Biologie nun einmal teleologische Begriffe verwendet und auch nicht auf sie verzichten kann, reicht aber nicht aus, um diese Begriffe naturalistisch akzeptabel zu machen. Wer sich als Naturalist auf die Biologie beruft, muss entweder zeigen, dass funktionale Charakterisierungen nichts Teleologisches an sich haben, oder dass sie trotz ihrer teleologischen Struktur keine zwecksetzende Instanz präsupponieren. Er muss die Kantische Formel „Zweckmäßigkeit ohne Zweck" erläutern, genauer: er muss bei Strafe des Anthropomorphismus zeigen, wie denn in der Natur Zweckmäßigkeit ohne zwecksetzende oder zweckbeurteilende Instanz möglich ist. Die schlichteren Gemüter unter den Naturalisten behaupten, Darwin habe dies längst gezeigt, indem er den Mechanismus der Evolution gefunden und Zweckmäßigkeit auf Kausalität zurückgeführt habe. Davon kann aber keine Rede sein. Mutation und Selektion sind keine kausalen Mechanismen, und die Aufklärung der Logik evolutionärer und anderer funktionaler Erklärungen ist eine diffizile Aufgabe, an der sich schon viele Wissenschaftstheoretiker die Zähne ausgebissen haben (vgl. dazu Keil 2007).

Oben habe ich vorgeschlagen, als systematischen Kern eines interessanten Begriffes von Anthropomorphismus die Zuschreibung des Handelnkönnens anzusehen. Ein „interessanter" Begriff des Anthropomorphismus ist in unserem Zusammenhang einer, der für die Auseinandersetzung mit naturalistischen Theorien humanspezifischer Phänomene einschlägig ist, genauer: durch den sich diejenigen Metaphern auszeichnen lassen, die in naturalistischen Theorien nicht vorkommen dürfen. Theorien, die an irgendeiner Stelle auf unanalysierte anthropomorphe Metaphern oder Präsuppositionen zurückgreifen, erfüllen ihren selbstgesteckten Anspruch nicht, weil sie ihre Erklärungskraft aus einer ihnen verbotenen Quelle borgen.

Ausgangspunkt dieser Form der Naturalismuskritik ist der unkontroverse Befund, dass Menschen einander bestimmte Eigenschaften, Fähigkeiten und Leistungen im wörtlichen Sinn zuschreiben. Dass es wirklich das Vermögen des intentionalen, zielgerichteten Handelns ist, das als Zentrum oder Basis dieser Zuschreibungen fungiert, bedürfte einer eingehenden Begründung. Andere Philosophen sehen gegenüber der Handlungsfähigkeit die Zuschreibung mentaler Zustände (Wünsche, Überzeugungen, Absichten) als basal an. Manche sprechen von einer holistisch verfassten Zuschreibungspraxis und vom „Zirkel der Intentionalität". Gemeint ist die These, dass Zuschreibungen intentionaler Zustände und Fähigkeiten einen geschlossenen Verweisungszusammenhang bilden, in dem jede intentionale Zuschreibung durch eine Reihe von anderen gerechtfertigt wird. Dass dieser Zirkel der Intentionalität existiert, ist die direkte Antithese zum Programm der Naturalisierung der Intentionalität. Wären hinreichende nichtintentional formulierte Bedingungen für irgendein intentionales Phänomen aufgefunden, so wäre der intentionale Zirkel durchbrochen, und der Naturalist könnte auf den Domino-Effekt rechnen.[6]

7 Das Homunkulus-Problem

In computationalen Theorien kognitiver Phänomene werden technischen Systemen und subpersonalen Instanzen vielfältige und voraussetzungsreiche Fähigkeiten zugeschrieben. Thermostaten, Computer, Roboter, Gehirne oder Neuronenverbände können angeblich Informationen gewinnen und verarbeiten, Berechnungen anstellen, Symbole manipulieren, Entscheidungen fällen, Regeln befolgen und sie auf interne Repräsentationen anwenden.

Diese Fähigkeiten und Leistungen sind nicht offen intentional, wohl aber nach Auffassung vieler Kritiker intentionalitäts*präsupponierend*. Der Einwand lautet, dass sie ihren Sinn daraus beziehen, dass in ihrer Umgebung intentionale Phänomene unanalysiert geblieben sind.[7] Zu den Kritikern des Symbolverarbeitungsansatzes in den Kognitionswissenschaften gehört John Searle. Er spießt Fragen auf wie diese: „Wie errechnet das visuelle System aus Schattierungen Gegenstandskonturen?" Oder: „Welche Symbolmanipulation findet im Gehirn statt, wenn wir 6 mit 8 multiplizieren?" Oder: „Wie berechnet das Gehirn aus zweidimensionalen Projektionen auf der Netzhaut eine dreidimensionale Beschreibung der Welt?" Searle behauptet (vgl. 1990:28ff), dass diese Fragen ebenso sinnvoll seien wie die Frage: „Wie be-

---

6 „Given any [...] suitably naturalistic break of the intentional circle, it would be reasonable to claim that the main *philosophical* problem about intentionality had been solved" (Fodor 1990:52).

7 Die folgende Darstellung beruht auf Keil (2003).

rechnet ein Nagel aus dem Schlag des Hammers die Distanz, die er im Holz zurücklegen muss?" Doch während die letztere Frage offenkundig absurd ist, füllen Fragen der ersten Art kognitionswissenschaftliche Standardwerke. Nach Searle stellen weder Nägel noch Gehirne im Wortsinne Berechnungen an noch manipulieren sie mit Symbolen, beides täten allein Menschen.

Diese Behauptung ist umstritten und wirft die Frage auf, warum eigentlich bestimmte Prädikate für die Beschreibung der Tätigkeiten von Personen reserviert sein sollten. Nach Searle beruhen die zitierten Fragen auf der *versteckten* Annahme einer personalen oder personähnlichen Instanz mit intentionalen Zuständen, kurz: auf der Annahme eines Homunkulus. Als „Homunkulus" bezeichnet man in der Philosophie des Geistes eine postulierte menschenähnliche Instanz, die ausdrücklich oder unausdrücklich zur Erklärung der Arbeitsweise des menschlichen Geistes herangezogen wird. Ein „Homunkulus-Fehlschluss" entsteht nach Anthony Kenny (1971:155) durch „the reckless application of human-being predicates to insufficiently human-like objects". Aber was ist ein „nicht hinreichend menschenähnlicher" Gegenstand, und woran bemisst sich das? Wittgenstein hat einmal dekretiert: „Wir sagen nur vom Menschen, und was ihm ähnlich ist, es denke" (1960:§ 360). Diesem Dekret wird aus kognitionswissenschaftlicher Sicht mit einigem Recht entgegengehalten, dass der Sinn der Frage, ob die Arbeitsweise von Maschinen oder Gehirnen mit mentalen Prädikaten beschrieben werden darf, verfehlt wird, wenn man die Antwort einfach unter Verweis auf den gewöhnlichen Sprachgebrauch stipuliert. Die computerfunktionalistische Auffassung des Mentalen zeichnet sich gerade durch die Annahmen der *Abstraktheit* und der *multiplen Realisierbarkeit* mentaler Zustände aus, und aus dieser Sicht erscheint das Beharren auf Personen als den einzigen Trägern mentaler Prädikate als dogmatische Gegenbehauptung.

Der Homunkulismus-Kritiker kann allerdings die schwierige Frage nach dem originalen Anwendungsbereich des intentionalen Idioms zunächst dahingestellt sein lassen. Er muss seinen Einwand lediglich im Sinne des *Regressarguments* formulieren. Wenn der Naturalist den Anspruch erhoben hat, die kognitive Fähigkeit F reduktiv zu erklären oder zu analysieren, dann kann diese Analyse sich nicht darin erschöpfen, im Innern des fraglichen Systems ein Subsystem mit eben dieser Fähigkeit F zu identifizieren oder zu postulieren.

Ein *locus classicus* für Homunkulus-Fehlschlüsse sind Theorien der visuellen Wahrnehmung, in denen der Sehprozess als ein Auswerten oder Interpretieren von Netzhautbildern analysiert wird. Worin hier der Fehler besteht, zeigt sich am eindrücklichsten am Problem des invertierten Netzhautbildes: *Wie kommt es, dass wir die Gegenstände so sehen, wie wir sie sehen, nämlich aufrecht, wo doch das Netzhautbild auf dem Kopf steht? Warum führt ein invertiertes Netzhautbild nicht zu einem invertierten Wahrnehmungseindruck?* Johannes Kepler, der dieses Problem Anfang des 17. Jahrhunderts formulierte, vermutete zunächst, es müsse irgendwo im Glaskörper des Auges eine zweite Linse geben, die das verkehrte Netzhautbild wieder aufrecht stellt. Er bemerkte nicht, dass schon der Problemstellung ein Homunkulus-Fehlschluss zugrunde liegt. Die Frage, wo die Invertierung wieder aufgehoben wird, entsteht allein unter der Annahme, dass auf der Netzhaut etwas ist, was gesehen wird. Diese Annahme ist eine Implikation des Bildbegriffs: Ein Bild ist etwas, was gesehen werden kann. Tatsächlich befindet sich aber in meinem Kopf niemand mit einem zweiten Paar Augen, der von hinten meine Retina betrachtet. Und auch ich selbst tue das nicht. Ich kann nur betrachten, was sich *vor* meinen Augen befindet.

Die Behauptung, dass schon die Rede von Netzhautbildern irreführend sei, empfinden viele Theoretiker der visuellen Wahrnehmung als Provokation, weil sie es für einen empirischen Befund halten, dass die von einem äußeren Gegenstand reflektierten und auf die Retina auftreffenden Lichtstrahlen dort ein Bild des Gegenstandes erzeugen. Das Auge sei eine *camera obscura* mit Linse; die entsprechende Darstellung des Strahlengangs im Linsenauge der Wirbeltiere steht seit Jahrhunderten in den Lehrbüchern. An der Darstellung des Strahlengangs ist nichts auszusetzen, wohl aber an der Rede vom Netzhautbild. Den empirischen Befund sollte man neutraler so formulieren, dass auf der Netzhaut ein *Bestrahlungsmuster* entsteht. Den begrifflichen Unterschied zwischen „Bild“ und „Bestrahlungsmuster“ zu würdigen, fällt vielen Wahrnehmungstheoretikern schwer. Mit dem Bildbegriff operierende Theorien fallen auch nicht zwangsläufig dem Homunkulus-Fehlschluss zum Opfer. Das vermeintliche Invertierungsproblem gibt einen guten Testfall dafür ab, ob es sich um eine bloße *façon de parler* oder um eine begriffliche Verwirrung handelt: Die fehlgeleitete Frage, warum wir trotz des invertierten Bildes die Gegenstände richtigherum sehen, entsteht allein unter der Annahme, dass das Netzhautbild ein phänomenal zugänglicher Teil des Wahrnehmungsprozesses ist. Wer hier einen Erklärungsbedarf annimmt, hat sich von der Implikation des Bildbegriffs irreführen lassen.

Dass das Invertierungsproblem nicht gelöst werden muss, wird heute weithin anerkannt. Auch den Vertretern der neueren computationalen Wahrnehmungstheorien gelingt es aber vielfach nicht, sich vollständig von der Bildanalogie zu befreien. Aktuelle Wahrnehmungstheorien, die unter anderem mit der Erklärung von *Konstanzphänomenen* befasst sind, formulieren ihre Explananda nach wie vor in homunkulusgefährdeter Weise. So wird das Problem der Größenkonstanz häufig in der Frage ausgedrückt: Wie errechnet das Sehsystem aus der veränderlichen Größe des retinalen Bildes die tatsächliche Größe des gesehenen Gegenstands?

Um genauer zu sehen, welche Gestalt das Homunkulus-Problem in der „computational theory of vision“ annimmt, sei abschließend ein Blick auf die Pionierarbeit von David Marr geworfen. Sehen ist nach Marr (1982:3) „the *process* of discovering from images what is present in the world“. Das Rohbild, ein zweidimensionales Bestrahlungsmuster auf der Netzhaut, werde in einen „primal sketch“ umgewandelt, der aus einer Beschreibung geometrischer Eigenschaften des zweidimensionalen Bildes besteht. Über einen weiteren Zwischenschritt werde dann der Output des Sehsystems erzeugt, nämlich eine Beschreibung von dreidimensionalen Objekten der Außenwelt und ihrer räumlichen Anordnung (vgl. ebd.:37).

Marr sagt nirgends, wer die Information aus dem Netzhautbild extrahiert und wem die Beschreibung des zweidimensionalen Musters gegeben wird. Benötigt er ein Satzsubjekt, so wählt er meist „the visual system". Dieses System hat beachtliche Fähigkeiten. Es kann unter anderem etwas herausfinden, Bilder auswerten, Eigenschaften beschreiben und etwas interpretieren. Searle, Hacker, Pessoa/Thomson/Noë und andere haben Marr deshalb Homunkulus-Fehlschlüsse vorgeworfen. Allerdings gibt es eine interessante Verschiebung: Die Rede vom Netzhautbild spielt in der computationalen Wahrnehmungstheorie keine prominente Rolle mehr. Die Arbeitsweise subpersonaler Systeme wird nun im Idiom der Informationsverarbeitung beschrieben. Mit der Rede von *Information*, *Beschreibung*, *Interpretation* und *Repräsentation* werden einzelne kognitive Module (in den Neurowissenschaften auch physische Teile des Gehirns) als Gesprächsteilnehmer aufgefasst, die einander Nachrichten zukommen lassen, Informationen austauschen und derart ihr Verhalten aufeinander abstimmen. Diese Metaphorik ist nicht erst durch die Computertechnologie aufgekommen, sondern entstammt der Informationstheorie und Nachrichtentechnik der Jahrhundertmitte. Schon Ryle hat seinerzeit die Vorstellung kritisiert, „daß es sich bei Augen, Nasen und Ohren um eine Art Auslandskorrespondenten handelt", die uns mehr oder weniger zutreffende Nachrichten schicken (Ryle 1954:124).

Man kann allgemein sagen, dass der Homunkulus in Theorien, die auf dem Symbolverarbeitungsansatz beruhen, seine Natur verändert: aus dem inneren Betrachter wird der innere Leser und Interpret. Um den metaphorischen Charakter dieser Rede zu erkennen, muss man sich nur die Frage vorlegen, in welcher Sprache Marrs „primal sketch", der aus einer Beschreibung geometrischer Eigenschaften bestehen soll, formuliert sein soll. Merkwürdig ist auch, dass der Output des Wahrnehmungsprozesses eine Beschreibung der dreidimensionalen Außenwelt sein soll. Eine Beschreibung der Außenwelt wird freilich gegeben, wenn wir ein Wahrnehmungsurteil fällen. Solche Wahrnehmungsurteile hat Marr aber nicht im Sinn. Es soll sich bei der Beschreibung um den Output des Wahrnehmungsprozesses selbst handeln, den Marr als algorithmischen Prozess der Extraktion räumlicher Information aus dem Netzhautbild auffasst. Tatsächlich ist der Output des Wahrnehmungsprozesses aber keine Beschreibung und keine Abbildung, sondern – eine Wahrnehmung.

Searle hat seine Kritik am Symbolverarbeitungsansatz in den Kognitionswissenschaften mit der gebotenen Radikalität formuliert. Während das Argument des Chinesischen Zimmers zeigen sollte, dass die Semantik nicht in der Syntax enthalten ist, argumentiert Searle zehn Jahre später: „Worse yet, syntax is not intrinsic to physics" (Searle 1990:26). Kein physischer Prozess ist intrinsischerweise ein Berechnungsvorgang, eine Regelbefolgung oder eine Symbolmanipulation, da physische Vorgänge als solche nicht syntaktisch miteinander verknüpft sind. Berechnung ist eine bestimmte Art von Symbolmanipulation, und „,symbol' and ,same symbol' are not defined in terms of physical features" (ebd.:35).

8 Naturalismuskritik und Metaphorologie

Der Umstand, dass angeblich naturalistische Erklärungen eines menschlichen Vermögens oft an irgendeiner Stelle auf Homunkuli, auf unanalysierte intentionale Begriffe oder auf andere unerläuterte anthropomorphe Anteile zurückgreifen, ist kein Apriori-Argument gegen Naturalisierungsprogramme, aber er verschiebt die Beweislast: Der Naturalist hat zu erklären, dass und warum die Verwendung der fraglichen Begriffe unbedenklich ist. Seine übliche Verteidigungslinie ist wohlbekannt: Die Verwendung des inkriminierten Ausdrucks sei eine bloße *façon de parler*, eine harmlose Metapher. Freilich glaube er nicht, dass beispielsweise Thermostaten im Wortsinne etwas anstreben können, aber man möge ihn doch bitte karitativ interpretieren und ihm nicht nach Philosophenart das Wort im Munde umdrehen.

Recht hat der Naturalist darin, dass eine bestimmte Form von Naturalismuskritik zu kurz greift, nämlich das bloße Aufspießen von Wörtern, die in naturalistischen Theorien und Erklärungen nicht vorkommen dürfen. Die natürliche Sprache hat offenbar kein Vokabular ausgebildet, das von Anfang an für mentale Operationen oder für absichtliche menschliche Handlungen reserviert war. Spätestens wenn wir die Etymologie einbeziehen, finden wir das reine mentalistische Idiom nicht, sondern zahllose Wendungen, „[which] have been taken, by metaphor, from a description of some physical happening" (Richards 1936:91).

Auch aus dem bloßen Vorkommen einer Metapher lässt sich nicht schließen, dass eine Erklärung erschlichen wurde. Es gibt kein kanonisches oder gar mechanisches Testverfahren dafür, wie harmlos eine Metapher ist. Man sieht es einer metaphorischen Prädikation nicht an, worin jeweils der positive, der negative und der neutrale Analogiebereich besteht. Die sprachkritischen Instrumente, deren sich eine metaphorologisch verfahrende Naturalismuskritik bedienen muss, erfordern eine sorgfältige Handhabung. Es braucht semantische und pragmatische Präsuppositionsanalysen und die linguistisch angeleitete Diagnose von Kategorienfehlern. Wo es sich um Metaphern handelt, ist metapherntheoretische Expertise erforderlich. Es geht nicht darum, welche Ausdrücke vorkommen oder nicht vorkommen dürfen. Es geht darum, festzustellen, wie sie jeweils explanatorisch eingesetzt werden und welche der mit ihnen verbundenen Implikationen stillschweigend in die Erklärung eingehen.

Literaturverzeichnis

Arbib MA (1972) The Metaphorical Brain. New York
Baker LA (1995) Explaining Attitudes. Cambridge, MA
Bennett MR, Hacker PMS (2003) Philosophical Foundations of Neuroscience. Oxford
Black M (1954) Die Metapher. Zit. nach: Haverkamp A (Hrsg) (1983) Theorie der Metapher. Darmstadt, 55–79
Blumenberg H (1960) Paradigmen zu einer Metaphorologie. In: Archiv für Begriffsgeschichte 6:7–142
Blumenberg H (1971) Beobachtungen an Metaphern. In: Archiv für Begriffsgeschichte 15:161–214
Blumenberg H (1979) Ausblick auf eine Theorie der Unbegrifflichkeit. In: ders., Schiffbruch mit Zuschauer. Frankfurt/M, 75–93
Boolos GS, Jeffrey RC (1989) Computability and Logic. Cambridge MA
Bühler K (1934) Sprachtheorie. Jena
Eckard R (2005) Metaphertheorien. Typologie – Darstellung – Bibliographie. Berlin/New York
Fodor JA (1987) Psychosemantics. Cambridge, MA
Fodor JA (1990) A Theory of Content and Other Essays. Cambridge, MA
Hesse M (1966) Models and Analogies in Science. Notre Dame, Indiana
Keil G (1998) Was Roboter nicht können. Die Roboterantwort als knapp mißlungene Verteidigung der starken KI-These. In: Engel A, Gold P (Hrsg) Der Mensch in der Perspektive der Kognitionswissenschaften. Frankfurt/M, 98–131
Keil G (2000) Kritik des Naturalismus. Berlin/New York
Keil G (2003) Homunkulismus in den Kognitionswissenschaften. In: Köhler WR, Mutschler HD (Hrsg) Ist der Geist berechenbar? Darmstadt, 77–112
Keil G (2007) Biologische Funktionen und das Teleologieproblem. In: Honnefelder L, Schmidt MC (Hrsg) Naturalismus als Paradigma. Berlin, 76–85
Keil G (2008) Naturalism. In: Moran D (ed) The Routledge Companion to Twentieth-Century Philosophy. London, 254–307
Kenny A (1971) The Homunculus Fallacy. In: Hyman J (ed) Investigating Psychology. London/New York 1991, 155–165
Konersmann R (Hrsg) (2007) Wörterbuch der philosophischen Metaphern. Darmstadt
Lakoff G, Johnson M (1980) Metaphors We Live By. Chicago/London
Leatherdale WH (1974) The Role of Analogy, Model and Metaphor in Science. Amsterdam/Oxford
Lycan W (1991) Homuncular Functionalism Meets PDP. In: Ramsey W et al. (eds) Philosophy and Connectionist Theory. Hillsdale, 259–286
Marr D (1982) Vision. A Computational Investigation into the Human Representation and Processing of Visual Information. San Francisco
Nietzsche F (1889) Götzendämmerung, Werke VI/3, hrsg. von Colli/Montinari. Berlin 1969, 49–157
Putnam H (1992) Renewing Philosophy. Cambridge, MA/London
Richards IA (1936) The Philosophy of Rhetoric. New York 1965
Roth G (2004) Worüber dürfen Hirnforscher reden – und in welcher Weise? In: Geyer C (Hrsg) Hirnforschung und Willensfreiheit. Frankfurt/M, 66–85
Ryle G (1954) Die Wahrnehmung. In ders., Begriffskonflikte. Göttingen 1970, 117–138
Searle JR (1990) Is the Brain a Digital Computer? Proceedings and Addresses of the Americal Philosophical Association 64/3:21–37
Snell B (1946) Die Entdeckung des Geistes. Hamburg [3]1955
Weinrich H (1963) Semantik der kühnen Metapher. Zit. nach: Haverkamp A (Hrsg) Die Metapher. Darmstadt 1983, 316–339
Wittgenstein L (1960) Philosophische Untersuchungen. Frankfurt/M

Notwendige Metaphern?

Mathias Gutmann, Benjamin Rathgeber

1 Einleitung

Notwendige Metaphern – dies scheint auf den ersten Blick eine widersinnige sprachliche Konstruktion zu sein: Nach linguistischen Metaphernkonzepten können Metaphern etwa als *lexikalisiert*, *konventionalisiert*, *dunkel*, *kühn* oder gar als *lebendig*, *tot* oder *euphemistisch*[1] bezeichnet werden.[2] Auch weisen moderne epistemologische Überlegungen in der Funktion von Metaphern darauf hin, dass diese für wissenschaftliche bzw. wissenschaftstheoretische Zwecke nutzbar sind. So lassen sich in wissenschaftlichen Theorie- oder Modellsprachen jeweils Metaphern identifizieren, welche als anschauliche *Katachresen* für unanschauliche Zusammenhänge gebraucht werden (z. B. die *Schallwellenmetaphorik* in der Akustik oder die *Strommetaphorik* in der Elektrodynamik). Hier übernimmt die Metapher aber nur eine rein didaktische Rolle für die Veranschaulichung abstrakter Zusammenhänge, jedoch keine eigentlich und zwingend konstitutive Funktion.

Um nun die Frage angehen zu können, in welchem Sinne metaphorische Wendungen *notwendig* sein können, ist zunächst eine Bestimmung von

---

1 Als lexikalisierte Metaphern bezeichnet man solche Metaphern, die eine eigenständige, im Wortschatz fixierte Bedeutung gewonnen haben. Demgegenüber nennt man Metaphern konventionalisiert, wenn sie klischeehaft verwendet werden, ohne doch notwendig schon lexikalisiert zu sein. Dunkle Metaphern beruhen auf besonders schwer erkennbaren Bezügen und erfordern eine besondere hermeneutische Leistung des Interpreten (Beispiel: „Dein Leib ist eine Hyazinthe, in die ein Mönch die wächsernen Finger taucht." – G. Trakl). Bei kühnen Metaphern werden hingegen zwei Bereiche miteinander verknüpft, die herkömmlich als unvereinbar angesehen werden, z. B. computertechnische Metaphorik in der modernen Liebeslyrik. Als tote Metaphern werden solche Ausdrücke bezeichnet, deren metaphorischer Charakter nicht mehr offenkundig und usuell ist (z. B. „Grund" im Sinne von „Ursache" oder „Argument"). Euphemistische Metaphern treten in einer manipulativen Funktion auf, indem sie einen tabuisierten oder negativ konnotierten Ausdruck substituieren (etwa Braungart et al. 2000, Cochetti 2004, Davidson 1978, Kurz 2004, Searle 1979).

2 Dies sind sortale Bestimmungen (vgl. exemplarisch die in Fußnote genannten sowie Koppe 2004: 869 und Weinrich 1980: 1179ff), deren systematische Problematik unten deutlich wird; man kann diese aber schon bei dem einfachen Versuch entdecken, die Einteilung einer Phrase „x ist A" als tote gegenüber einer dunklen Metapher zu bestimmen (es „ist" eben weder die eine noch die andere Sorte von Metapher; es kann gleichwohl *als eine solche* aufgefasst werden – mit den entsprechenden Folgen für den Status des Ausdruckes).

M. Bölker et al. (Hrsg.), *Information und Menschenbild,* DOI 10.1007/978-3-642-04742-8_10,

„notwendig" vorzunehmen, welche einerseits nicht eine bloße Abweichung vom üblichen Sprachgebrauch darstellt, andererseits zugleich aber auch nicht die Gefahr der Äquivokation mit allen ihren Folgen erweckt. Um einen Weg zwischen beiden zu vermeidenden Abwegen zu finden, wird es sich als hilfreich herausstellen, auf die enge Verbindung zwischen Sprechen und Handeln hinzuweisen.[3]

Im Unterschied zu inferentialistischen Ansätzen soll hier nicht eine Explikation auf (irgendwie) vorhandene präskriptive Strukturen hin vorgenommen als vielmehr der Fokus auf die dabei eingesetzten Mittel gelegt werden. Die Nutzung solcher Mittel hat nun bekanntlich nicht nur erwünschte Folgen, die sich am Erfolg der jeweiligen Praxen ermessen lassen, sondern auch Nebenfolgen. Diese Nebenfolgen, die exemplarisch am Informationsbegriff aufgezeigt werden können, lassen sich häufig an solchen Verständnissen von Sachverhalten ablesen, bei welchen die Konnotate von verwendeten Ausdrücken leitend wurden. Eine Reaktion auf solche Konnotat-Denotat-Verschiebungen kann in der Redundanz-Vermutung bestehen, gemäß welcher metaphorische Ausdrücke im Prinzip *bezüglich einer expliziten Standardsprache* vermeidbar seien (etwa Gutmann 2005, Janich 2006).

Die hier weiter zu entwickelnde These geht allerdings davon aus, dass die Funktion metaphorischer Beschreibung in der Konstitution von Gegenstandsbereichen besteht, welche ohne diese Beschreibung nicht verfügbar wären. Das Vorliegen von Gegenständen in diesen Beschreibungsmodi und Beschreibungsformen wäre dann dasjenige, was als „notwendig" anzusprechen ist. Die Notwendigkeit bezieht sich also nicht *materialiter* auf die jeweiligen Metaphern, sondern auf die *Form* metaphorischer Verwendungsmodi (im Verhältnis zu expliziten oder usuellen Weisen) des Sprechens. Die Aufgabe in der folgenden Erörterung besteht nun darin, diejenigen Überlegungen, welche zunächst dem Feld hermeneutischen Philosophierens entstammen, für Fragestellungen nutzbar zu machen, die gleichsam in der Komplementärregion – nämlich im Bereich der (Natur-) Wissenschaft – sich ergeben.

2 Was können notwendige Metaphern sein?

Brandom weist darauf hin, dass sowohl repräsentationalistische wie expressivistische Ansätze auf gewisse zentrale Ausdrücke zurückgreifen, welche er abschwächend *Bilder* nennt: es handelt sich hier um Ausdrücke, die jedenfalls gleichermaßen auf etwas referieren, das beiden (ansonsten in vielerlei Hinsicht entgegengesetzten) Positionen gemeinsam ist – nämlich *der Geist:*

---

[3] Es ist diese Verbindung von Sprechen und Handeln, die wir nicht als Kompositum auffassen wollen (welches also gewissermaßen aus den benannten Bestandteilen aufgebaut sei): „Sprechen und Handeln" soll vielmehr als Resultat reflektierender und analysierender Betrachtung verstanden werden, die insbesondere auf die Rede-Mittel abzielt, an welchen und durch welche sowohl die Leitung als auch die Artikulation von Tätigkeiten ihren Bezug finden.

> Dieses repräsentationale Paradigma dessen, worin Geistig-sein besteht, ist dermaßen übermächtig, dass es vielleicht nicht ganz einfach ist, sich über gleichermaßen allgemeine wie auch aussichtslose Alternativen Gedanken zu machen. Es gibt jedoch eine prominente Gegenposition, die ihr Augenmerk bei der Suche nach der Gattung, als deren Spezies die spezifisch begriffliche Tätigkeit verständlich gemacht werden kann, auf den Begriff der Expression anstatt auf den der Repräsentation richtet. Dem von der Aufklärung favorisierten Bild des Geistes als *Spiegel* setzte die Romantik ein anderes entgegen, nämlich das Bild des Geistes als *Lampe*. Kognitive Aktivität allgemein sollte nicht mehr als ein passives Widerspiegeln, sondern als ein aktives Offenbaren verstanden werden. Sowohl die Bedeutsamkeit experimenteller Interventionen als auch der schöpferische Charakter jeglicher Theoriebildung wurden nachdrücklich betont, worauf sich eine Angleichung wissenschaftlicher Tätigkeit an die von Künstlern gründete. Entdecken wurde als kontrolliertes Machen verstanden, und es entstand ein Bild vom Erkennen der Natur als ein Hervorbringen einer zweiten Natur (wie Leonardo da Vinci es nannte). (Brandom 2001:17f)

Das uns an dieser Beobachtung Interessierende ist weniger die Frage nach der Einsinnigkeit, in welcher Aufklärung und Romantik hier gegenübergestellt werden, als vielmehr die Tatsache, dass dies mit *Bildern* (und genauer: mit metaphorischen Wendungen) geschieht. Auch Brandom selber gelingt bekanntermaßen die Explikation des Aktcharakters des Sprechens unter Nutzung solcher Ausdrücke, von welchen z. B. das *scorekeeping* nicht die unwichtigste ist.

Dass es sich um sprachliche Bilder (also uneigentliche Redestücke) handeln muss, zeigt sich daran, dass „Geist" – was immer er auch sei – weder ein Spiegel noch eine Lampe *ist*. Die an beide Charakterisierungen anzuschließende Erörterung, ob Widerspiegeln notwendig als *passiver* Vorgang und Leuchten als *aktives* Geschehen zu verstehen ist, kann hier unthematisiert bleiben. Bemerkenswerterweise lassen sich aber beide Formen der Hervorbringung – für deren passive die Spiegelung, deren aktive das Leuchten stehen – als eben dies ansprechen: als *Hervorbringungen*. Von beiden sind dementsprechend sowohl aktive als auch passive Momente zu erwarten (wir nehmen diesen Faden später wieder auf). Daran zeigt sich, dass Explikation und uneigentliche Rede nicht nur in einem Widerspruch zueinander stehen, sondern dass sie vielmehr in gewisser, hier nun näher vorzunehmenden Weise aufeinander bezogen sind. Nun scheint aber die als notwendig geführte Rede einen sehr viel stärkeren Anspruch anzuzeigen, als diese Bezogenheit erfordern müsste. Es ist daher ein erstes Missverständnis gleich zu Anfang vermieden: jenes nämlich, welches sich am logischen Wortsinn „notwendig" orientiert. Hier wäre nämlich zunächst an einen modalen Ausdruck zu denken, wobei die Einführung etwa so geleistet wird, dass eine materiale Implikation etabliert werden kann, bezüglich welcher wir sagen können, dass – gegeben $A_1, \ldots A_x$ – dann B folgt. An dieser Stelle taucht (und zunächst auch nur derart) „notwendig" bezüglich eines expliziten Wissens W auf. Der Übergang zu „möglich" gelingt dadurch, dass wir immer noch bezüglich

W feststellten, dass *nicht-x* nicht notwendig ist. „Unmöglich" ist schließlich die Negation von *möglich,* und kontingent bezeichnet nicht-notwendig und nicht-notwendig nicht-*x*.

Diese Einführung zugrunde gelegt, handelte es sich bei dem Ausdruck „notwendig" neben „möglich" und „kontingent" also um modale Ausdrücke, welche sich ihrerseits auf Propositionen beziehen können. In dieser Form wäre sehr leicht zu zeigen, dass Metaphern nicht notwendig sein können: sie sind unstrittig möglich, was alleine das Auftreten derselben zeigt. Damit wäre zugleich gesagt, dass, modallogisch gesprochen, Metaphern gerade nicht notwendig sind, denn eben dies behauptet ein verschärfter Begriff von *möglich.*

Es lässt sich dasselbe auch so formulieren, dass kein Wissen angegeben werden kann, bezüglich dessen ein Ausdruck als metaphorisch (notwendig) folgt[4]. Josef König weist nun auf eine andere Bedeutung des Ausdruckes „modal" hin, welche sich in gewisser Hinsicht als „ursprünglich" auszeichnen ließe, spielte denn etymologische Spekulation eine epistemisch irgend auszumachende Rolle. So verweist „modal" auf „modus", d. h. auf die Art und Weise, in welcher etwas gegeben ist. Entsprechend wären modale Ausdrücke hier besser als modifizierend anzusprechen, eine Redeweise, die der Erläuterung bedarf.

Wir gehen üblicherweise davon aus, dass Prädikate – am Modell etwa der Farbprädikate – dazu dienen, Unterschiede dergestalt zu bilden, dass wir mit ihrer Hilfe etwas zu- oder absprechen. Die Aussage „*x* ist rot" wäre dann eine Behauptung über *x,* wobei wir zugleich zu behaupten hätten, dass *x* nicht grün sei etc. Einen ersten Hinweis auf die Besonderheiten modifizierender Prädikate gibt König mit Blick auf die Etymologie:

> In bezug auf das Wort „modus" darf daran erinnert werden, daß es das Maß bedeutet. Die Wurzel ist med oder auch mod; die Worte meditari („erwägen, abmessen") und unser messen gehen auf sie zurück. Die modifizierende Rede drückt insofern das Ergebnis eines ursprünglichen Messens, Schätzens oder auch Kostens aus. (König 1937:222)

Das Besondere dieser Rede ergibt sich aus einem von Brentano entnommenen Beispiel, welches mit dem Ausdruck „vergangen" einen Kandidaten für modifizierend verwendete Redestücke vorlegt:

> In bezug auf einen Satz wie z. B. „Cäsar lebte (existierte) vor zweitausend Jahren" macht Brentano folgende Feststellung: „Cäsar ist nicht mit der Eigenschaft <vor zweitausend Jahren gewesen>, sondern er ist gar nicht, ist aber gewesen, d. h. mit einem gewissen Temporalmodus der der Vergangenheit vorgestellt, ist er anzuerkennen". (König 1937:219)

Es ließe sich dies zunächst so denken, dass Cäsar das Prädikat „vor zweitausend Jahren gewesen" zugesprochen erhielte. Es ist aber vielmehr so, dass

---

[4] Die naheliegende Erläuterung, daß es sich um Ausdrücke handele, für die keine anderen existierten, weswegen letztere eben notwendig seien, ist genaugenommen keine Erklärung sondern behauptet lediglich das in Frage stehende; so soll „notwendig" hier also nicht gebraucht werden.

es gerade das *vergangen-Sein* von Caesar ist, welches als sein Sein anerkannt werden muss. Die naheliegende Auflösung besteht nun darin, ein in bestem Sinne vorausgesetztes Subjekt anzunehmen und diesem bestimmte Eigenschaften zuzuschreiben, welche dieses Subjekt nicht nur bestimmen (etwa „Mitglied des Julischen Familienverbandes"), sondern auch modifizieren:

> Was „modifizierend" als Wort angeht, so erhellt hier zugleich, daß Brentano es lediglich von modificare her versteht. Es meint bei ihm soviel wie „verändern" oder „abändern". In diesem Sinn „modifizierte" Raffael den Entwurf des Bramante für St. Peter; und es sind keine philosophischen Fragen mehr, ob Raffael nicht ebensosehr den Entwurf seines Vorgängers „aufgehoben", ob er ihn „wesentlich oder nur unwesentlich modifiziert" hat. (König 1937:222)

Im Gegensatz zum kunsthistorischen oder ästhetischen Diskurs, welcher um die Frage kreist, ob und inwieweit nach Raffaels Intervention noch von Bramantes Entwurf gesprochen werden kann, zielt das hier vorgetragene Argument aber auf die Funktion der Prädikate selber. Es ist nämlich das Wirken des Seins selber, welches nach König mit diesen Ausdrücken im Blick steht und damit nicht etwas, das sinnvoll und erschöpfend an etwas als vorausgesetztem Subjekt, sondern nur in einer Beziehung zu diesem ausgesagt werden kann. Caesar kann unstrittig determinierend als ein „nicht mehr Vorhandenes" ausgewiesen werden, von dem ferner gilt, dass es einmal existierte. In modifizierender Verwendung ist es aber das Vergangen-Sein selber, das angesprochen ist; es ist erst der Modus, in welchem das Caesar-Sein sinnfällig „vor-liegt":

> In meinem Sprachgebrauch hingegen ist z. B. „vergangen" Ausdruck für das Wie und also für den Modus des Wirkens und Seins. In sachlicher Hinsicht sowohl als auch in sprachlicher könnte ich gleich gut von modalen Prädikaten sprechen. (...) Das so-Seiende als solches ist zwar ein modifiziertes Seiendes; aber diese Modifikationen können prinzipiell nicht das Seiende verändern oder gar aufheben; denn das wahrhaft Seiende ist nur als so oder so, also nur als zum Beispiel das vergangen-Seiende ein Seiendes. (König 1937:222)

Es ist mithin das Caesar-Sein nur insofern zu erfassen, als es im Modus des „Vergangen-Sein" stattfindet. Nicht also *ist* zunächst Caesar und *ist dann vergangen,* sondern dieser ist nur *als Vergangener.* Der Gegensatz macht hier die Stoßrichtung der Überlegungen deutlich:

> Überhaupt legt sich in der Richtung dieser Bemerkung der allgemeine Gedanke nahe, der schon die Exposition des Modus begleitet: daß die unmodifizierte Welt gedacht werden kann als ein Fertiges, zu dem das so-Wirken und so-Sein lediglich hinzukommt. (König 1937:146)

Sinnfällig lässt sich dies an Farbprädikaten erläutern, denn dort scheint uns zunächst Etwas (die Welt)[5] gegeben, an welchem wir ein anderes wohl-

---

[5] Dass es sich hierbei um ein Missverständnis handeln muss, erhellt schon aus der Tatsache, dass „Welt" keinen empirisch gegebenen Gegenstand bezeichnen kann. Wir wollen auf die weitere Kritik an dieser Stelle verzichten (dazu im Detail Kant 1974, insb. „System der kosmologischen Ideen", der transzendentalen Dialektik).

bestimmtes Etwas (z. B. das Purpur-Sein) bemerken. Zwar kann diese Farbe als „majestätisch wirkend" bestimmt werden, es ist dies aber durchaus als nachgeordneter Modus zu begreifen.[6]

Einen durchaus anders gelagerten Fall können wir mit König bei Wendungen ausmachen wie z. B. „mir kam plötzlich der Gedanke: man verheimlicht mir etwas". Hier ließe sich nun – wie auch im Falle der Farbprädikate – eine ähnliche Analyse vornehmen, dass es Person A gibt, welche *X* vor mir verheimlicht. Die Differenz mag an einigen angeschlossenen Reden verdeutlicht werden, etwa der Aussage, dass „mir am Verhalten von *A* der Gedanke kam, dass mir etwas verheimlicht werde". Es könnte nun scheinen, dass es da zunächst einen *A* gebe, welcher ein *X* vor mir verheimliche. Und dieser *A* zeige zudem ein Verhalten *C*, welches als Verheimlichen gedeutet werden kann. Dann gilt aber eben auch, dass die Rede „*A* zeigt Verhalten *C*" unabhängig von dem (plötzlich sich einstellenden) Gedanken gelte, es werde „mir etwas verheimlicht". Die Primitivität dieser Analyse bezweifelt nun König:

> Denn das Etwas (im Beispiel: das Verhalten), das hier als Etwas (im Beispiel: als Verheimlichen) mir begegnet, ist erst nachträglich als dieses Etwas (als nämlich ein Verhalten) an- und aussprechbar. (…) Es ist nicht, was es ist (ein Verhalten) und gerät alsdann und als solches (als ein Verhalten) in das Licht eines Verheimlichens; denn es ist, was es allerdings ist (ein Verhalten), nur in diesem Licht. Nur in dem „als Etwas" ist es Etwas; nur in dem z. B. „als Verheimlichen" ist es ein Verhalten. (König 1937:151)

Die Differenz, die König hier im „als" sowohl zum apophantischen als auch zum hermeneutischen ausmacht, verdient nun nähere Betrachtung, denn ausdrücklich ist es ein drittes neben diesen beiden – zumindest in Bezug auf die hier in Rede stehende Heideggersche Form desselben.

2.1 Etwas als Etwas – oder das Problem des „als"

Die Differenz besteht zunächst material in der These, dass im Falle eines gegebenen *X* die Deutung desselben das Verhältnis von hermeneutischem und apophantischen „als" konstituiert. Das *X* ist als ein so und so (apophantisch) zu Bestimmendes und wird im Lichte eines schon-Bestimmt-Seins (hermeneutisch) vor-ausgelegt. Doch unabhängig von dieser vermutlich unstrittigen Referenz auf mindestens zwei Beschreibungsformen kann von einem *X* jedenfalls apophantisch etwas gesagt werden: am Beispiel des Verhaltens eine Darstellung von Bewegungen, die als Verhalten

---

[6] Je nachdem, ob man gewillt ist, an dem Primat der Farbprädikate festzuhalten (ein Insistieren, welches regelmäßig in sinnesphysiologischen Basteleien von Philosophen zu enden pflegt; etwa Dummett 1992), lässt sich selbst hier eine andere Position beziehen, welche unstrittig zunächst an der natürlichen Weltsicht ansetzt, diese aber eher als Besonderung eines Verhältnisses begreift, in welchem die Historizität von Farbe nicht als sekundäre Zutat anzusehen ist, sondern das „so-Wirken" jener selber zum Gegenstand (*sensu verbis*) nimmt.

C zu deuten wären; am Beispiel eines archäologischen Fundes etwa das Gewicht und die geometrische Form desselben, die daran befindlichen Farbreste etc.

König sieht aber im Falle des „Verheimlichens" eine Koinzidenz, gebildet vom Bemerken eines Verhaltens und dem Gedanken des Verheimlichens. Diese Koinzidenz jedoch verdeckt den uns hier interessierenden Unterschied determinierender und modifizierender Prädikate. Im nivellierenden Reden werden wir darauf insistieren, dass da zunächst ein *C* sei und dass dieses *C* bestimmte Merkmale habe, die – durch Prädikate dargestellt – als Anzeichen von *X* (nämlich dem Verheimlichten) eines *A* (nämlich dem Verheimlichenden) gelten können.

In dem von König angezielten Sinne bestünde das Verhalten *C* nur *rücksichtlich* der Rede von „verheimlichen". Es ist uns also nicht als Verhalten bekannt und kann dann noch als *X* gedeutet werden, sondern nur als solches, nämlich als ein „verheimlichend-Wirken". Der Unterschied zwischen dem Bemerken von *X* und dem gleichwohl nichts-Bemerken lässt sich am negativen Fall verdeutlichen:

> In den negativen Fällen tritt er dagegen rein zutage. So sagt und fragt man wohl: *merkst du nicht, wie der dort drüben andauernd* .... (folgt eine Beschreibung)? Oder: *fällt dir nicht dieses sonderbare Gebilde auf, das* ... (wieder mit irgendeiner Beschreibung)? Und im anderen Fall einfach: *merkst du nichts*? *Fällt dir nichts auf*? (König 1937:156)

Dies führt zur paradox anmutenden Rede davon, dass zugleich etwas bemerkt (etwa gesehen) werden kann und doch nichts (das Verheimlichen) bemerkt wird. Es wird das „als Verheimlichen" Bemerken von *A* nur rücksichtlich der modifizierenden Prädikation (verheimlichen) möglich. Hinsichtlich der determinierenden Prädikation wäre es hingegen sinnlos, denn dort ist die Einheit des Prädizierten schon je in der Handlung – der Prädikation – durch deren Vollzug vorausgesetzt. In der modifizierenden Rede schießt das Bemerkte erst je zu einem Einheitlichen (Verheimlichen) zusammen.

Diese „hintangestellten Satzsubjekte" zeigen also nach König die Besonderheit, dass sie nicht vorausgesetzt, sondern erst rückbezüglich modifizierender Prädikate als solche angesprochen werden können. Dies schließt determinierende Verwendung nicht aus, es setzt dann aber gerade jene Nivellierung ein, die sich wesentlich am *Wie* des Sagens und nicht am *Was* desselben orientiert:

> Zum vorausgesetzten Aussagesubjekt gehört wesentlich Identität in einer Mannigfaltigkeit teils gleichzeitiger, teils aufeinanderfolgender Prädikate. Obzwar unser Weg zu diesem Subjekt in je verschiedener und philosophisch verschieden interpretierbarer Weise gleichsam durch die Prädikate hindurch führt, haben wir dennoch einen Zugang zu ihm selbst: zum Ding oder zur Substanz selbst. Die Prädikate bzw. die Akzidenzen determinieren es, legen es fest, und zwar im Prinzip schon ein Prädikat. Das so Festgelegte kann dann auf weitere Eigenschaften untersucht werden. (König 1937:158)

In diesem Modus ist das Ding *als Ding* bestimmt (wobei der Ausdruck „Ding" hier kategorial verwendet wird, also eine Relation bezeichnet, nämlich jener „Eigenschaften zu unterliegen"[7]). Folglich kann in dieser Form auch der wissenschaftliche Zugriff auf Etwas erfolgen, und hier ist die einfache Dualität von hermeneutischem und apophantischen „als" angesiedelt. Die Nutzung modifizierender Prädikate erlaubt also die Auszeichnung eines dritten „als", welches nicht einfach in die schon verfügbare Beschreibung von Etwas aufgeht, welches z. B. in der Form des Um-Zu vor-ausgelegt ist; die modifizierende Verwendung ist vielmehr ihrerseits durch Differenzierung in die beiden „als" darzustellen. Es handelt sich also um eine zwei Relationen umgreifende Relation, welche nicht eigentlich (und das heißt hier zunächst determinierend) zur Darstellung gelangt.[8]

Diese „hintangestellten" oder „herausgestellten" Satzsubjekte bilden denn auch die systematisch entscheidende Differenz zum Existenz-Konzept Heideggers:

> Das Aussprechen dieses potentia Ausgesprochenen setzt die Subjekte des so-Wirkens – welche quasi-Dinge (z. B. die Landschaft) oder auch ganze Synthesen und quasi-Sachverhalte (z. B. man verheimlicht mit etwas) sein können – heraus. Die Aufspaltung in das so-Wirkende und sein so-Wirken, in das Seiende und sein Sein, ist Aufspaltung eines als Ganzes im Eindruck enthaltenen Ganzen: die Landschaft wirkt (ist) lieblich. Die Landschaft als das Seiende, dessen Sein das Lieblich-Wirkende ist, ist nichts als das lieblich-Wirkende. Das so-Wirken, das Sein, ist gleichsam die Substanz des so-Wirkenden, des Seienden. (König 1937:158f)

Quasi-Dinge und Quasi-Sachverhalte sind also in einem genauen Sinne Sachverhalte und Dinge: sie können als solche dargestellt und damit der weiteren prädizierenden Bestimmung zugänglich gemacht werden. Sie sind jedoch in einem ebenso genauen Sinne keine Dinge und Sachverhalte, denn sie sind solche nur in der Form des hintangesetzten Subjektes. Dies ist eine durchaus von der Heideggerschen Rede von Existenz unterschiedene Bestimmung, die sich an Redeformen, aber eben nicht an Apophansen im Sinn bestimmender und weiterführend theoretischer Apophansen orientiert, während Heidegger in „Sein und Zeit" durchaus nach einem jenseits des sachverhaltlichen und dinglichen Sprechens liegenden Wahr-

---

7 Dies führt König im Gegensatz zur Verwendung als Leerprädikat durch, wobei diese sinnvoll im Plural auftreten kann, die Kategorie eben nicht. Die Verwechslung beider Verwendungen ist formal analog der Nivellierung modifizierender auf determinierende Rede (dazu König 1937).

8 Zu diesen Verhältnissen des jeweils praktischen und theoretischen Übergreifens s. Gutmann (2004).

heitsbegriff sucht.[9] König sieht nun die Differenz beider Existenzbegriffe – obgleich sie sich beide am wörtlichen Sinne des Herausstellens orientieren – im nivellierenden Verständnis von Prädikation bei Heidegger:

> Zwischen dieser Auffassung des „Seins des Seienden" und derjenigen, die bei Heidegger in „Sein und Zeit" führend ist, besteht eine Verwandtschaft in formallogischer Hinsicht. Das Sein des Menschen faßt Heidegger als Existieren, als Leben in intensiv verbalem Sinn. Das Sein dieses ontologisch ausgezeichneten Seienden ist ihm von daher das dieses Seiende gründende Wie eines Sichverhaltens oder eine herrschende Weise des Da-seins in intensiv verbalem Verstand. „Ein Seiendes" ist bei ihm insofern unmittelbar so viel wie „ein so-Existierendes" (z. B. „sorgend"-Seiendes) in einem intensiv verbalen, Daß und Wie ursprünglich vereinigenden Sinn. Die – ich wiederhole, nur formal-logische – Ähnlichkeit gründet in diesem intensiv verbalen Hören des Wortes „Sein". (König 1937:159)

Das formal-logisch Ähnliche gründet im Verständnis von „Sein" als intensiv-verbalem Ausdruck. Beide Autoren zeigen also gleichermaßen ein über die Kopula hinausreichendes Interesse am Hilfsverb an. Der Vorwurf gegen Heidegger gründet aber in der Vermutung, dass dieser die Bestimmung von Da-Sein als „ein so-Existierendes" nivellierend im Sinne determinierender Rede auffasse und insofern Existenz letztlich wieder auf eine Eins-Quantifikation hinauslaufe. In der Tat könnte die konstruktive Deutung Heideggers, welche das Verhältnis von apophantischem und hermeneutischen „als" durchaus im Sinne der prädikativen Ausdeutungsmöglichkeit des letzteren durch das erstere sieht, einer solchen These bei-

---

[9] Die eingehende Diskussion von Heideggers Wahrheitsbegriff bei Gethmann (1993) zeigt in aller wünschenswerten Klarheit, dass die Form prädikativer Bestimmung durchaus das Modell für Prädikation überhaupt bei Heidegger abgibt und dies gleichwohl die (allerdings gegenüber dem Husserlschen Standard von Grund aus veränderte) phänomenologische Rede von Wahrheit (im Sinne eines „Begegnen-Könnens") nicht ausschließt:
„Weil Heidegger sowohl das Bedingte als auch seine Bedingung „Wahrheit" nennt, haben wir es mit zwei äquivoken Wahrheitsbegriffen zu tun, keineswegs mit einer unreflektierten „Zweideutigkeit". In seinem Vortrag ‚Das Ende der Philosophie und die Aufgabe des Denkens' hat Heidegger auf diese Äquivokation hingewiesen, die er jetzt als „nicht sachgemäß und demzufolge irreführend" betrachtet." (Gethmann 1993:123)
Dies zeigt aber zugleich (bei aller Zustimmung an Tugendhats Kritik im Grundsätzlichen, d. h. im Aufweis der Notwendigkeit der Referenz auf Sätze – etwa negativer Existenzsätze, s. Tugendhat 1992b), dass in der Tat die determinierende Apophansis für Heidegger der Standard des Logos überhaupt ist. Hier zeigt sich (übrigens in selbstkorrigierender Form; s. Heidegger 1992:488ff) das von König bemerkte Problem bei Heidegger. Sowohl das Ab- wie das Zusprechen erlauben also die Charakterisierung als wahr oder falsch. Es ist jedoch der logos apophantikos als Standard des Sprechens überhaupt, von welchem her das Andere zu suchen ist. Damit ist – hier noch vergleichbar König – die prädizierende Verwendung der Kopula diejenige Rede, an welcher das Andere der verdeckenden/entdeckenden Rede aufgeht. Dies jedoch scheint ein nicht mehr in Rede – zumindest nicht in apophantischer – Fassbares (s. Tugendhat 1992b).

pflichten. Der Weg Königs führt entsprechend nicht über als Existentialien angesprochene intensiv-verbale Weisen des Seins, als vielmehr über die Rekonstruktion und Bestimmung von Redeformen und deren Verhältnissen.

2.2 Das Problem mittlerer Eigentlichkeit

Die Beziehung zwischen Metaphern und modifizierenden Prädikaten ist nun so präzisierbar, dass erstere zumindest eine Form von letzteren sind. Mit der Ausweitung auf andere Formen modifizierender Rede bestimmt sich dies nach König wie folgt:

> Die modifizierende Rede ist, obgleich eine Art Metapher, dennoch zugleich auch ein eigentlicher Ausdruck. In der determinierenden Rede beziehen wir uns in der Weise eines Nennens und Bezeichnens auf ein schon irgendwie sinnlich Gegebenes, welches – als eben ein Gegebenes – schon ohne unser Zutun vor uns steht. Wenn wir von solchen Dingen und Tatsachen bildhaft oder metaphorisch sprechen, so vergegenwärtigen wir uns ein uns schon Gegenwärtiges in einer anderen als der gewohnten Weise. Die modifizierende Rede hingegen vergegenwärtigt das, auf welches auch sie freilich sich bezieht, ursprünglich, d. h. nur kraft ihrer steht ihr Gemeintes überhaupt vor uns. Sie ist eine Art Metapher, insofern sie etwas verbildlicht; und sie ist zugleich ein eigentlicher Ausdruck, insofern wir hier nur kraft dieser Verbildlichung ein Bewußtsein von der verbildlichten Sache besitzen. (König 1937:204)

Metaphorische Rede ist also uneigentlich, indem sie verbildlicht. Sie ist jedoch zugleich eigentlich, indem ja tatsächlich etwas über etwas – also durchaus prädizierend – behauptet oder ausgesagt wird. Damit ist zum einen sichergestellt, dass zumindest angelegentlich metaphorischer Rede auch modifizierende statthaben kann – jedoch gleichwohl nicht muss. Es wird nun wesentlich von der Art des metaphorischen Sprechens selber abhängen, ob es sich um modifizierende Rede handelt oder nicht. Diese Differenz bringt König mit der Kennzeichnung als „ursprünglicher" Rede zum Ausdruck. Es lässt sich also zwischen ursprünglicher und bloßer Metapher unterscheiden, wobei mit ursprünglich eben jene Redeformen (und daher auch metaphorische) gemeint sind, welche das Gemeinte (also das Sein im Modus des hintangestellten Satzsubjektes) überhaupt erst „geben". Wir wollen im Weiteren von metaphorischen Ausdrücken nicht als ursprünglichen, sondern als notwendigen sprechen – eine Redeweise, die der Erläuterung bedarf. Dies gelingt, indem wir das Zweite bedenken, welches durch die Königsche Vermutung des eigentlichen Charakters dieser Rede angezeigt wird, dass nämlich der Bezug zwischen modifizierender Rede und prädizierender Sprachform selber die modifizierende nicht einfach als rein-uneigentlich gelten lassen kann. Diese Beobachtung, dass modifizierende Reden – und insofern metaphorische – weder rein-eigentliche noch rein-uneigentliche Redeformen sind, lässt sich zum Gedanken von Gegenständen „mittlerer Eigentlichkeit" weiterführen. Wiederum exemplarisch sei dies an der Auflösung der Spiegelmetapher erörtert, welche neben der Lampenmetapher[10] als eine der zentralen – übrigens signifikanterweise dem optischen Bereich entstammenden – Metapher zur Darstellung der eigentümlichen Tätigkeit des Denkens diente[11]. Üblicherweise mündet die Beschreibung der Verstandestätigkeit – wenn denn dies überhaupt eine vernünftige Eingangsvermutung bezüglich des Status der damit verbundenen Sprachstücke ist – als Spiegelung in irgendeine Variante von Widerspiegelungstheorie, welche letztlich als Isomorphiebehauptung zwischen dem im erkennenden (allgemein: kognitiv tätigen) Subjekt stattfindenden zum einen, und erkanntem (allgemein: Gegenstand eben dieser Betätigung) Objekt zum anderen, Geltung beansprucht.[12] Diese eher als „Wiederspiegelung" zu bezeichnende Darstellung kognitiver Tätigkeit vermutet zugleich ein „passives" auf der Seite des Spiegelnden, des Tätigen also, sodass die angesprochenen kognitiven Tätigkeiten nur uneigentlich solche wären. Eine kritische Darstellung beginnt aber schon bei der lapidaren Feststellung, dass selbst bei nur physikalischer Beschreibung eines Spiegelbildes als Abbild eines gegebenen Gegenstandes mindestens zweierlei zu bedenken ist:

1. Es handelt sich um ein virtuelles Bild, das zunächst und wesentlich für einen Betrachter ein Bild ist.
2. Auch wenn wir uns auf die Abbildung selber beziehen, so liegt dieser – prädikativ – die Tätigkeit des Abbildens zugrunde, eine Tätigkeit also, deren Gelingen oder Misslingen von der Beurteilung durch einen Betrachter abhängig ist.

Beginnen wir mit dem zweiten Punkt, so zeigt sich, dass die Rede vom „Bild" mehrdeutig ist (s. etwa Scholz 1991). Diese Mehrdeutigkeit lässt sich – im Vergleich zum „echten" Bild eines Malers – wie folgt bestimmen:

> Weder ist der Spiegel selber ein Bild; hingegen Gemälde z. B. oder Photographien sind selber Bilder; noch ist das, was im Spiegel ist, ein Bild; denn *in ihm ist etwas* überhaupt nur in der Weise und in dem Sinn, dass und wenn *wir etwas im Spiegel sehen.* Das Spiegelbild ist das Bild *des Spiegels,* und dieser Genitiv ist ein possessiver. Der Spiegel besitzt aber nicht etwas, das ein Bild wäre, sondern spiegelt das Ding ähnlich, wie der Maler das Ding malt. Das Spiegelbild ist so das Bild *des Spiegels,* ähnlich wie ein Bild das Bild *des Malers* ist, der es gemalt hat. Allein der Maler kann ein Ding nicht malen oder abmalen, es sei denn er male ein Bild des Dinges; während der Spiegel fertigbringt, ein Ding zu spiegeln, ohne sozusagen gezwungen zu sein, ein Bild des Dinges zu spiegeln. (König 1937:67)

---

10 Hierzu weiterführend Abrams (1978).

11 Einen schwachen, aber die Geschichte dieser Metaphorik vollständig unbewussten Nachhall mag man in der Rede von Spiegelneuronen und mehr noch der Beschreibung ihrer Relevanz für allerlei kognitive Tätigkeiten (wie Wahrnehmen, Sprechen, Intentionsverstehen – es handelt sich also um regelrechte Alleskönner!) finden; die systematische Rekonstruktion dieser Beschreibungen zeigt allerdings, dass es sich dabei um schlichte – wiewohl unstrittig geschickt gewählte, weil allzu naheliegende – Metaphorik handelt (dazu im Detail Rathgeber und Gutmann 2008).

12 Vgl. dazu auch Gutmann und Rathgeber (2008).

Dieser Darstellung ist zunächst zu entnehmen, dass der Ausdruck *Bild* in zweierlei Hinsicht uneigentlich ist, welche beide wesentlich mit der oben zunächst zurückgestellten Adressierung der Rede vom Bild zusammenhängen:

1. Es handelt sich eben „nur" um ein virtuelles Bild: im Gegensatz zum Bild des Malers also, welches selber ein materialer Gegenstand ist, ist das Spiegelbild kein eigentliches Bild.
2. Setzen wir ferner die (allerdings bestreitbare) These an, dass ein Maler ein Bild u. a. jedenfalls auch malt um etwas abzubilden, und indem er dies tut, durch das Bild auch tatsächlich etwas darstellt, stellt der Spiegel eben nichts dar.

Das Spiegelbild ist also ganz sicher nicht rein eigentlich ein Bild. Zugleich aber ist das Spiegelbild durchaus als Bild anzusprechen, denn durch den Spiegel (z. B. eine polierte Metalloberfläche) kann in der Tat ein Bild eines Gegenstandes erzeugt werden: dieses wäre also zugleich nicht rein uneigentlich ein Bild. Wir erhalten damit eine Vierer-Matrix von Bestimmungen, die um die zentrale Distinktion von eigentlich und uneigentlich organisiert sind.

rein eigentlich	nicht rein uneigentlich
nicht rein eigentlich	rein uneigentlich

Es wird also unterstellt, dass eigentlich und uneigentlich sich *nicht,* rein eigentlich und rein uneigentlich sich allerdings sehr wohl als kontradiktorisch zueinander verhalten. Es ergibt sich damit ein Feld „zwischen" jenen konträren und kontradiktorischen Gegenteilen, das König als ein solches „mittlerer Eigentlichkeit" bezeichnet:

> Wir werden sagen: der Spiegel stelle dar, in mittlerer Eigentlichkeit (...). Daß der Spiegel spiegelt, ist dies, daß er (in mittlerer Eigentlichkeit) das Ding, welches er spiegelt, darstellt. Das Spiegelbild ist demzufolge ein in mittlerer Eigentlichkeit vom Spiegel produziertes oder hergestelltes Bild. (König 1937:68)

Bei der Auflösung des Spiegelungsverhältnisses als Wort für die als *Denken* bezeichnete Tätigkeit ergibt sich nun die Fixierung eines echt medialen Ausdruckes. So wie „spiegeln" weder nur passiv (im Sinne des Widerspiegelns) noch nur aktiv (im Sinne des echten Erzeugens oder Hervorbringens) ist und zugleich doch Aspekte von beidem aufweist, so kann auch „denken" als verbal-intensiver Ausdruck *medial* verstanden werden. Es könnte sich also anbieten, an dieser Stelle von einem „Wiederspiegeln" zu sprechen; im Gedachten *wie im Spiegel* ist also etwas weder nur als einfach abgeschildert noch als einfach erzeugt „enthalten".

Verstehen wir also Metaphern als eine Form modifizierender Rede, so ist deren Funktion (wie oben expliziert) in der Gebung von etwas zu verstehen, das durch diese Form der Rede und in derselben der Prädikation im engeren Sinne erst zugänglich wird. Dabei gilt allerdings – in einem gewissen Gegensatz zum virtuellen Bild im Spiegels – dass das Gespiegelte nicht einfachhin neben dem Bild zugänglich ist. In der Tat sehen wir nämlich, wenn wir in einem günstigen Winkel zu Spiegelndem und Gespiegeltem stehen, beide Gegenstände: den Spiegel mit „seinem" Bild sowie den bilderzeugenden Gegenstand.

> Spiegel und Ding sind Verschiedene; und wir, die Betrachtenden, verwechseln beide nicht. Aber zugleich ist der Spiegel selber das eine Worin, in dem wir das Ding selber gleichfalls und noch einmal sehen können. Das Ding, das der Spiegel spiegelt, ist das Ding des Spiegels, also das Andere des Spiegels; und das Andere und das, dessen Anderes es ist, sind zwar Andere (Verschiedene, ἕτερα, diversa), zugleich aber in dem einen von ihnen, nämlich in sozusagen dem besitzenden Anderen, Unterschiedene (διάφορα, differentia). (König 1937:68)

Denken kann danach als eine metaphorisch zu bestimmende Tätigkeit aufgefasst werden, die durch Explikation bestimmter modifizierender und determinierender Ausdrücke zustande kommt. Beide Redeformen stehen also in einem Verhältnis, dessen Explikation weit über die zunächst das Problem wissenschaftlicher Rede noch gar nicht berührende Frage hermeneutischen Redens hinausgeht.

2.3 Notwendige und bloße Metaphern

Wir können nun in einem weiteren Schritt die Frage bearbeiten, in welchem Sinne Metaphern als notwendig bezeichnet werden können. Zunächst ist dabei Königs eigene Darstellung von bloßen und ursprünglichen bzw. eigentlichen Metaphern aufzusuchen und diese Differenz durch die Beziehung modifizierender und determinierender Rede methodologisch genauer zu bestimmen.

Entsprechend des Unterschiedes zwischen modifizierenden und determinierenden Prädikaten bestimmt König die Differenz zwischen Metaphern als eine grundsätzliche, die wohl an Familienähnlichkeit, nicht aber an Subsumptionsverhältnisse denken lässt:

> Es gibt, wie ich sagte, nicht nur verschiedene, sondern prinzipiell verschiedene Metaphern. Ich meine das folgendermaßen: Wenn wir z. B. etwas erhebend oder ergreifend oder niederdrückend finden, so haben wir da zweifelsohne Metaphern vor uns und zwar drei verschiedene Metaphern. Die Verschiedenheit dieser Metaphern ist rein die, daß z.B. die eine eben die Metapher *erhebend*, die andere eben die Metapher *niederdrückend* ist. Man kann sich in bezug darauf kurz so ausdrücken, daß diese einfache Verschiedenheit in dem *Inhalt* gründet, während die *Form* dieselbe ist. (König 1994:157f)

Die Metapher wäre danach ein Ausdruck, welcher auf unterschiedliche Weise fungieren kann, nämlich „einsinnig" und in einem zu explizierenden Sinne metaphorisch. Dabei ist die Differenz nicht sortal bestimmt, sondern prinzipiell unterschiedlich, was im Zitat mit dem Unterschied der formalen Differenz angezeigt wird. Metaphern werden damit zunächst in einen

Gegensatz zu Sortal-Ausdrücken überhaupt (also beispielsweise Gold, Baum, Wasser) gestellt und in einer Reihe mit Relationalausdrücken genannt wie Beziehung, Teil, Wirkung, Art, Gattung (König 1994:162). Der formale Unterschied verschiedener Metaphern kommt danach in der Beziehung zum Ausdruck, die sie jeweils hervorbringen, da es nicht sinnvoll ist, sortal jeweils Arten der Metapher gegeneinander abzugrenzen: etwa durch Auszeichnen einer *differentia specifica*. Es muss vielmehr die besondere Form der Beziehung betrachtet werden, welche durch einen metaphorischen Ausdruck im jeweiligen Fall gestiftet wird. Am Beispiel des Verbums „denken" als Produzieren im Vergleich mit anderem, etwa handwerklichen Hervorbringen wird die eigentümliche Asymmetrie des „Vergleiches" dabei besonders deutlich, eine Asymmetrie, welche zunächst die „einsinnige", d.h. eigentliche Verwendung des Verbalausdruckes „Produzieren" als handwerkliches Hervorbringen nicht weiter zu tangieren scheint:

> Infolgedessen läßt sich z. B. denken, daß das Handwerken für sich allein schon ein Hervorbringen wäre; hingegen ist es unmöglich, das Denken *für sich allein*, d.h. ohne Hinblick auf das Handwerken, als ein Hervorbingen aufzufassen. Dieser Unterschied beider tangiert nicht, daß sowohl das Handwerken als auch das Denken je ein Hervorbringen sind. Aber der Blick auf das Denken als Hervorbringen hat den vergleichenden Hinblick auf das Handwerken notwendig immer schon hinter sich, der auf dieses hingegen nicht notwendig den auf das Denken. Das Vergleichen beider ist daher ein Vergleichen des einen mit dem anderen *und* des anderen mit dem einen; es ist insofern also ein *wechselseitiges* Vergleichen; dessen ungeachtet ist es aber zunächst ein Vergleichen des Denkens mit dem sinnfälligen Handwerken und insofern also kein wechselseitiges Vergleichen. Insofern nun dieses Vergleichen ein wechselseitiges ist, ist es eines "unter dem Gesichtspunkt" des Hervorbringens; aber als ursprünglich einseitiges Vergleichen des Denkens mit dem sinnfälligen Handwerken bezieht sich der Gesichtspunkt nicht auf etwas *an* diesem letzten, sondern ist *dieses* selbst. Erst die Wechselseitigkeit bringt es an den Tag, daß das Handwerken nicht einfach zusammenfällt mit dem Hervorbringen sondern nur ein prinzipiell anderes Hervorbringen als das Denken ist. (König 1994:169f)

Die eigentümliche Verquickung eigentlicher und uneigentlicher Verwendung von Ausdrücken zeigt sich an der Asymmetrie, welche als konstitutiv zunächst im Sinne klassischer Metapherntheorien als „Übertragung" von einem (schon bekannten) Bereich auf einen anderen (erst zu konstituierenden) Bereich verstanden werden kann. Zugleich – und dies ist bei Feststellung der Asymmetrie bedeutsam – konstituiert sich damit auch eine Beziehung, von welcher mit Blick auf die uneigentliche Rede nicht mehr einfach abgesehen werden kann; denn erst diese bringt den (hinsichtlich der Klärungsfunktion) sinnfälligen Unterschied als einen solchen der Weisen des Hervorbringens selber hervor. Es handelte sich danach eben nicht einfach um verschiedene Arten des Hervorbringens (Handwerken und Denken), sondern um *als* Hervorbringung unterschiedene. Genau diese Differenzierung ist aber nicht schlicht sortal, sie wird vielmehr *im* und *durch* den Vergleich erst hervorgebracht. Dies ist die erste Beobachtung, die den Ausdruck „notwendig" insofern rechtfertigt, als erst „rückbezüglich" des einsinnigen Vergleiches die Unterschiede der Herstellungen erarbeitet werden können[13]. Ein zweiter Aspekt ergibt sich, bedenkt man, dass bestimmte Vorgänge – trotz der verbalen Form der Referenz – nicht der direkten Prädikation zugänglich sind, wie im Falle von „denken" aber auch „wahrnehmen", „erfahren" etc.

Insbesondere (aber nicht nur) für die Rede über nicht körperliche – z. B. kognitive – Vorgänge ist diese Form der metaphorischen Rede zentral, und zwar in beiden hier entwickelten Hinsichten:

> Die Worte, mit denen dieses nicht sinnfällige seelische Tun zur Aussprache kommt, setzen Ausdrücke für sinnfälliges Tun voraus. Diese letzten sind daher das *Anfängliche*, das *gedacht* werden kann als für sich allein bestehend, während jene den Bezug auf diese in sich selber tragen, so daß es *undenkbar* ist, daß sie für sich allein bestünden. (König 1994:171f)

Insofern also, als die solcherweise gekennzeichneten Tätigkeiten oder Vorgänge nicht explizit eingeführt werden können (zumindest nicht unter Nutzung der Standardverfahren wie jenem der Ostension, des exemplarischen Vorführens etc.), ist die Beschreibung unter Nutzung von Sprachstücken, welche anderen explizit einführbaren Tätigkeitsfeldern entnommen sind, notwendig[14].

---

[13] Übersieht man diese Doppelbezüglichkeit, die wir zum Anlass der Nutzung modaler Rede (als notwendiger Metaphern nämlich) nutzen wollen, so gilt eben, dass Denken schlechthin so etwas wie Hervorbringen an sich und als solches an sich dem Handwerken zu vergleichen ist. Dann aber kollabierte Denken ins schlichte Produzieren und da ließe sich in der Tat mit Hegel antworten:
„Das Tiefe, das der Geist von innen heraus, aber nur bis in sein vorstellendes Bewusstsein treibt und es in diesem stehenläßt, – und die Unwissenheit dieses Bewußtseins, was das ist, was es sagt, ist dieselbe Verknüpfung des Hohen und Niedrigen, welche an dem Lebendigen die Natur in der Verknüpfung des Organs seiner höchsten Vollendung, des Organs der Zeugung, und des Organs des Pissens naiv ausdrückt. – Das unendlich Urteil als unendliches wäre die Vollendung des sich selbst erfassenden Lebens; das in der Vorstellung bleibende Bewusstsein desselben aber verhält sich als Pissen." (Hegel 1985:262)
Die Darstellung von Denken als Hervorbringen ist – im einsinnigen des Handwerklichen – eben nur Vorstellung desselben als dasselbe; die Geltung aber dieses Vergleichens, das ja sinnfällig wiewohl drastisch unbezweifelbar ist (selbst wenn „beim Denken" möglicherweise nur Glucose in erhöhtem Maße abgebaut und damit ATP produziert wird), bleibt aber unbestimmt. Wir haben es also mit einem Urteil in „schlechter Unendlichkeit" zu tun, eine Vermutung, die ihre Richtigkeit u. a. an der Feststellung findet, dass weder Physiognomik noch Phrenologie das letzte wissenschaftliche Wort zur Sache waren. Es ist von hier aus ein kurzer Weg zur Behauptung, „Bewusstsein" und weiters „Denken" seien materiale Hervorbringungen eines Organs (Gehirn), welchem sich folgerichtig dann auch bei seinem Produzieren (Denken) zusehen ließe (zum verwandten Problem der Spiegelneurone s. Rathgeber und Gutmann 2008).

[14] Ganz im konstruktiven Sinne ist also „notwendig" bezüglich eines expliziten und explizierbaren Wissens definiert. Dies bedeutet nicht, dass es sich bei Änderung der Wissensbasis genauso verhält.

Die Form des Vergleiches ist es also, die uns uneigentliche Rede als nicht rein uneigentlich erscheinen lässt. Allerdings ist metaphorische Rede durchaus uneigentlich und insofern nicht rein eigentlich: denn bekanntlich lässt sich alles mit allem vergleichen, es fragt sich nur je, ob ein solcher Vergleich sinnvoll ist oder nicht. Dies wird auch von König zugestanden. Es schließt sich eine Unterscheidung an, die für unsere Frage nach dem Aspekt des Notwendigen metaphorischer Wendungen von entscheidender Bedeutung ist – jene nämlich von bloßen und ursprünglichen Metaphern:

> Eine bloße Metapher liegt dann vor, wenn wir, was sie sagt, *auch anders* und dann eben unmetaphorisch zu sagen vermögen. So ist es z. B. bei jener blendenden Leistung, die ich vorhin in anderem Zusammenhang erwähnte. Rücksichtlich dieser bloßen Metaphern gilt, daß bei ihnen wesentlich ein *nur einseitiges* Vergleichen vorliegt. Die bloße Metapher *gibt* nicht ursprünglich die im Ausdruck gemeinte Sache; diese ist nicht, wie etwa die Farben für das Sehen, das ἴδιον des fraglichen Ausdrucks. Die bloße Metapher ist nicht das natürliche und genuine Organ des Gewahrens ihrer Sache, sondern setzt die Möglichkeit, sie noch in anderer und eben in eigentlicher Weise sprachlich zu treffen, voraus. (König 1994:172)

Mit dieser Forderung danach, etwas auch anders – und dann „treffend" – sagen zu können, ist das eigentliche Grundproblem der Funktionsbeschreibung metaphorischer Äußerungen selber angesprochen. Die üblichen Theorieformen der Vergleichs-, Substitutions- und Interaktionstheorien[15] legen eine ebensolche Interpretation nahe, die letztlich auf Davidsons Vermutung hinauslaufen wird, dass wir es eben nur mit *Redefiguren* zu tun haben. Ursprüngliche Metaphern hingegen „geben" etwas in einer nicht ersetzbaren, d. h. sprachlich auf keinem anderen Wege erreichbaren gleichen Weise. Damit ist eine dritte Weise der Deutung von „notwendig" angesprochen, die sich schon bei der Rekonstruktion modifizierender Rede allgemein ergab: nur dann, wenn eine Beschreibung x durch eine Beschreibung z so ersetzt werden kann, dass der dargestellte Sachverhalt ein je identischer ist, kann mithin von einer bloßen Metapher gesprochen werden. In dem uns unten weiter interessierenden Zusammenhang der informationellen Beschreibung steht genau dies in (Ab-)Rede: die These nämlich, dass bestimmte Sachverhalte in verschiedenen Beschreibungen so darstellbar sind, dass sich einfache Reduktionsverhältnisse ergäben, d.h. auf die informationelle Rede verzichtet werden könne (nachdem sie eingeführt und für die Implementierung wissenschaftlicher Praxen auch wirksam genutzt wurde).

Es lässt sich von dieser Überlegung aus eine sehr viel grundsätzlichere Problematik anschließen, die letztlich die Rede von subjektiven Empfindungen bis hinunter zum *Qualia*-Konzept betreffen:

> Seelische Geschehnisse sind nur geistig sichtbar, und die Sprache gibt sie *ursprünglich*. Der Ausdruck ist hier in Einem sowohl das die Sachen Meinende als

[15] Zumindest in einfacher Deutung; dazu im Überblick Gutmann und Rathgeber 2008.

auch das Organ, kraft dessen allein möglich ist, diese Sache zu sichten. Dieser Gedanke eines sozusagen geistigen Sehens scheint keine Anwendung zu gestatten auf das sinnfällige Tun, da bei diesem die Sprache *nur* meint und nicht zugleich auch das Gemeinte gibt; das Geben ist hier vielmehr die Leistung der naturhaften sinnlichen Anschauung. So wahr nun diese Bemerkung in gewisser Weise immer sein wird, so wenig tief greift sie. Ihr mangelt das Bewusstsein der tiefen Verwandlung, die die Sprache *als ganze* dadurch erleidet, dass ihr jenseits ihres Anfangsbereichs des sinnlichen Seins *zuwächst*, in einem anderen und wesentlichen zweiten Bereich *Organ eines Gewahrens zu werden*. (König 1994:173)

Der entscheidende Gedanke besteht weniger in der Feststellung eines – gleichsam unhintergehbaren – Anfangsfeldes allen Sprechens in (wie auch immer gearteter) Sinnlichkeit und der Erweiterung, welche mit dem Sprechen über seelische Ereignisse verbunden ist, als vielmehr in der These, dass diese Erweiterung eine grundsätzliche Verwandlung des Sprechens selber bedeutet. Diese Verwandlung ist allerdings nicht einfach zeitlich zu verstehen, wie es der Ausdruck des ursprünglichen selber zudem nahe legt[16], es ist vielmehr eine systematische Aussage über Formen des Sprechens, welche hier durch das Gegensatzpaar bloßer und ursprünglicher, determinierender und modifizierender Ausdrücke vertreten sind. Wir können diese Aussage, die sich zudem dem Vorwurf des letztlich doch sortalen Verständnisses sprachlicher Ausdrücke aussetzen könnte, so reformulieren, dass wir es mit Verwendungen von Sprachstücken im einen oder anderen Sinne zu tun haben. Es ergibt sich aus dem Übergreifen der einen und der anderen Seite eine eigentümliche Verschiebung der zeitlichen mit der sachlichen Dimension sprachlicher Ausdrücke:

Das Sprechen in den beiden Bereichen ermöglicht sich *wechselseitig, obwohl doch* das dem Sinnfälligen zugekehrte Sprechen unzweifelhaft das *zeitlich Erste* und insofern streng *der* Anfang der Sprache als ganzer ist. Ein zeitlich Erstes ermöglicht also ein Folgendes, rücksichtlich dessen gilt, daß es nun auch seinerseits dieses Erste allererst zu dem macht, als welches wir es kennen. Mit dem Begriff einer innersten und gleichsam *unterirdischen Rückwirkung* eines wesentlich Folgenden auf ein wesentlich Anfangendes versuche ich dieses seltsame Verhältnis ins Bewusstsein zu heben. (König 1994:174)

Dieses Verhältnis ist aber ersichtlich nur in einer Sprache zu formulieren, welche über beide Formen des Sprechens je schon verfügt und mithin folgt hier (rekonstruktiv) die Möglichkeit (des Sprechen-Könnens) der Wirklichkeit (des Gesprochen-Habens). Genau dieses Verhältnis lässt sich aber modal so auffassen, dass das zeitlich spätere eine notwendige Möglichkeit des zeitlich früheren und zugleich das letztere eine (konstitutiv gleichsam nur) mögliche Notwendigkeit bezüglich des ersteren ist (zu diesen Verhältnissen im Detail König 1937; Gutmann und Weingarten 2001):

---

16 Gadamer (1996) etwa versteht Anfänge im Sinne des Ursprungs – jedenfalls zunächst – als Anzeige *zeitlicher* Verhältnisse (dazu im Detail Gutmann 2004:257ff); dass dies selbst innerhalb hermeneutischen Philosophierens nicht generelle Meinung ist, zeigt u.a. Weingarten (1996).

> Die Rückwirkung *degradiert* somit in gewisser Weise den Anfang und das Prinzip zu einem *auch* Folgenden und Prinzipiierten. Der Bereich des dem Sinnfälligen zugewandten nicht-metaphorischen Sprechens ist gleichsam *die Eins* zu dem Bereich des ihm *folgenden* metaphorischen Sprechens als der Reihe der übrigen Zahlen. Die unterirdische Rückwirkung degradiert diese Eins zu einer Zahlenreihe, als *deren* Eins nun umgekehrt der Bereich des metaphorischen Sprechens angesehen werden *könnte, wenn nicht* unverrückbar bliebe, daß der Bereich des Sinnfälligen der Zeit nach Anfang ist. Es ist dies ein Verhältnis, das die Erinnerung an den Gedanken von Novalis wachruft: daß das Äußere ein in Geheimniszustand erhobenes Inneres ist. (König 1994:175f)

Dies kann ersichtlich nur gesagt werden, wenn das Äußere (also das metaphorische Sprechen über und von einem Inneren) eben genau dies bleibt, was es ist – ein Äußeres. Aber – und dies rechtfertigt die Bezeichnung „ursprünglicher" als „notwendiger" Metaphern – es ist dies eben nur als Bezügliches, also als Äußeres eines Inneren, ohne welches es auch dieses nicht wäre.

2.4 Zum Verhältnis modifizierender und determinierender Prädikation

König weist damit auf die Lösung eines Problems hin, welches Husserl nurmehr mit Bezug auf vorprädikative Erfahrung und Heidegger mit einer Tieferlegung des Wahrheitsbegriffes gleichsam unter die Apophansis (die allerdings hier wesentlich als theoretische Apophansis im Sinne wahrheitsfähiger Sätze aufgefasst ist) lösen zu können vermeinen.

Während Heidegger in „Sein und Zeit" durchaus „konstruktiv" verstanden werden kann – wobei dann die Unhintergehbarkeit der Prädikation als eine Form des Weltverhaltens zu interpretieren wäre (dazu im Detail Gethmann 1993) – stellt sich die Situation in den Vorlesungen zur Metaphysik (Heidegger 1992) anders dar. Hier bezeichnet Heidegger selber zumindest einige der – noch am pragmatistischen Konzept misslingenden und gelingenden Handelns und deren Ausdruck im Aussagesatz orientierten – eigenen Darstellungen zur Wahrheit als unzureichend:

> Die Form der Aussage im Sinne der positiven wahren erleichtert – aus Gründen, die wir jetzt nicht erörtern – die Interpretation des λόγος. Diese Art des Ansatzes der Logik beim positiven wahren Urteil ist in gewissen Grenzen berechtigt, wird aber gerade deshalb zur Veranlassung der Grundtäuschung, als käme es drauf an, die übrigen möglichen Formen der Aussage nur einfach auf die genannte – ergänzend – zu beziehen. Ich selbst bin noch – wenigstens in der Durchführung der Interpretation des λόγος – in „Sein und Zeit" ein Opfer dieser Täuschung geworden (vgl. als von dieser Täuschung ausgenommen „Sein und Zeit" S. 222 und S. 285f). (Heidegger 1992:488)

Die Klärung des Ausdrucks „Wahrheit" weist auf die Möglichkeit hin, vor der – für theoretische Apophansen notwendigen – Unterscheidung von wahr und falsch eine Form der Entschlossenheit zu konstatieren, die sich an den Präsens- und Absenscharakter im Sinne von Kataphasis und

Apophansis anlehnt. Für beide Formen der Rede, die aus dem Aussagesatz gewonnen werden, ist *synthesis* sowohl als *diairesis* möglich[17]:

> Es ergab sich dabei (nach der Deutung des logos apophantikos als Möglichkeit der Aussage, wahr oder falsch zu Sein, d. A.): Alles Aufweisen ist entweder das Aufweisen eines Vorhandenen als vorhanden oder eines Nichtvorhandenen als eines Nichtvorhandenen oder eines Nichtvorhandenen als vorhanden oder eines Vorhandenen als nichtvorhanden. (Heidegger 1992:463)

Dies führt Heidegger auf zunächst zwei Bedeutungen der Kopula[18] *ist*, „einmal als *Wassein* im Weiteren Sinne des So-und-so-seins, im engeren Sinne des wesenhaften Seins, und zweitens das >ist< im Sinne des *Vorhandenseins*" (Heidegger 1992:479). Die gesuchte reichhaltigste Bedeutung der Kopula ergibt sich nach Heidegger im Gegensatz zum vulgären Denken (Heidegger 1992:494) zwar ebenfalls an der Aussage, allerdings nun nicht als Tun des äußernden Menschen, sondern als Offenbarwerden-lassen des Seins. Dem Wahr oder Falsch liegt das „was, wie und ob" des Seienden voraus:

> Das Wesen des Seins in seiner Vielfalt kann daher überhaupt nie aus der Kopula und ihren Bedeutungen abgelesen werden. Vielmehr bedarf es des Rückgangs dahin, von woher jede Aussage und ihre Kopula spricht, von dem *schon offenbaren Seienden selbst*. Weil das Sein der Kopula – in jeder der möglichen Deutungen – nicht das Ursprüngliche ist, die Kopula aber im ausgesprochenen Satz eine wesentliche Rolle spielt und der ausgesprochene Satz gemeinhin als Ort der Wahrheit gilt, deshalb besteht gerade die Notwendigkeit der Destruktion. (Heidegger 1992:495)

Die Destruktion zielt aber darauf, die Aussage als Möglichkeit der „Offenbarkeit von Seiendem als solchen" zu verstehen, eine Möglichkeit, die ihrerseits in einem Vermögen des Menschen selber ruht:

> Es muß also schon *vor* dem Vollzug und *für* den Vollzug jeder Aussage im aussagenden Menschen ein Offensein für das Seiende selbst möglich sein, darüber er jeweils urteilt. Das Vermögen muß demnach als solches eingespielt sein auf das <entweder-oder< der Angemessenheit und Unangemessenheit an das Seiende, worüber im λόγος die Rede ist. (Heidegger: 1992:496)

Diese Offenheit gründet seinerseits nicht in einer Art aktiver Erzeugung,[19] sondern ist der Ort, an welchem etwas medial „sich vollzieht", als „Walten der Welt" und in diesem Sinne „Weltbildung":

> Dieser philosophierende Ein- und Rückgang des Menschen in das Dasein in ihm kann immer nur vorbereitet, nie erwirkt werden. Das Erwecken ist eine Sache jedes einzelnen Menschen, nicht seines bloßen guten Willens oder gar seiner Geschicklichkeit, sondern seines Geschickes, dessen, was ihm zufällt oder nicht zufällt. (Heidegger 1992:510)

---

[17] Hierzu weiterführend Trawny (2006).

[18] Zu dieser und weiteren Aspekten der Rede von „Sein" und „ist" s. Tugendhat (1992a & b).

[19] Denn dann wäre der Entwurf im „vulgären Sinne" (s. Heidegger 1992:527) einfach nur das, was üblicherweise – als Planung etwa – darunter verstanden würde und das Ganze von einer letztlich pragmatistischen Lesung nicht mehr unterscheidbar.

Systematisch relevant ist für uns hier nur die Feststellung, dass mit der Offenheit zum Sein ein Vermögen angesprochen ist, das als Möglichkeit vor die Wirklichkeit tritt. Zwar durchaus nicht unabhängig von Sprache, aber doch wesentlich außerhalb ihrer und insofern ist *Wirklichkeit* hier letztlich nur als mögliche Möglichkeit angesprochen:

> Der Lichtblick ins Mögliche macht das Entwerfende offen für die Dimension des >entweder-oder<, des >sowohl-als-auch<, des >so< und des >anders<, des >Was<, des >ist< und >ist nicht<. Erst sofern dieser Einbruch geschehen ist, wird das >ja< und >nein< und das Fragen möglich. Der Entwurf enthebt in und enthüllt so die Dimension des Möglichen überhaupt, das in sich schon gegliedert ist und das Mögliche des >So- und Andersseins<, des >Ob- und Ob-nicht-Seins<. (Heidegger 1992:530)

Der Mensch ist hier – als Sprechender – nur insofern Ort des „Waltens der Welt" als er Welt geschehen lässt:

> Im Geschehen des Entwurfs bildet sich Welt, d. h. im Entwerfen bricht etwas aus und bricht auf zu Möglichkeiten und bricht so ein in Wirkliches als solches, um sich selbst als Eingebrochenes zu erfahren als wirklich Seiendes inmitten von solchem, was jetzt als Seiendes offenbar sein kann. Es ist das Seiende ureigener Art, das aufgebrochen ist zu dem Sein, das wir *Da-sein* nennen, zu dem Seienden, von dem wir sagen, daß es *existiert*, d.h. ex-sistit, im Wesen seines Seins ein Heraustreten aus sich selbst ist, ohne sich doch zu verlassen. (Heidegger 1992:531)

Die Differenz zu dem von König beschrittenen Weg besteht u. E. darin, dass letzterer den Gegenstandsbezug nicht in einer Form der Vorausgelegtheit von Sein glaubt finden zu können, als vielmehr in der besonderen Beziehung von Redeformen zueinander, die wir oben als weder rein hermeneutisches noch rein apophantisches *als* bestimmten.

Die bisherige Darstellung folgte König bisher in weiten Teilen, wobei allerdings eine Schwierigkeit auftritt (allen Bekundungen des relationalen und nicht-sortalen Charakters eigentlicher Metaphern zum Trotz), welche mit dem nominalen Status von „Metapher" verknüpft ist. Diese Schwierigkeit ist dadurch aufzulösen, dass wir im weiteren von der *metaphorischen* Verwendung von Ausdrücken sprechen wollen. Diese stellen eine Klasse jener Ausdrücke dar, die wir oben als modifizierende den determinierenden gegenüberstellten; und auch hier ist es empfehlenswert, auf die attributive Redeform überzugehen. Deren Verhältnis lässt sich näher bestimmen, wenn wir das Verhältnis von Tatsachen und jenen Redeformen in den Blick nehmen, welche ihre Darstellung – als Sachverhalte – ermöglichen. Wiederum ist es hilfreich, eine exemplarische Darstellung zur Hilfe zu nehmen, wobei in beiden Fällen der Gegenstand derselbe ist, das Verhältnis von Rede und Ausgedrücktem:

> Wenn wir sagen *das Zimmer wirkt leer*, so drücke wir damit dieses Leerwirken des Zimmers aus; und wenn wir sagen *die Explosion wurde verspürt*, so drücken wir auch hier dieses Verspürtwordensein der Explosion aus. Jenes sowohl wie dieses ist also de facto ein Ausdrück-bares und als solches das Maß oder die Norm der entsprechenden Reden; und generell gilt, daß Reden ein solches Maß

> besitzen, mit dem gemessen sie entweder angemessen sind und stimmen oder nicht. (König 1937:195)

Wenn Tatsachen als dasjenige fungieren, das durch bestimmte Rede zur Norm derselben wird, dann bedeutet dies zugleich soviel, als dass erst *durch Reden* Tatsachen als bestehend oder nicht bestehend angezeigt, dass sie zwar einerseits jederzeit nicht rein sprachlich sein können, sie aber andererseits auch nicht einfach nicht- oder außersprachlich sind:

> Allein die Tatsachen sind hier nicht an ihnen selber, nicht καθ' αὐτό, ein Ausgedrücktes und Ausdrückbares und zwar deshalb nicht, weil sie von uns – von uns Menschen – zu etwas Ausdrückbarem oder zu einer möglichen Norm der Rede gemacht worden sind. Der Mensch machte die Tatsachen zu etwas Ausdrückbarem in eben dem Augenblick, in dem er den Weg sprachlicher Mitteilung beschritt. (König 1937: 196)

Diese Aussage ist nicht primär als zeitliche oder gar als empirische zu verstehen; es ist vielmehr eine Behauptung über das Verhältnis von Tatsachen und den Sachverhalten, welche sie darstellen, mit Blick auf die Differenz von Ausgedrücktem und Ausdrückbarem. Wären nämlich Tatsachen ein nur Ausgedrücktes, so bestünde eine direkte Beziehung von Rede und Tatsache, und wir hätten es lediglich mit einer Variante von Adäquationstheorie des Sprechens zu tun, wie man sie gelegentlich bei Wittgensteins Traktat vermutet. Tatsachen sind eben nur in Bezug auf Sachverhalte bestimmt und nicht ohne sie gegeben:

> Infolge dieser Erfindung sind wir nun imstande, die Tatsachen, z. B. die, daß jetzt die Lampe brennt, auszudrücken; aber daß wir sie ausdrückbar machten, besagt, daß wir etwas erfanden, im Verhältnis zu dem sie allererst als Tatsachen fungieren, konnten. (König 1937:197)

Tatsachen als ein „Ausgedrücktes" sind möglich nur als Ausdrückbares, und eben dies ist – unabhängig von allen empirischen, mit der Sprachentstehung verbundenen Problemen – als notwendig mögliches an dem je schon Ausgedrückt-Haben zu ersehen. Sein ist (mit König und an dieser Stelle gegen Heidegger) nicht ein Geoffenbartes, sondern wesentlich ein durch Sprechen Hervorgebrachtes. Und in dieser Betrachtung lässt sich nun auch das Verhältnis von determinierender und modifizierender Prädikation – gleichsam analog zur Differenz von Ausgedrücktem und Ausdrückbarem – bestimmen:

> Die Erfindung der Sprache, betrachtet als die Erfindung von Etwas, im Verhältnis zu dem einem Anderen und irgendwie (sinnlich) Gegebenen die Rolle einer Instanz zuwächst, ist gewiss sehr wunderbar; allein sie ist – von tiefgehenden anderen Unterschieden selbstverständlich abgesehen – im Prinzip vergleichbar z. B. der Erfindung eines Koordinatensystems. Erst mit der Erfindung und Zugrundelegung eines solches Koordinatensystems wächst einem beliebigen Ort die Kraft zu, als dasjenige zu fungieren, wonach wir uns bei seiner Bestimmung richten können. Die Sprache ist gleichsam das Koordinatensystem, die Tatsachen sind die Orte, die Reden (die determinierenden Logoi) die Bestimmungen dieser Orte. (König 1937:197)

Determinierende Reden sind Bestimmungen des „Seins“, welches durch modifizierende Ausdrücke „in Rede“ steht. Dies gilt sowohl für den – von König ausschließlich betrachteten – Fall nicht-wissenschaftlicher, wie für den für uns relevanten der wissenschaftlichen Rede. Demnach sind modifizierende Prädikate jederzeit zugleich auch determinierend zu verwenden, nicht jedoch umgekehrt. Vielmehr ist es die (als Prädikation unterschiedliche) determinierende Prädikation, welche die Bestimmung dessen erlaubt, was da in Rede steht.

3 Zum Schluss: Wie können Metaphern notwendig sein?

Die bisherige Darstellung sollte verdeutlichen, dass an eine echte modallogische Bestimmung metaphorischer Ausdrücke außerhalb sehr starker ontologischer Annahmen nicht sinnvoll zu denken ist. Wenn von Metaphern in den Wissenschaften oder zumindest deren Bedeutung für den Aufbau von Wissenschaftssprachen und den zugehörigen Praxen die Rede ist, so sollte diese metaphorische Verwendung nicht allein als bloße Metapher abgetan werden. In der Tat dürfte vielmehr der Nachweis bloß-metaphorischer Redeformen ein wichtiger Schritt auf dem Weg zu einer umfassenden Rekonstruktion von Wissenschaftssprachen sein. Allerdings gilt dies vermutlich im Wesentlichen für den Bereich von Erfahrungswissenschaften.[20]

Doch geht der hier vorgeschlagene Ansatz in wenigstens einer wesentlichen Hinsicht über die Anliegen klassisch erkenntnistheoretischer Fragestellungen hinaus, was nämlich das Verhältnis von Aussage (und Theorie) zu „Wirklichkeit“ betrifft[21]. Es ergibt sich die Notwendigkeit uneigentlicher Redeformen (Metaphern zunächst, im Weiteren auch Modelle) als ein Verhältnis „doppelter Kontingenz“, welches – für wissenschaftliche Objektauffassung – von Luhmann wie folgt definiert wird:

> Das Objektverhältnis der Wissenschaft ist dann seinerseits ein Verhältnis doppelter Kontingenz. Das Objekt kann nur dadurch erforscht werden, daß man seine Selbstreferenz in Bewegung setzt bzw. deren Eigenbewegung mitbenutzt. Alle Transparenz, die zu gewinnen ist, ist dann Transparenz der Interaktion mit dem Objekt und der dazu nötigen Deutungen. Doppelte Kontingenz (selbstreferentieller Systeme) erzwingt, das haben wir für zwischenmenschliche Beziehungen ausgiebig behandelt, die Emergenz einer neuen Realitätsebene. (Luhmann 1994:657f)

[20] Diese wäre eben nicht notwendig empirisch, soll darunter der Aspekt der experimentellen Stützung gefasst werden. Selbstverständlich sind auch Literatur- oder Geschichtswissenschaft weder idealer noch formaler Natur, sondern im besten Sinne mit Erfahrung anhebend. Dabei mag sogar experimentelles Wissen in bestimmten Zusammenhängen einfließen, es ist jedoch für die Wissensform als ganze nicht bestimmend; anders eben als im Falle physikalischer, chemischer oder biolowissenschaftlicher Forschung.

[21] Die hier nicht mit der „Realität“ verwechselt werden sollte. Beides sind (letztlich analytische) Unterscheidungen an etwas Weiterem, das in einem Bezug zu dem steht, was als Tätigkeit nur titelmäßig angesprochen sei (s. Gutmann 2004).

Im Unterschied aber zur Systemtheorie[22] bleibt hier die Differenz zwischen den genutzten Mitteln und den Beschreibungsgegenständen jederzeit bestimmbar. Sie ist allerdings nicht ontisch aufgefasst, sodass sie auf die Verschiedenheit von Dingen zu gründen wäre: sie *ist* als Differenz die Unterschiedenheit von Gegenständen in zukommender Rede.

Die eigentliche Aufgabe systematischer Rekonstruktion besteht dann darin, die tatsächliche Funktion uneigentlicher Redeformen auszuweisen und zu spezifizieren. Die vorgetragenen Überlegungen liefern zumindest Hinweise darauf, inwieweit Formen des Redens als notwendig und notwendig-mögliche Bedingungen auch des Betreibens von Wissenschaften und ihrem methodologischen Verständnis gelten können.[23]

---

[22] Dies gilt zumindest in Hinblick auf eine Systemtheorie, die sich nicht mehr (wenigstens zunächst) als analytisches Mittel des Erkenntnisvorganges begreift.

[23] Exemplarisch wurde dies im Text „Kognitive Metaphern“ (Rathgeber und Gutmann in diesem Band) für die Kognitionswissenschaften vorgeführt.

Literaturverzeichnis

Abrams M H (1978) Spiegel und Lampe. Fink, München

Brandom R B (2001) Begründen und Begreifen. Eine Einführung in den Inferentialismus. Suhrkamp, Frankfurt a. M.

Braungart G, Grubmüller K, Müller J-D, Vollhardt F, Weimar K, Fricke H (Hrsg) (2000) Reallexikon der deutschen Literaturwissenschaft. De Gruyter, Berlin

Cochetti S (2004) Differenztheorie der Metapher. Lit, Münster

Davidson D (1978) What Metaphors Mean. In: ders.: Inquiries into Truth and Interpretation. Oxford University Press, Oxford, 1984, S. 245–264

Dummett M (1992) Ursprünge der analytischen Philosophie. Suhrkamp, Frankfurt

Gadamer H-G (1996) Der Anfang der Philosophie. Reclam, Stuttgart

Gethmann C F (1993) Dasein: Erkennen und Handeln: Heidegger im phänomenologischen Kontext. Walter de Gruyter, Berlin & New York

Gutmann M (2004) Erfahren von Erfahrungen. Dialektische Studien zur Grundlegung einer philosophischen Anthropologie. transcript Verlag, Bielefeld

Gutmann M (2005) Gene und Ethik. Wissenschaftstheoretische Rekonstruktionen zu einem Missverständnis. In: Dabrock P, Ried J (Hrsg) Therapeutisches Klonen als Herausforderung für die Statusbestimmung des menschlichen Embryos, mentis, Paderborn, S. 89–108

Gutmann M, Rathgeber B (2008) Information as metaphorical and allegorical construction: some methodological preludes. Poiesis&Praxis 5(3/4):11–232

Gutmann M, Weingarten M (2001) Die Bedeutung von Metaphern für die biologische Theoriebildung. DZPh 4:549–566

Hegel G W F (1985) Phänomenologie des Geistes. Suhrkamp, Frankfurt

Heidegger M (1992) Die Grundbegriffe der Metaphysik. Klostermann, Frankfurt

Holz H (2003) Widerspiegelung. transcript Verlag, Bielefeld

Janich P (2006) Was ist Information? Kritik einer Legende. Suhrkamp, Frankfurt a. M.

Kant I (1974) Kritik der reinen Vernunft. Hrsg. v. Weischedel W, Suhrkamp, Frankfurt. a. M.

König J (1937) Sein und Denken. Studien im Grenzgebiet von Logik, Ontologie und Sprachphilosophie. Niemeyer, Halle

König J (1994) Bemerkungen zur Metapher. In: Dahms G (Hrsg) König. Kleine Schriften. Alber Verlag, Freiburg & München, S. 156–176

Koppe, F (2004) Metapher. In: Mittelstraß J (Hrsg) Enzyklopädie. Philosophie und Wissenschaftstheorie. Metzler, Stuttgart, S. 867–870

Kurz, G. (2004): Metapher, Allegorie, Symbol. Vandenhoeck & Ruprecht, Göttingen.

Misch G (1994) Der Aufbau der Logik auf dem Boden der Philosophie des Lebens, Alber, Freiburg

Rathgeber B, Gutmann M (2008) What is mirrored by mirror neurons? In: Focus: Information – a universal metaphor?, Poesis & Praxis: International Journal of Ethics of Science and Technology Assessment, Springer, S. 233–249

Scholz H (1991) Bild, Darstellung, Zeichen. Alber Verlag, Freiburg

Searle, J. (1979): Expression and Meaning. Cambridge Univ. Press Cambridge.

Trawny, P. (2006): Sprache als Ab-Grund. Zu Heideggers "Erschütterung der Logik". In: Denker, A. & Zaborowski, H. (Hrsg.), Heidegger und die Logik. Rodopi, Amsterdam.

Tugendhat E (1992a) Die Seinsfrage und ihre sprachliche Grundlage. In: ders., Philosophische Aufsätze. Suhrkamp, Frankfurt, S. 80–107

Tugendhat E (1992b) Heideggers Seinsfrage. In: Ders., Philosophische Aufsätze. Suhrkamp, Frankfurt, S. 108–135

Weingarten M (1996) Anfänge und Ursprünge - Programmatische Überlegungen zum Verhältnis von logischer Hermeneutik und hermeneutischer Logik. In: Hartmann D, Janich P (Hrsg) Methodischer Kulturalismus. Zwischen Naturalismus und Postmoderne. Suhrkamp, Frankfurt a. M. S. 285–315
Weinrich H (1980) Metapher. In: Ritter J, Gründer K (Hrsg) Historisches Wörterbuch der Philosophie. Wissenschaftliche Buchgesellschaft, Darmstadt, S. 1179–1186
Wittgenstein L (1984) Tractatus logico-philosophicus. Werkausgabe Bd. 1, Suhrkamp, Frankfurt a. M.

In der Reihe „Ethics of Science and Technology Assessment“ *(Wissenschaftsethik und Technikfolgenbeurteilung)*, Springer Verlag, sind bisher erschienen:

Band 1: A. Grunwald (Hrsg.) *Rationale Technikfolgenbeurteilung. Konzeption und methodische Grundlagen*, 1998

Band 2: A. Grunwald, S. Saupe (Hrsg.) *Ethik in der Technikgestaltung. Praktische Relevanz und Legitimation*, 1999

Band 3: H. Harig, C. J. Langenbach (Hrsg.) *Neue Materialien für innovative Produkte. Entwicklungstrends und gesellschaftliche Relevanz*, 1999

Band 4: J. Grin, A. Grunwald (eds) *Vision Assessment. Shaping Technology for 21st Century Society*, 1999

Band 5: C. Streffer et al., *Umweltstandards. Kombinierte Expositionen und ihre Auswirkungen auf den Menschen und seine natürliche Umwelt*, 2000

Band 6: K.-M. Nigge, *Life Cycle Assessment of Natural Gas Vehicles. Development and Application of Site-Dependent Impact Indicators*, 2000

Band 7: C. R. Bartram et al., *Humangenetische Diagnostik. Wissenschaftliche Grundlagen und gesellschaftliche Konsequenzen*, 2000

Band 8: J. P. Beckmann et al., *Xenotransplantation von Zellen, Geweben oder Organen. Wissenschaftliche Grundlagen und ethisch-rechtliche Implikationen*, 2000

Band 9: G. Banse, C. J. Langenbach, P. Machleidt (eds) *Towards the Information Society. The Case of Central and Eastern European Countries*, 2000

Band 10: P. Janich, M. Gutmann, K. Prieß (Hrsg.) *Biodiversität. Wissenschaftliche Grundlagen und gesellschaftliche Relevanz*, 2001

Band 11: M. Decker (ed) *Interdisciplinarity in Technology Assessment. Implementation and its Chances and Limits*, 2001

Band 12: C. J. Langenbach, O. Ulrich (Hrsg.) *Elektronische Signaturen. Kulturelle Rahmenbedingungen einer technischen Entwicklung*, 2002

Band 13: F. Breyer, H. Kliemt, F. Thiele (eds) *Rationing in Medicine. Ethical, Legal and Practical Aspects*, 2002

Band 14: T. Christaller et al. (Hrsg.) *Robotik. Perspektiven für menschliches Handeln in der zukünftigen Gesellschaft*, 2001

Band 15: A. Grunwald, M. Gutmann, E. Neumann-Held (eds) *On Human Nature. Anthropological, Biological, and Philosophical Foundations*, 2002

Band 16: M. Schröder et al. (Hrsg.) *Klimavorhersage und Klimavorsorge*, 2002

Band 17: C. F. Gethmann, S. Lingner (Hrsg.) *Integrative Modellierung zum Globalen Wandel*, 2002

Band 18: U. Steger et al., *Nachhaltige Entwicklung und Innovation im Energiebereich*, 2002

Band 19: E. Ehlers, C. F. Gethmann (ed) *Environment Across Cultures*, 2003

Band 20: R. Chadwick et al., *Functional Foods*, 2003

Band 21: D. Solter et al., *Embryo Research in Pluralistic Europe*, 2003

Band 22: M. Decker, M. Ladikas (eds) *Bridges between Science, Society and Policy. Technology Assessment – Methods and Impacts*, 2004

M. Bölker et al. (Hrsg.), *Information und Menschenbild*, DOI 10.1007/978-3-642-04742-8,

Band 23: C. Streffer et al., *Low Dose Exposures in the Environment. Dose-Effect Relations and Risk-Evaluation,* 2004

Band 24: F. Thiele, R. A. Ashcroft, *Bioethics in a Small World,* 2004

Band 25: H.-R. Duncker, K. Prieß (eds) *On the Uniqueness of Humankind,* 2005

Band 26: B. v. Maydell, K. Borchardt, K.-D. Henke, R. Leitner, R. Muffels, M. Quante, P.-L. Rauhala, G. Verschraegen, M. Zukowski, *Enabling Social Europe,* 2006

Band 27: G. Schmid, H. Brune, H. Ernst, A. Grunwald, W. Grünwald, H. Hofmann, H. Krug, P. Janich, M. Mayor, W. Rathgeber, U. Simon, V. Vogel, D. Wyrwa, *Nanotechnology. Assessment and Perspectives,* 2006

Band 28: M. Kloepfer, B. Griefahn, A. M. Kaniowski, G. Klepper, S. Lingner, G. Steinebach, H. B. Weyer, P. Wysk, *Leben mit Lärm? Risikobeurteilung und Regulation des Umgebungslärms im Verkehrsbereich,* 2006

Band 29: R. Merkel, G. Boer, J. Fegert, T. Galert, D. Hartmann, B. Nuttin, S. Rosahl, *Intervening in the Brain. Changing Psyche and Society,* 2007

Band 31: G. Hanekamp (ed) *Business Ethics of Innovation,* 2007

Band 32: U. Steger, U. Büdenbender, E. Feess, D. Nelles, *Die Regulierung elektrischer Netze. Offene Fragen und Lösungsansätze,* 2008

Band 33: G. de Haan, G. Kamp, A. Lerch, L. Martignon, G. Müller-Christ, H. G. Nutzinger, *Nachhaltigkeit und Gerechtigkeit. Grundlagen und schulpraktische Konsequenzen,* 2008

Band 34: M. Engelhard, K. Hagen, M. Boysen (eds) *Genetic Engineering in Livestock. New Applications and Interdisciplinary Perspectives,* 2009

Band 35: E. Rehbinder, M. Engelhard, K. Hagen, R. B. Jørgensen, R. Pardo Avellaneda, A. Schnieke, F. Thiele, *Pharming. Promises and risks of biopharmaceuticals derived from genetically modified plants and animals,* 2009

Band 36: B. Droste-Franke, H. Berg, A. Kötter, J. Krüger, K. Mause, J.-C. Pielow, I. Romey, T. Ziesemer, *Brennstoffzellen und Virtuelle Kraftwerke. Energie-, umwelt- und technologiepolitische Aspekte einer effizienten Hausenergieversorgung,* 2009

Band 37: M. Bölker, M. Gutmann, W. Hesse (Hrsg.) *Information und Menschenbild,* 2010

Außerhalb der Reihe sind ebenfalls im Springer Verlag erschienen:

Environmental Standards. Combined Exposures and Their Effect on Human Beings and Their Environment, Übersetzung von Band 5

Sustainable Development and Innovation in the Energy Sector, Übersetzung von Band 18

F. Breyer, W. van den Daele, M. Engelhard, G. Gubernatis, H. Kliemt, C. Kopetzki, H. J. Schlitt, J. Taupitz, *Organmangel. Ist der Tod auf der Warteliste unvermeidbar?* 2006